新应用·真实战·全案例 信息技术应用新形态立体化丛书

Office

2016版

高级应用案例教程

主编 文海英 王凤梅

副主编 宋梅 李艳芳 胡美新 戴振华

U0390398

人民邮电出版社

北 京

图书在版编目（CIP）数据

Office高级应用案例教程：2016版 / 文海英，王凤
梅主编. -- 北京：人民邮电出版社，2021.7（2024.7重印）
（新应用·真实战·全案例：信息技术应用新形态
立体化丛书）
ISBN 978-7-115-55955-5

Ⅰ. ①O… Ⅱ. ①文… ②王… Ⅲ. ①办公自动化－应
用软件－教材 Ⅳ. ①TP317.1

中国版本图书馆CIP数据核字(2021)第019521号

内 容 提 要

本书主要介绍 Office 2016 软件包中常用办公软件的具体应用。

全书共 9 章，主要内容包括 Word 2016 固定版式长文档编排、Word 2016 统一版式及自由版式文档编排、Excel 2016 数据处理与分析、Excel 2016 综合案例实践、PowerPoint 2016 演示文稿设计、VBA 基础知识及 VBA 在 Office 2016 软件中的应用、Access 2016 数据库和表的应用、Access 2016 查询设计、Access 2016 报表和窗体的建立。

本书以应用、实用、高级为主旨，采用案例驱动方式组织内容，注重实用性。全书将理论与实践相结合，内容丰富，图文并茂，结构清晰，语言通俗易懂，操作性强，且每章都附有习题，有助于读者理解相应的理论知识，掌握具体的操作方法。

本书适合高等院校非计算机专业本、专科学生使用，也可作为计算机二级 MS Office 等级考试的培训教材及普通读者提高办公自动化应用能力的参考书。

◆ 主　编　文海英　王凤梅

　　副主编　宋　梅　李艳芳　胡美新　戴振华

　　责任编辑　邹文波

　　责任印制　王　郁　马振武

◆ 人民邮电出版社出版发行　　北京市丰台区成寿寺路 11 号

　　邮编　100164　　电子邮件　315@ptpress.com.cn

　　网址　https://www.ptpress.com.cn

　　涿州市京南印刷厂印刷

◆ 开本：787×1092　1/16

　　印张：18.75　　　　　　　　2021 年 7 月第 1 版

　　字数：497 千字　　　　　　2024 年 7 月河北第 5 次印刷

定价：59.80 元

读者服务热线：(010)81055256　印装质量热线：(010)81055316
反盗版热线：(010)81055315
广告经营许可证：京东市监广登字 20170147 号

前　言

　　信息技术蓬勃发展，Office 办公软件已成为人们工作、学习、生活不可缺少的工具，也是每位职场人士不可或缺的"办公小助手"。Office 2016 软件包中的 Word 2016 具有强大的文字处理能力，Excel 2016 具有丰富的电子表格制作及数据分析处理能力，PowerPoint 2016 可用于制作高水准的演示文稿，Access 2016 具有完善的数据库管理功能。这些软件已广泛应用于行政、财务、教学、金融等领域。

　　"大学计算机基础"作为高等院校非计算机专业的通识必修课，其意义重大。对大学生来说，熟练掌握 Office 办公软件中的高级应用技术，有助于他们在今后的工作和生活中发挥更大的作用。

　　本书编写团队的成员都是一线长期从事计算机基础课程教学工作的教师。在本书的编写过程中，编者将长期积累的教学经验和体会融入本书的各个部分，采用"案例+理论"的理念来设计与组织全书内容。

　　本书的内容紧跟当下主流技术，主要介绍 Word 2016、Excel 2016、PowerPoint 2016、VBA 及 Access 2016 的基本操作和高级应用技术。具体安排如下。

　　（1）Word 部分以毕业论文排版、书籍编稿、公文制作、邀请函制作及电子板报的编辑与制作为实例，介绍 Word 的高级应用技术。

　　（2）Excel 部分以制作期末考试成绩表、员工工资表、公司费用开支表、图书产品销售情况表、员工档案表、应收账款账龄分析表等为实例，介绍数据的计算、数据的查看、数据的汇总与分析、数据的保护与输出等 Excel 高级应用技术。

　　（3）PowerPoint 部分以毕业论文答辩演示文稿的制作为实例，介绍演示文稿的设计、制作、保护和输出等 PowerPoint 高级应用技术。

　　（4）VBA 部分主要介绍 VBA 语言基础，并以案例的形式介绍 VBA 在 Word 中的应用。考虑到大多数读者并不从事编程工作，本书将 VBA 的难度控制在普通读者可理解的范围内。

　　（5）Access 部分以案例的形式介绍使用 Access 数据库进行程序设计的方法。

　　本书以应用、实用、高级为主旨，采用案例驱动方式组织内容。教学的主线是案例，实训的主线是技能。每个案例先提出问题及要求，然后结合知识点介绍案例实现的方法，引导学生实现"学中做""做中学"，把对知识的学习和对技能的掌握有机地结合在一起，帮助学生从具体的操作实践中提高办公软件应用能力。在案例实现过程中，采用图文结合的方式，使学生在学习过程中能够直观、清晰地看到操作的过程及效果，以助学生快速地理解和掌握相关知识。

　　本书由湖南科技学院的文海英、王凤梅、宋梅等人编著。文海英、王凤梅担任主编，宋梅、李艳芳、胡美新、戴振华担任副主编，参与编写的还有刘倩兰、郭美珍、李中文、陈友明。第 1 章、第 2 章由王凤梅、李艳芳编写，第 3 章、第 4 章由胡美新、刘倩兰编写，第 5 章由文海英、郭美珍编写，第 6 章由宋梅、陈友明编写，第 7 章至第 9 章由戴振华、李中文编写。全书由文海英审阅并统稿。

在本书的编写过程中，尹向东教授、李小武教授对本书的编写工作提出了许多宝贵的意见，同时本书还得到了陈泽顺副教授、罗恩涛教授的大力支持，在此由衷地向他们表示感谢！此外，本书的编写还参考了大量的文献资料，在此向这些文献资料的作者表达深深的谢意！

由于时间仓促，编者水平有限，书中难免存在不足和疏漏之处，恳请广大读者批评指正。

编　者

2021 年 5 月

目　录

第 1 章　Word 2016 固定版式长文档编排 ·········1

1.1　毕业论文结构模板制作 ·········1
1.1.1　案例分析 ·········1
1.1.2　知识储备 ·········3
1.1.3　案例实现 ·········8
1.2　毕业论文排版 ·········12
1.2.1　案例分析 ·········12
1.2.2　知识储备 ·········13
1.2.3　案例实现 ·········30
1.3　书籍编稿控制 ·········40
1.3.1　案例分析 ·········40
1.3.2　知识储备 ·········41
1.3.3　案例实现 ·········45
1.4　公文格式与制作 ·········48
1.4.1　案例分析 ·········48
1.4.2　知识储备 ·········48
1.4.3　案例实现 ·········52
习题 ·········63

第 2 章　Word 2016 统一版式及自由版式文档编排 ·········65

2.1　邀请函制作 ·········65
2.1.1　案例分析 ·········65
2.1.2　知识储备 ·········66
2.1.3　案例实现 ·········74
2.2　电子板报制作 ·········76
2.2.1　案例分析 ·········76
2.2.2　知识储备 ·········76
2.2.3　案例实现 ·········83
习题 ·········86

第 3 章　Excel 2016 数据处理与分析 ·········87

3.1　电子表格的编辑与格式化 ·········87
3.1.1　案例分析 ·········87
3.1.2　知识储备 ·········88
3.1.3　案例实现 ·········89

3.2　公式及函数的使用 ·········96
3.2.1　案例分析 ·········96
3.2.2　知识储备 ·········97
3.2.3　案例实现 ·········98
3.3　数据管理与图表的应用 ·········108
3.3.1　案例分析 ·········108
3.3.2　知识储备 ·········109
3.3.3　案例实现 ·········109
习题 ·········127

第 4 章　Excel 2016 综合案例实践 ·········129

4.1　综合案例一 ·········129
4.1.1　案例分析 ·········129
4.1.2　知识储备 ·········130
4.1.3　案例实现 ·········132
4.2　综合案例二 ·········137
4.2.1　案例分析 ·········137
4.2.2　知识储备 ·········137
4.2.3　案例实现 ·········138
习题 ·········141

第 5 章　PowerPoint 2016 演示文稿设计 ·········145

5.1　演示文稿的设计原则和制作流程 ·········145
5.1.1　案例分析 ·········145
5.1.2　知识储备 ·········145
5.1.3　案例实现 ·········147
5.2　演示文稿的外观设计 ·········147
5.2.1　案例分析 ·········147
5.2.2　知识储备 ·········148
5.2.3　案例实现 ·········158
5.3　演示文稿的内容设计 ·········161
5.3.1　案例分析 ·········161
5.3.2　知识储备 ·········161
5.3.3　案例实现 ·········170
5.4　演示文稿的放映设计 ·········173
5.4.1　案例分析 ·········173
5.4.2　知识储备 ·········173

5.4.3 案例实现 ……………………180

5.5 演示文稿的保护和输出 ……182

　5.5.1 案例分析 ……………………182

　5.5.2 知识储备 ……………………182

　5.5.3 案例实现 ……………………186

5.6 综合案例 ……………………187

　5.6.1 案例分析 ……………………187

　5.6.2 案例实现 ……………………188

习题 ……………………………………189

第 6 章　VBA 基础知识及 VBA 在 Office 2016 软件中的应用 ……191

6.1 VBA 开发环境 ……………………191

　6.1.1 启动 VBE ……………………191

　6.1.2 VBE 的界面 …………………192

　6.1.3 设置 VBE 开发环境 ………193

　6.1.4 宏安全性 ……………………194

　6.1.5 在 VBE 中创建一个 VBA 过程
　　　　 代码 ……………………195

6.2 VBA 语言基础 …………………196

　6.2.1 面向对象程序基本概念 ……196

　6.2.2 VBA 中的关键字和标识符 …197

　6.2.3 常量与变量 …………………198

　6.2.4 运算符与表达式 ……………200

　6.2.5 程序控制语句 ………………202

　6.2.6 常用的 VBA 函数 …………206

　6.2.7 数组 …………………………210

　6.2.8 过程与自定义函数 …………211

6.3 VBA 在 Word 中的应用 ………212

　6.3.1 Word 的对象模型 …………212

　6.3.2 Word 中的 VBA 对象 ……215

　6.3.3 应用案例 ……………………230

习题 ……………………………………236

第 7 章　Access 2016 数据库和表的 应用 ……238

7.1 建立 Access 2016 数据库和表 …238

　7.1.1 案例分析 ……………………238

　7.1.2 知识储备 ……………………239

　7.1.3 案例实现 ……………………244

7.2 维护表 ……………………………250

　7.2.1 案例分析 ……………………250

7.2.2 知识储备 ……………………250

7.2.3 案例实现 ……………………252

7.3 综合案例 ……………………256

　7.3.1 案例分析 ……………………256

　7.3.2 案例实现 ……………………256

习题 ……………………………………258

第 8 章　Access 2016 查询设计 ……261

8.1 创建查询 …………………………261

　8.1.1 案例分析 ……………………261

　8.1.2 知识储备 ……………………261

　8.1.3 案例实现 ……………………264

8.2 创建操作查询 …………………269

　8.2.1 案例分析 ……………………269

　8.2.2 知识储备 ……………………269

　8.2.3 案例实现 ……………………270

8.3 SQL 查询 ………………………271

　8.3.1 案例分析 ……………………271

　8.3.2 知识储备 ……………………271

　8.3.3 案例实现 ……………………272

8.4 综合案例 ………………………273

　8.4.1 案例分析 ……………………273

　8.4.2 案例实现 ……………………273

习题 ……………………………………275

第 9 章　Access 2016 报表和窗体的 建立 ……277

9.1 使用向导创建报表 ……………277

　9.1.1 案例分析 ……………………277

　9.1.2 知识储备 ……………………278

　9.1.3 案例实现 ……………………279

9.2 使用设计视图创建报表 ………281

　9.2.1 案例分析 ……………………281

　9.2.2 知识储备 ……………………281

　9.2.3 案例实现 ……………………282

9.3 创建窗体 ………………………284

　9.3.1 案例分析 ……………………284

　9.3.2 知识储备 ……………………284

　9.3.3 案例实现 ……………………288

9.4 综合案例 ………………………291

　9.4.1 案例分析 ……………………291

　9.4.2 案例实现 ……………………291

习题 ……………………………………293

第1章
Word 2016 固定版式长文档编排

Word 2016 是微软公司开发的 Office 2016 办公组件之一，是最常见的文字处理工具。除了提供简单的文档制作功能外，Word 2016 还提供了设计、引用、邮件、审阅、共享等多种文档高级编辑功能。利用这些功能我们能高效地制作出学习报告、通知、论文、书稿、邀请函、项目企划书等各类精美的文档。

根据不同的文档操作要求，可将文档分为固定版式文档、统一版式文档和自由版式文档。固定版式文档是指对排版布局有严格格式标准的文档，如法律文件、政府公文、毕业论文等。统一版式文档是指内容框架固定、排版布局完全相同的文档，如邀请函、成绩通知书、准考证等。自由版式文档是指排版布局不受格式限制，或只有部分格式受限制的文档，如宣传单、板报等，用户可以根据个人喜好与审美，将各种元素在页面上自由布局。

根据文档篇幅可将文档分为长文档与短文档两种类型。长文档是指页数较多的文档，一般有封面、摘要、目录、正文、附录、参考文献等部分，如书稿、毕业论文等。短文档内容相对较少，如通告、邀请函等。

本章以毕业论文、书稿、公文的编辑排版为例，按文档的实际编辑排版流程，循序渐进地介绍 Word 2016 的相关高级编辑功能和应用技巧。通过本章的学习，读者可以掌握模板、域、样式、分节、交叉引用、自动目录等 Word 高级编辑功能和应用技巧。

1.1 毕业论文结构模板制作

毕业论文要求繁多，格式复杂，排版费时，若能将其固定框架制作成结构模板，将省时省力。

1.1.1 案例分析

小李当助教期间担任了毕业论文答辩秘书一职。他当年也排版过毕业论文，深知其中的麻烦。比如，正文前放置的一堆表格，格式要求有很多，打印后还一次又一次地被指出错误，正文里的格式也一样，看着不难，真正做起来却很费时。在担任该职务期间，小李还要检查学生的论文格式，小李就在想：如何做才可以省去这种重复而麻烦的工作？既然 Word 提供了模板功能，那么干脆花点时间制作一个结构模板，学生们只需对正文部分进行编辑和排版，公共模块套用模板即可，不需要花费太多时间，这样就可以省去很多检查格式的繁杂工作了。小李准备认真阅读完"论文撰写规范"的相关要求后，着手制作模板。

论文的格式要求如下。

毕业论文（设计）包括前置部分（前置表格）、主体部分、附录部分。前置部分与主体部分所包含的内容较多，一般构成如下。

前置部分
- 封面
- 毕业论文（设计）诚信声明（签名必须手写）
- 毕业论文（设计）任务书
- 毕业论文（设计）开题报告书
- 毕业论文（设计）中期检查表
- 毕业论文（设计）评审表
- 指导教师评定成绩表
- 评阅教师评定成绩表
- 毕业论文（设计）答辩记录表

主体部分
- 目录
- 插图索引（必要时）
- 附表索引（必要时）
- 中文题目
- 中文摘要
- 关键词（中文）
- 英文题目
- 英文摘要
- 关键词（英文）
- 绪论
- 正文
- 结论
- 参考文献
- 致谢

论文封面由学校名称（图片）、题目、姓名、学号、年级专业、院（系）、指导老师、完成日期组成。封面填写时，字号统一为小三号，文字加粗；中文一律采用楷体，西文一律采用新罗马字体（Times New Roman）。论文封面如图 1-1 所示。

任务书封面同样由校名、题目、姓名等必填项组成。填写时，字号统一为小三号，文字加粗；中文一律采用楷体，西文一律采用新罗马字体（Times New Roman）；若填写的姓名为两个字，需在两个字中间加一个中文空格；指导老师一栏先填写导师姓名，加空格后再填导师职称。任务书封面如图 1-2 所示。

开题报告书填写要求：文字统一为宋体五号，行距为 1.25 倍；内容按表中提示填写，要求内容充实、条理清晰。开题报告书如图 1-3 所示。

前置部分中其他表格的具体要求在此不一一列举。主体部分内容书写要求及格式限定较多，在此只列出标题、摘要的书写要求及格式限制。

论文题目应该简短、明确、有概括性，通过题目，读者能大致了解论文内容、专业特点和学科范畴，但字数要适当，一般不宜超过 20 字，英文题目一般不宜超过 10 个实词；论文不应设副标题；题目应避免使用不常见的缩略词、字符、代号和公式等。

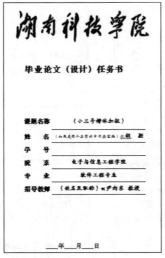

图 1-1　论文封面　　　　图 1-2　任务书封面　　　　图 1-3　开题报告书

摘要应概括性地反映出毕业论文（设计）的写作前提、目的、所涉及的主题范围、主要内容与方法，以及成果和结论；语句要通顺，文字要流畅；摘要中不宜使用公式、图表，以及不要标注引用文献编号。中文摘要以 300～500 字为宜，英文摘要应与中文摘要一致，文字表达需自然流畅，无语法错误。

1.1.2　知识储备

1. Word 表格

Word 表格由水平行与垂直列交叉形成的单元格组成，在单元格中可输入文字、数字，也可插入图形图像。表格能够将数据清晰而直观地组织起来，并进行比较、运算和分析。这种简明扼要的文字与数据表达方式，使表格在 Word 中占据重要位置。

在科技论文、毕业论文或一些书稿的正式文档中，表格的边框一般被要求设置成"三线表"。所谓"三线表"，即通常只有 3 条线——顶线、底线和栏目线，没有竖线。三线表中顶线和底线稍粗，可设置为 1.5 磅，栏目线稍细，可设置为 0.5 磅。在毕业论文撰写过程中如果要用到表格，用户可以自定义一个名为"三线表"的表格样式，然后对包含所有行列边框线的表格应用该"三线表"样式即可。具体操作步骤如下。

（1）新建表格。单击"插入"｜"表格"按钮，新建任意行列数的表格。本例中新建一个 4 列 2 行的表格。

（2）新建"三线表"样式。将光标放置于新建表格的任意一个单元格内，在"表格工具"选项卡中单击"设计"选项卡，打开"表格样式"组的下拉按钮，可以以"普通表格"为样式基准创建毕业论文中所需"三线表"。具体操作如下。

"三线表"样式

①单击"表格样式"组的下拉按钮，单击展开的样式列表中的"新建表格样式"，如图 1-4 所示。

②在打开的"根据格式化创建新样式"对话框中，在"属性"一栏中将"名称"改为"三线表"，"样式类型"为"表格"，"样式基准"为"普通表格"，如图 1-5 所示。

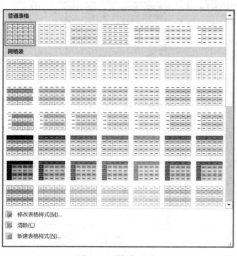

图 1-4　样式列表

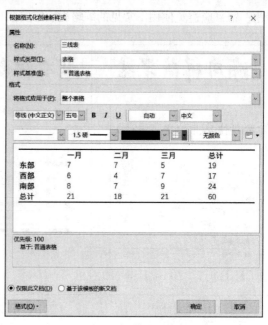

图 1-5　创建表格新样式

③在"格式"栏的"将格式应用于"下拉列表中选择"整个表格"，"线型"选择单实线、1.5 磅、黑色、上框线、下框线。

④在"格式"栏的"将格式应用于"下拉列表中选择"标题行"，"线型"选择单实线、0.5磅、黑色、下框线。此时下方的预览框中显示出完整的三线表，如图 1-6 所示。

（3）应用"三线表"样式。将光标放置于新建表格中，单击"表格工具"｜"设计"｜"表格样式"组的下拉按钮，样式列表中会出现"自定义"栏，该栏内就有步骤（2）创建的"三线表"样式。单击该样式，则新建的表格就应用了该样式。

（4）查看表格网格线。如果习惯看有线条的表格，则可显示表格的网格线，这些线条以虚线形式显现，只是为了便于查看，非真实打印框线。该命令位于"表格工具"｜"布局"｜"表"组中，命令名为"查看网格线"。

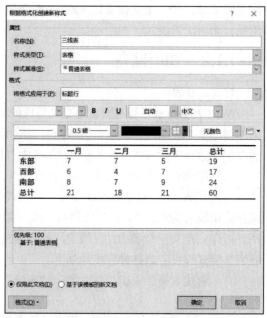

图 1-6　三线表样式

2. 域

在 Word 中使用域，主要是因为域可以在无须人工干预的情况下自动完成任务。比如自动编页码，自动编图表的题注、脚注、尾注的号码；自动编制目录、关键词索引、图表目录；实现邮件的自动合并与打印；执行加、减及其他数学运算；创建数学公式等。

域是 Word 中一种特殊命令，它由花括号、域名（域代码）及选项开关构成。

域的使用

域代码类似于公式，域选项开关是特殊指令，在域中可触发特定的操作。

（1）Word 域的一般格式为{域名[域参数][域开关]}，其中域参数和域开关是可选项。它与 Excel 中的公式相似，域代码类似于公式，而域结果类似于公式产生的值，域结果与 Excel 公式产生的值一样，也会根据文档的变动或相关因素的变化自动更新。

（2）插入域的方法有以下 3 种。

①自动插入。比如插入页码、在文档中自动生成目录，在文档中看到的是域结果。如果需要查看域代码，可将光标定位于域所在位置，按【Shift+F9】组合键可在其域结果和域代码之间进行切换显示，按【Alt+F9】组合键可在文档中所有域的域结果和域代码之间进行切换显示。

②选择域代码。单击"插入"选项卡"文本"组中的"文档部件"下拉按钮，选择"域"命令，即可打开"域"对话框。在该对话框内可查看 Word 提供的所有域名和域功能，如图 1-7 所示。

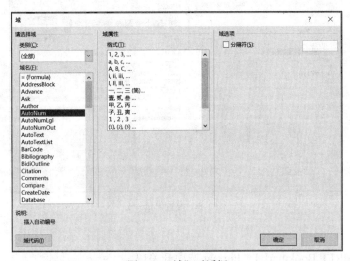

图 1-7　"域"对话框

③手动输入域代码。此方法只适合对域代码十分熟悉的用户进行操作。将光标定位于要插入域代码的位置，按【Ctrl+F9】组合键，即出现域特征字符"{ }"，在其中可直接输入或编辑域代码。

（3）更新域是域最突出的优点。例如，插入自动目录后，若正文内容有修改，可将光标定位于目录域，按【F9】功能键即可更新目录；或者右击域，在弹出的快捷菜单中选择需要更新的域选项。再比如，在表格中某一单元格的计算应用了公式域"=sum(left)"，该公式域是可以复制的，若需要再用该公式，则直接复制粘贴后，在域为选中状态下，按【F9】功能键，其域结果即可立即被更新。

（4）域的锁定与解除链接。域的自动更新功能虽然给文档编辑带来很多方便，但有些时候，我们并不希望它再更新，只想要当前结果，并希望它能变成可复制的普通文本。单击某个域，按【Ctrl+F11】组合键可锁定该域，从而禁止这个域被自动更新；若要解除锁定，按【Ctrl+Shift+F11】组合键即可；若想域结果变成普通文本，需要解除域的链接，按【Ctrl+Shift+F9】组合键即可，一旦解除链接，则域结果成为普通文本，域代码被删除，不再更新，且该解除操作是不可逆的。

（5）常用域举例。

①Page 域。

语法： { PAGE [* Format 选项开关] }。

用途： 在 Page 域所在处插入页码。

选项开关说明： *FormatSwitch 可选开关，该开关可替代在"页码格式"对话框的"数字格式"框中选择的数字样式。要改变页码的字符格式，可修改"编号格式"框中的字符样式。

示例： 在当前位置插入当前页的页码。

操作： 将光标定位于当前需要插入本页页码处，单击菜单选项命令"插入"｜"文本"｜"文档部件"｜"域"，在打开的"域"对话框中按"类别"为"编号"找到"Page"域名，然后单击该对话框左下角处的"域代码"按钮，会显示出图 1-8 所示的该域"高级域属性"选项，再单击该对话框左下角的"选项"按钮，弹出"域选项"对话框，选择页码格式，此处格式与在页眉页脚处插入页码时"设置页码格式"中的"编号格式"一致。

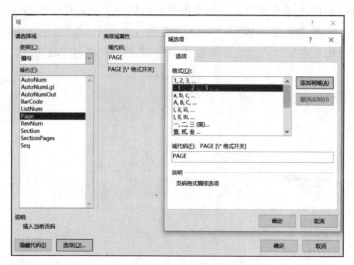

图 1-8　设置 Page 域

②PageRef 域。

语法：｛ PAGEREF Bookmark [* Format 选项开关] ｝。

用途： 插入书签的页码，作为交叉引用。

选项开关说明： * Format Switch 可选开关，该开关可替代在"页码格式"对话框的"编号格式"框中选择的数字样式；

\\h 创建指向用书签标记的段落的超链接；

\\p 使域显示其相对于被引用的书签的位置。即：当 PageRef 域不在当前页时，它会使用字符串"on page #"描述被引用的书签所在位置。当 PageRef 域在当前页时，省略"on page #"并且只返回"见上方"或"见下方"。

示例： 在书籍或其他文档编写过程中，提到前面写过的内容"请参考**页提到的**内容"。

操作： 选择"**内容"，单击"插入"｜"链接"｜"书签"命令，在打开的"书签"对话框中，为该书签命名。然后回到当前文档编辑处，单击"插入"｜"文本"｜"文档部件"｜"域"，在打开的"域"对话框中找到"PageRef"域名，然后选择刚才定义的书签名。这样操作以后，当文档进行增删后，"**内容"即使更换了页码，当前页提到的"**页"也会自动更新。

③Index 域。

语法：｛ INDEX [选项开关] ｝。

用途： 建立并插入一个索引。

选项开关说明：

\\b 用书签来指定要创建索引的文档区域；

\c 在页面上创建多栏索引（最大值二千）；

\d 利用\s 开关来定义序列号与页码之间的分隔符（最多为 5 个字符）；

\e 定义索引项和其页码之间使用的分隔符（最多为 5 个字符）；

\f 用于指定类型的索引项建立索引；

\g 定义在页面范围中所用的分隔符（最多为 5 个字符）；

\h 在索引中的各组之间插入以"索引类目"样式设置了格式的类目字母；

\l 指定多页引用的页码间的分隔符；

\p 根据指定的字母生成索引；

\r 以主索引项的形式将次索引项运行到同一行中；

\s 其后跟有序列名时，将序列号添加到页码中。

④NumChars 域。

语法：{ NUMCHARS }。

用途：插入文档包含的字符数，该数字来自"文件"菜单的"属性"对话框中的"统计信息"选项卡。

⑤NumWords 域。

语法：{ NUMWORDS }。

用途：插入文档的总字数，该数字来自"文件"菜单的"属性"对话框中的"统计信息"选项卡。

⑥CreateDate 域。

语法：{ CREATEDATE [\@ "Date-Time Picture"] }。

用途：插入第一次以当前名称保存文档时的日期和时间。

选项说明：\@" Date-Time Picture" 指定替代默认格式的日期和时间格式。

⑦Date 域。

语法：{ DATE [\@ "Date-Time Picture"] [选项开关] }。

用途：插入当前日期。

选项开关说明：\l 使用"插入"选项卡的"日期和时间"命令，以上次所选的格式插入日期。

⑧If 域。

语法：{ IF Expression1 Operator Expression2 TrueText FalseText }。

用途：比较两个值，根据比较结果插入相应的文字。如果用于邮件合并主文档，则 If 域可以检查合并数据记录中的信息，如邮政编码或账号等。

选项说明：

Expression1、Expression2：要进行比较的值或表达式（可以是书签名、字符串、数字、返回一个值的嵌入域或数学公式）。

Operator：比较操作符=、<>、>、<、>=、<=（其前后必须各插入一个空格）。

TrueText、FalseText：比较结果为真时得到 TrueText，为假时得到 FalseText。

⑨MacroButton 域。

语法：{ MACROBUTTON MacroName DisplayText }。

用途：插入宏命令。

选项说明：

MacroName：双击域结果时运行的宏名。活动文档模板或通用模板中必须有要运行的宏。

DisplayText：显示为"按钮"的文字或图形。可使用结果为文字或图形的域，如 BOOKMARK

或 INCLUDEPICTURE。在域结果中，文字或图形必须在一行内，否则会出错。

3. 模板

模板是提高工作效率的一种重要途径，对于有规律的、重复性的文档，制作一个具有统一规范的模板，然后直接"拿来"使用，或稍做修改即可完成任务。这种利用模板快速完成工作的方法，不管从效率上还是质量上看都是让人满意的。

每个模板都提供了一个样式集合，除了样式，模板还包含其他元素，比如域、宏、自动图文集、自定义的工具栏等。因此，我们可以把模板形象地理解成一个容器，它包含上面提到的各种元素。不同功能的模板包含的元素当然不尽相同，而一个模板中的这些元素，在我们处理同一类型的文档时是可以重复使用的，使用模板可以避免重复劳动。

在 Word 2016 中创建模板的方法一般有以下 3 种。

（1）使用现有模板修改创建。现有模板包含众多联机模板，需要联网下载。使用现有模板创建文档的一个前提条件是，用户要对现有模板的特性和功能比较了解，否则，如果选择了不恰当的模板，那么制作完成的文档外观，可能会非常别扭，也可能更加费时。

（2）使用文档原型法。这种方法是指用常规方法完成了一篇文档的制作，同时这篇文档的各种样式也已经修改或创建好，并且这种类型的文档会经常被使用，则可将该文档保存为模板类型。使用文档原型法是最为常用的创建模板的方法。

（3）自定义模板。单击"文件"菜单选项卡中"新建"命令，单击"空白文档"，再单击文档左上角的"保存"按钮，会弹出"保存此文件"对话框，如图 1-9 所示。单击"更多保存选项→"，再单击"浏览"，打开"另存为"对话框，其"保存类型"选择"Word 模板（*.dotx）"（若制作模板时，文件中还加入了宏代码，则"保存类型"应选择"应用宏的 Word 模板（*.dotm）"），则该文件保存为模板文件，如图 1-10 所示。用户可在该文档中设计所需要的样式、域、宏、图片、文字等信息，进行保存。

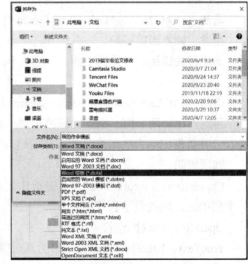

图 1-9　保存 Word 2016 文件　　　　　　　　图 1-10　保存模板文件

1.1.3　案例实现

1. 创建模板文件

（1）找到并打开 Word 2016。单击桌面左下角"开始"按钮旁边的"搜索"框（Win10 系统下为放大镜按钮），输入"word"，单击"Word 2016"应用。

（2）将文档另存为模板文件。在打开的 Word 窗口上，单击"文件"｜"另存为"命令，再单击"浏览"命令，弹出图 1-10 所示的"另存为"对话框，将文件名改为"论文模板"，保存类型选择"Word 模板（*.dotx）"（或"应用宏的 Word 模板（*.dotm）"）。单击"确定"按钮后，该文档名此时就变成了"论文模板.dotx"（或"论文模板.dotm"）。

说明　创建模板的方法不止此一种，也可以使用 1.1.2 小节中"3.模板"里提到的另外两种方法。

2. 制作前置部分

封面模板最终效果如图 1-11 所示。

（1）复制校名及封面名称。封面样式已经存在，直接将校名和封面名称复制后，粘贴到"论文模板.dotx"文件第一页顶端。用户若要自己重新设置，则校名可为图片格式；插入图片后，输入 3 个正文段落的换行符，再输入文字"本科学生毕业论文（设计）"，格式为黑体、小初。

（2）设计表格。鉴于封面中标题、姓名等需要输入的文字均有下画线，且排列整齐，使用表格来制作是最便捷的。具体操作步骤如下。

①新建表格。将光标定位于"本科学生毕业论文（设计）"后的第六行，单击"插入"｜"表格"组中的下拉按钮，选择"2×7 表格"。

②设置第一列单元格格式。首先在表格第一列各单元格中按图 1-11 所示分别输入文字，并选择第一列各单元格，单击"开始"｜"字体"组中命令，字体设置为黑体、三号；然后使用鼠标拖曳方式，调整第一列宽度刚好容纳第一列文字；最后单击"开始"｜"段落"组中"分散对齐"命令 ▤，使单元格内文字填满单元格，其中"（英文):"所在单元格使用"右对齐"命令 ▤，使之与中文题目对齐。

③设置第二列各单元格格式。选择第二列所有单元格，单击"开始"｜"字体"组右下角，打开"字体"对话框，在"字体"对话框中，"中文字体"选择"楷体"，"西文字体"选择"Times New Roman"，"字形"选择"加粗"，"字号"选择"小三"，如图 1-12 所示。在"段落"组中单击"居中对齐"命令。

图 1-11　论文封面模板

图 1-12　设置表格字体

④修改表格边框线。首先选择表格的第一列，单击"表格工具" | "设计" | "边框"组中的"边框"下拉按钮，选择"无框线"命令 田 无框线(N)；然后选择表格第二列，选择"上框线"命令 田 上框线(P)，取消第二列的上边框线，继续选择"右框线"命令 田 右框线(R)，取消第二列右边框线显示，只剩下各单元格下框线，作为需填内容的下画线。

（3）插入域。将光标置于"题目（中文）"后的单元格，单击"插入" | "文本" | "文档部件"下拉按钮，选择"域"命令 ⊞ 域(F)...，在打开的"域"对话框的"类别"中选择"文档自动化"，"域名"选择"MacroButton"，"宏名"选择第一个"AcceptAllChangesInDoc"，"显示文字"输入"[单击输入题目，不得超过 20 字]"，也可输入其他提示文本，以提示学生正确填写。第二列其他单元格均可按图 1-13 所示进行设置，只要修改"显示文字"内容即可。

文档自动化域在案例中的应用

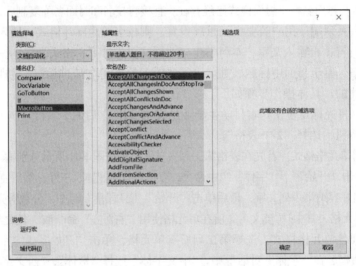

图 1-13　插入文档自动化域

因在此表格中的提示均用"AcceptAllChangesInDoc"宏输入显示文字（显示文字不得跨行，即不能超过一行），所以该段域代码复用最为简单。具体操作方法如下。

①选择"[单击输入题目，不得超过 20 字]"域，按组合键【Ctrl+C】，然后按组合键【Ctrl+V】将其分别粘贴到其他各行相应位置。

②按【Alt+F9】组合键将所有域换成代码，然后直接在域代码"{MACROBUTTON AcceptAllChangesInDoc[单击输入题目，不得超过 20 字]}"中对"[ ]"中文字进行更改。

③在每行的提示文字更改完后，再按组合键【Alt+F9】切换回域结果。

（4）任务书封面制作。任务书封面制作的操作过程和制作效果与封面相似，效果如图 1-14 所示，这里不再赘述。其中，"毕业论文（设计）任务书"文字格式为"华文中宋、二号、加粗、居中对齐"，表格第一列文字格式为"华文中宋、三号、加粗、两端对齐"，表格第二列文字格式为"楷体、小三号、加粗、居中对齐"。

（5）开题报告书及其他表格制作。开题报告等表格可从历届论文样本中原样复制粘贴，选择表格中待填写的提示信息。如"[单击此处添加论文标题]"，格式设置均为"中文为宋体、西文为 Times New Roman、字号为五号、段落行距为 1.25 倍"。表格内各部分内容填写要求以任务书表格为例，效果如图 1-15 所示，将需要填写的内容、填写方法及要求用"/*……*/"引用起来存放，并将该填写要求的提示部分设置好格式，以便学生在填写时，将"/*……*/"部分删除后即可直接输入内容。

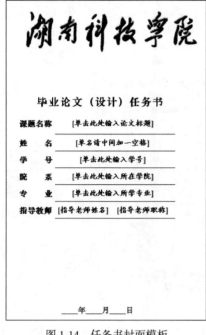

图 1-14　任务书封面模板

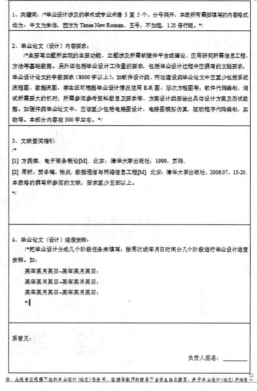

图 1-15　任务书内容填写要求模板

3. 制作主体部分

主体部分包括目录、中英文摘要、绪论、正文、结论、参考文献、致谢 7 个部分。由于正文的内容错综复杂，在制作固定框架时没有对其进行很详细的设置，因此正文部分的具体排版请参考 1.2 节"毕业论文排版"的内容。正文的固定框架只能编写一个大致的引导型模板，比如设置一定的字体段落格式，插入一些说明性文字，具体效果如图 1-16、图 1-17 和图 1-18 所示。除此之外，还应该将该文档的样式列表中标题 1、标题 2、标题 3、正文的样式按照论文撰写规范的格式要求先修改好，这样学生在使用该模板时就不需要再次修改了。样式设置与修改的具体操作方法请参考 1.2 节。

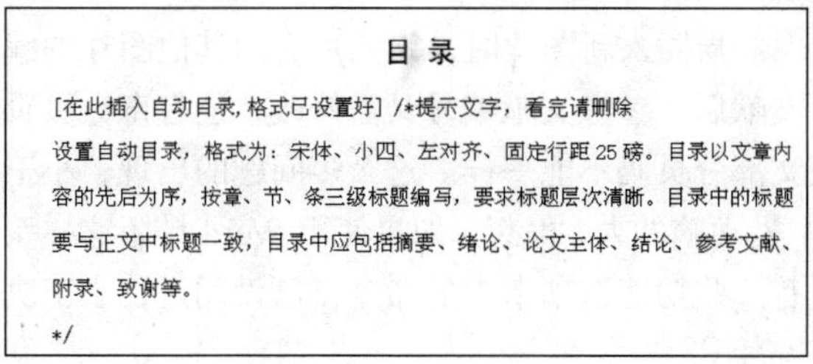

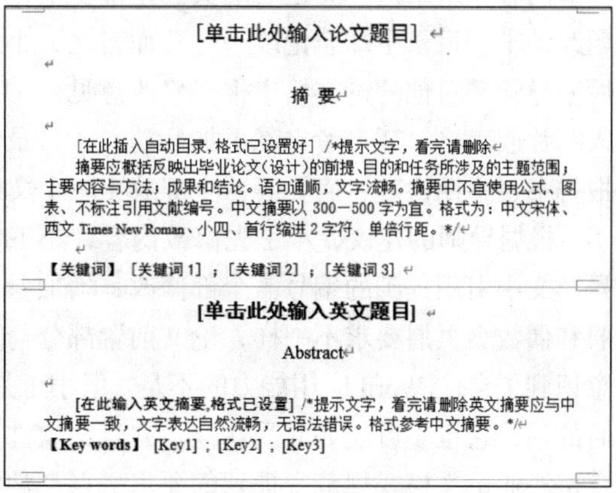

图 1-16　目录模板

图 1-17　摘要模板

1. 绪论

/*提示文字，看完请删除
绪论一般作为第一章。绪论应包括：本研究课题的学术背景及理论与实际意义；国内外文献综述或研究现状；本研究课题的来源及主要研究内容。
*/

2. 关键技术

3. 概要设计

4. 详细设计与测试

结论

/*提示文字，看完请删除
结论是对整个论文主要成果的总结。在结论中应明确指出本研究内容的创造性成果或创新性理论（含新见解、新观点），对其应用前景和社会、经济价值等加以预测和评价，并指出今后进一步在本研究方向进行研究工作的展望与设想。
*/

参考文献

/*提示文字，看完请删除
凡有引用他人成果之处，均应按引文出现的先后顺序列于参考文献中。参考文献不得小于 10 篇。
*/

图 1-18　正文引导型模板

1.2　毕业论文排版

毕业论文的设计与排版一般由毕业生亲自制作，每位毕业生所面临的设计方面的问题、困难或许不同，但在使用 Word 排版与格式设置过程中所面临的困难就大同小异了。本节主要介绍毕业论文这种长文档在规定了格式要求的情况下的排版。

1.2.1　案例分析

小王大四了，面对毕业论文，他胸有成竹，当看到导师发的毕业论文撰写规范时，觉得很简单。但当他把写好的论文按要求设置格式时，发现问题来了：①正文中一级、二级、三级标题及项目编号均手动设置，花了很多时间；②目录也是手动录入并设置格式的，后来正文中又加入了一些内容，结果这一页之后的页码全部变了，目录中的页码又要重新输入；③正文中有些章节标题改动了，目录中却忘记改……总而言之，小王给论文设置格式的时间快赶上写论文的时间了。后来导师又对他的论文给出很多修改意见：①某章节应该再增加内容或删除内容；②某章节应加入图片或表格；③参考文献再加几篇；④目录使用自动方式；⑤将论文前置部分，如封面、开题报告书、中期检查、摘要等，全部放于一个文档中，以便统一管理……

根据导师的建议，小王先修改内容，小王发现：当插入新图片时，该图片后的其他图片的编号及文中引用提到的编号需全部修改；增加参考文献后，参考文献编号又需修改；还有奇数页页眉和偶数页页眉要求不一样，论文前置部分与正文部分页码不能一样。这么多问题的出现，小王意识到了自己 Word 应用能力的不足。但小王是个爱动脑的人，他想，如果使用 Word 排版这样费时的话，它也不可能如此受欢迎，并且该软件还有一些功能选项卡中的命令自己没用过，小王决定按毕业论文格式规范中提到的要求一点点学习。

小王所在学校毕业论文书写格式规范与要求如下。

（1）学位论文必须由学生本人在计算机上输入、编排与打印。论文需用 A4 纸打印，论文每页 30 行、每行 36 字（Word 中"页面设置"的 A4 纸纵向为"页边距：上、左边距 2.5cm，下、右边距 2cm"，左侧预留 1cm 装订线），双面打印，页码在边线之下隔行放置；论文摘要之前的前置部分不设置页眉页脚。

（2）目录、摘要、各章、参考文献、致谢等分别另起一页。

（3）章节标题层次如下，样式举例及编辑排版要求如表 1-1 所示。

一级标题（章）：黑体、小二号、不加粗；段前段后各 1 行，行距最小值 12 磅，居中。

二级标题（节）：黑体、小三号、不加粗；段前段后各 0.5 行，行距最小值 15 磅，无缩进。

三级标题（节）：黑体、小四号、不加粗；段前 12 磅，段后 6 磅，行距最小值 12 磅，无缩进。

条、款、项、正文：宋体、小四、首行缩进 2 字符、行距最小值 20 磅、两端对齐；"条"直接顶格（无缩进），无特殊格式。

表 1-1 　　　　　　　　　　章节标题样式举例及编辑排版要求

名称	样式举例	编辑排版要求
章	第一章　绪论（一级标题）	居中排，章编号用中文数字
节	1.1 □□…□（二级标题） 1.1.1 □□…□（三级标题）	顶格，第一个数字为章号，用阿拉伯数字 不接排（指内容另起一行） 不接排
条	1.1.1.1 □□…□□□□□□□□□…	顶格，接排
款	1. □□…□□□□□□□□□…	接排
项	(1) □□…□□□□□□□□□…	接排

（4）论文中表格与图片序号按章编号（不加节号），分别在表格上方和图片下方添加形如"表 1.1、表 1.2、表 1.n""图 1-1、图 1-2、图 1-n"的题注，各章节图和表分别连续编号，所有表格必须为三线表。表题、图题：黑体、小五号、居中。表格内文字：宋体、五号。

（5）页眉与页脚要求如下。

学位论文各页均须加页眉。可在版心上边线隔出一行的位置加粗、细双线（线条样式为粗线在上，细线在下，双线宽 1.5 磅），再在双线上居中输入页眉内容。

奇数页眉：所在章题序及标题（如"第 1 章　绪论"）。

偶数页眉：湖南**大学学士学位论文。

目录、摘要页码使用大写罗马数字居中显示；正文页码使用阿拉伯数字连续编码到最后论文结束，奇数页页码显示在页脚右侧，偶数页页码显示在页脚左侧；字体均为 Times New Roman、小五号。

1.2.2　知识储备

1. 页面设置

通常情况下，用 Word 制作的文档都需要纸质稿呈现，即使以电子稿形式呈现，为了视觉上的效果也会对页面做要求。所以，在进行具体的文档编排前必须先进行以下页面设置：页边距（包括装订线、纸张方向、多页设置）、纸张（包括打印选项）、布局（包括页眉与页脚、行号、页面边框）、文档网格（包括文字排列方向、栏数、每页行数、每行字数）。如果在编排之前没有定好页面设置，而是在编排之后再进行页面的设置或改变页面设置，则很可能会引起版面各种错乱，导

页面设置

致排版困难。

单击"页面布局"｜"页面设置"组右下角的 ▫ 命令，即可打开"页面设置"对话框，对话框中包含 4 个选项卡，如图 1-19 所示。

（1）"页边距"选项卡。

在该选项卡中可进行以下设置。

装订线：如果为"0 厘米"，则不需要装订线，此种情况一般针对对装订无要求的文件。

装订线位置：只有左、上两个，即只能在页面左边和上边进行装订。

多页：①对称页边距指的是左、右页边距标记会修改为"内侧""外侧"边距，同时"预览"框中会显示双页，且设定第 1 页从右页开始。一般而言，需要双面打印的文件，并且左、右页边距可不相等或设置装订线的，应该使用对称页边距。②拼页是指将两张小幅面的编排内容拼在一张大幅面纸张上，适用于按照小幅面内容编排，用大幅面纸张打印的情况，如试卷在 A4 纸上进行编辑排版，打印时使用 A3 纸。③书籍折页是指将纸张一分为二，中间是折叠线，打印效果类似于请柬等

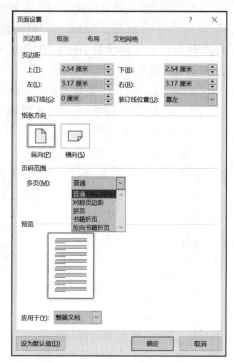

图 1-19 "页面设置"对话框

开合式文档。请柬打开为正面，正面的左面为第 2 页，右面为第 3 页，请柬背面的左面为第 4 页，右面为第 1 页，合并后，页码为正序 1、2、3、4。④反向书籍折页与书籍折页相似，不同之处是折页方向相反，如古装书籍一般采用反向书籍折页。

应用于：如果文档没有分节，当前也没有选择文字，则该下拉列表中只有两项内容——整篇文档、插入点之后。如果该文档分了节，并且是在选择了文字后才进行页面设置的，则该下拉列表就会多两项内容——本节、所选文字。需要提醒的是，页面设置的 4 个选项卡中最后都是"应用于"下拉列表，默认选择为"整篇文档"。①应用于"所选文字"指仅应用于当前所选定的文字。Word 将自动在所选文字的前后各插入一个"下一页"分节符，使当前所选文字单独存在于一页中。②应用于"插入点之后"是指在当前插入点位置插入一个"下一页"分页符，使其后的文字从下一页开始，并且其后到下一节开始之间的文字使用当前页面设置。③应用于"整篇文档"和应用于"本节"请按字面意思理解。

（2）"纸张"选项卡。

该选项卡主要针对打印纸及打印项进行设置，"纸张"选项卡和打印选项分别如图 1-20、图 1-21 所示。纸张大小中应用最多的是 A4 纸，它属于设计印刷的标准尺寸，其他纸张大小如表 1-2 所示。

表 1-2 各种纸张大小

纸张类型	宽度/cm	高度/cm
Letter	21.59	27.94
Legal	21.59	35.56
Executive	18.41	26.67
A3	42	29.7

续表

纸张类型	宽度/cm	高度/cm
A4	21	29.7
A5	14.8	21
10 号信封	10.48	24.13
DL 信封	11	22
C5 信封	16.2	22.9
B5 信封	17.6	25
Momarch 信封	9.84	19.05
B5(JIS)	18.2	25.7
B5(ISO)	17.6	25
A6	10.5	14.8
双面明信片	14.8	20
明信片	10	14.8
8.5×13	21.59	33.02
16K	19.69	27.31

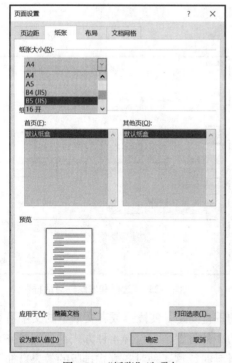

图 1-20　"纸张"选项卡

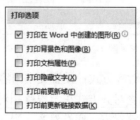

图 1-21　打印选项

（3）"布局"选项卡。

在该选项卡中可进行以下设置。

节的起始位置：有 5 种可选项，如图 1-22 所示。在设计文档时，如果使用"页面布局"｜"页面设置"｜"分隔符"中的"分节符"命令插入了一种分节符后，又想更改此种分节符的性质，则选择该节，切换到"草稿"视图，然后在"节的起始位置"处重新设置。比如，先前在设计文档时插入了一个"连续"分节符，后面因排版原因想将该节分到下一页，则可切换到"草稿"视图，将光标定位于该节所在任意位置，进入"页面设置"的"布局"选项卡，如图 1-22 所示，在"节的起始位置"处选择"新建页"，在"应用于"处选择"本节"，则在"草稿"视图中可看到"分节符（连续）"变成"分节符（下一页）"。

奇偶页不同：指文档在双面打印时，在奇数页和偶数页使用不同的页眉或页脚，以体现不同页面的页眉或页脚特色。

首页不同：指在文档首页使用不同的页眉或页脚，以区别文档首页与其他页面的不同。

边框：可以为某一节、某一节首页、某一节除首页外所有页甚至整篇文档设置页面边框，以进行特殊标识或者点缀页面，在图 1-22 所示界面中单击"边框"按钮，打开图 1-23 所示的"边框与底纹"对话框，可在"样式"栏中选择线条型的边框样式，可在"艺术型"栏中选择 Word 提供的内置花样边框，这些艺术型的边框有彩色的（不允许自行再更改颜色）、有黑白色的（允许自行重新选择颜色），它们能对图文混排的文档的设计起到很好的辅助作用。

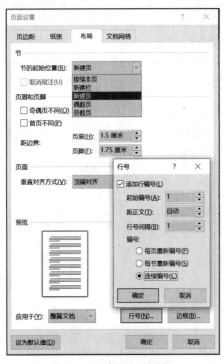

图 1-22 "布局"选项卡

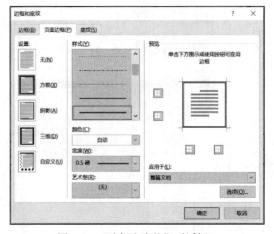

图 1-23 "边框和底纹"对话框

垂直对齐方式：设置文本内容，调整文字的垂直间距，使段落或者文章中的文字沿垂直方向对齐。垂直对齐方式决定段落相对于上或下页边距的位置，它包含 4 种方式：顶端对齐（默认）、居中、两端对齐、底端对齐。当一页中文字未排满时，这 4 种对齐方式排版的效果就非常明显。在图 1-24 中，4 个页面原始文字与段落一模一样，但对每一页分别设置了顶端对齐、居中、两端对齐、底端对齐后，效果上的区别就非常明显。

行号：适用于在阅读过程中需要标记某内容所在行数的情况，如名人手稿、法律文书等。在图 1-22 所示的"布局"选项卡中，单击"行号"按钮，打开"行号"对话框，选中"添加行编号"复选框后，该对话框中所有灰色区变成可选项，用户按需选择即可。此外，"页面布局"菜单选项卡的"页面设置"组中也有"行号"命令，如果需要，使用此命令更加快捷。

图 1-24　不同垂直对齐方式的效果

（4）"文档网格"选项卡。

该选项卡（见图 1-25）用于设置页面版心内容，即页面视图中页面的 4 个直角中间的区域的内容。

选项卡的"网格"栏中各选项含义如下。

无网格：采用默认的字符网格，包括每行字符数、字符间距、每页行数和行间距等。

只指定行网格：采用默认的每行字符数和字符间距，允许设定每页行数（1～48）或行间距，改变其中之一，则另一个数值将随之改变。

指定行和字符网格：允许设定每行字符数、字符间距、每页行数、行间距。改变了字符数（或行数），间距会随之改变；反之，改变间距，字符数（或行数）也会随之改变。

文字对齐字符网格：可以设定每行字符数和每页行数，但不允许更改字符间距和行间距。

选项卡中的"绘图网格"按钮是为了方便调整图形位置与尺寸而设置的。当文档中图形对象较多时，为了使各图形能较快地调整到理想状态，"绘图网格"将起到重要作用。双击"绘图网格"按钮，打开"网格线和参考线"对话框，如图 1-26 所示，选中并设置相应选项。其中部分选项的含义如下。

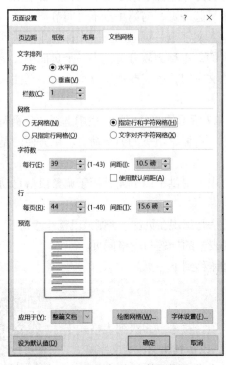

图 1-25　页面设置—文档网格选项

图 1-26　绘图网格

对象对齐：当该选项被选中，拖曳对象时对象会自动与其他对象的垂直和水平边缘的网格线对齐。

网格设置：设置网格线的垂直与水平间距。

网格起点：选中"使用页边距"复选框，则使用左、上页边距作为网格起点；若未选中，则需自行设置水平与垂直起点。

显示网格：选中"在屏幕上显示网格线"复选框，则会在屏幕上按所设定的"垂直间隔"和"水平间隔"显示网络线。

网格线未显示时对象与网格对齐：如果选中此项，则拖曳对象时对象会自动吸附到最近的网格线上。

2. 分节符与分页符

分节与分页

节是一个连续的文档块，同节的页面拥有同样的边距、纸型或方向、打印机纸张来源、页面边框、垂直对齐方式、页眉和页脚、分栏、页码编排、行号、脚注和尾注。如果没有插入分节符，Word 默认一个文档只有一个节，所有页面都属于这个节。若想对页面设置不同的页眉页脚，必须将文档分为多个节。论文或者书籍里同一章的页面采用章标题作为页眉，不同章的页面页眉不同，这可以通过将每一章作为一个节，每节独立设置页眉页脚的方法来实现。

要将文档分成几个子部分，只需在分隔处插入分节符。插入分节符的操作步骤：先将光标定位于需要插入分节符的位置，然后单击"页面布局"｜"页面设置"｜"分隔符"中的下拉按钮，打开图 1-27 所示的两栏分隔符选项，上一栏是分页符选项，下一栏是分节符选项。分节符共 4 种类型可选，可以按需选择分节符类型，每一种类型对应的功能均已在类型名称下方显示出来，比如"分节符"｜"下一页"指的是插入分节符并在下一页上开始新节。

比如，要设置第 1 章和第 2 章的不同页眉，则可将光标定位于第 1 章末尾，然后单击图 1-27 所示的"分节符"栏的"下一页"命令，则第 2 章将另起一页，与第 1 章不再同节。

分页符分为自动分页和强制分页两种。当正常输入文字至一页已满时，光标会自动跳到下一页，即 Word 是按照页面的设置自动对文档进行分页的，也称为软分页；当一个页面中文字已输入完成，但页面还有留白，却需要另起一页输入其他文字时，就需要强制分页，即手动插入分页符，也称为硬分页。

插入硬分页的方法与插入分节符相同，即在图 1-27 所示的"分页符"栏中选择"分页符"命令；也可将光标置于需要硬分页处，单击"插入"｜"页面"组下的 ┝┥分页 命令；更方便的是使用组合键【Ctrl+Enter】实现快速硬分页。

在"段落"对话框中，自动分页（软分页）还为用户提供了以下 4 种用于调整段落自动分页的属性选项，如图 1-28 所示。

孤行控制：防止该段的第一行出现在页尾，或最后一行出现在页首，否则该段整体移到下一页。

与下段同页：用于控制该段与下段同页，如控制表格的标题与表格同页。

段中不分页：防止该段从中间分页，否则该段整体移到下一页。

段前分页：用于控制该段必须重新开始一页。

3. 样式

样式修改与应用

样式是一组格式集合，它集字体、段落、编号与项目符号、多级列表格式于一体。利用样式可以使文档格式随样式同步自动更新，以达到快速改变文字格式、高效统一文档格式的目的。另外，标题使用样式，是自动生成目录的必备条件。

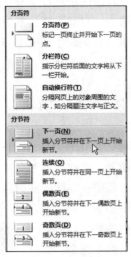

图 1-27　分隔符　　　　　　　　　　　图 1-28　段落自动分页选项

（1）Word 内置样式及其应用。

单击"开始"菜单选项卡"样式"组的下拉按钮，打开图 1-29 左侧所示的样式列表；如果要应用标题 3、标题 4、标题 5 等未在该列表中显示出来的样式，则可单击"样式"组右下角的 命令，打开图 1-29 右侧所示的"样式"窗格，再单击"选项"，在"样式窗格选项"对话框的"选择要显示的样式"一栏中选择"所有样式"，如图 1-30 所示。可以看到"样式"窗格中显示了 9 级标题样式。这 9 级标题与大纲视图下大纲级别中的 1～9 级对应，并且内置样式中的"标题"也对应 1 级大纲级别。如果某段文字需要使用样式，则将光标定位于该段，单击图 1-29 中相应样式名即可。

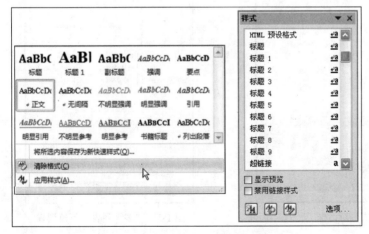

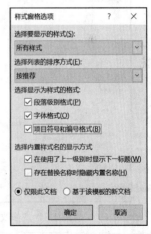

图 1-29　样式列表与"样式"窗格　　　　图 1-30　"样式窗格选项"对话框

（2）修改标题样式。

考虑到内置样式所定义的字体、段落等格式与论文、实际文档等所要求的样式有一定差距，所以，需要先进行标题样式的修改，再应用。比如要修改"标题 1"样式，方法如下。

①右击图 1-29 所示的样式列表或"样式"窗格中"标题 1"样式，在打开的快捷菜单中选择"修改"命令，弹出图 1-31 所示的"修改样式"对话框，输入一个新的样式名称，如"一级标题"。

②在该对话框左下角单击"格式"按钮，选择"字体"命令，即可打开"字体"对话框进行

字体格式设置；或者选择"段落"命令，打开"段落"对话框进行段落格式设置。

③当"格式"设置完成后，返回到"修改样式"对话框，选中"自动更新"复选框，则当前文档中，所有应用了该样式的文本会自动更新到刚才修改后的格式，同时生成一个新的样式名。如果修改样式是为了以后使用，则可取消选中"自动更新"复选框，也就是说，当前文档暂时不会有任何文字应用修改后的该样式。

④样式修改完成，单击"确定"按钮，则原来的"标题 1"样式修改为"标题 1，一级标题"。

（3）定义多级列表。

标题的输入除了样式应用，还需要在标题前附上章节等编号，如 1.1、1.2、1.1.1、1.2.1，如果不用多级列表而是采用手工输入的话，在后期增加或者调整章节、修改内容时会比较麻烦，往往改动一个序号，后面的序号都要重新调整，效率低、易出错。若要在标题的前面自动生成章节号，则需要对标题进行多级列表设置。定义新的多级列表的步骤如下。

①单击"开始"｜"段落"组中"多级列表"命令 下拉按钮，在展开的下拉列表中有"定义新的多级列表"和"定义新的列表样式"两个命令，如图 1-32 所示。一般来说，"新的多级列表"一旦定义后，将不能进行修改，但"新的列表样式"可进行修改。这里单击"定义新的列表样式"命令，以便后期随时修改。

多级列表

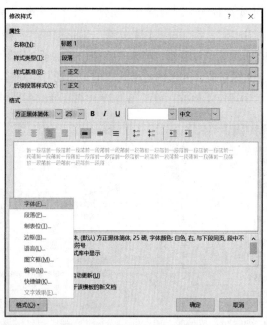

图 1-31　"修改样式"对话框

图 1-32　"多级列表"下拉列表

②在打开的"定义新列表样式"对话框中，如图 1-33（a）所示，单击左下角的"格式"按钮，选择"编号"命令，打开"修改多级列表"对话框，如图 1-33（b）所示，在"单击要修改的级别"一栏选择"1"，它对应标题样式中的"标题 1"和"标题"，该栏中其他大纲级别 2～9，分别对应标题样式中的标题 2～标题 9。如果要查看某标题样式与大纲级别的对应情况，可在"样式"窗格（见图 1-29）中，将鼠标指针指向该标题样式，会列出图 1-34 所示的详细格式。

③在"将级别链接到样式"中选择"标题 1"，在"要在库中显示的级别"中选择"级别 1"，"起始编号"选择"1"。

（a）

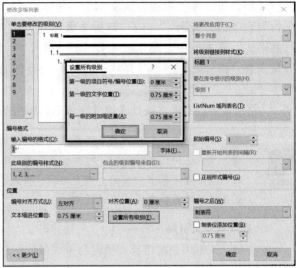
（b）

图 1-33　定义新列表样式并修改多级列表

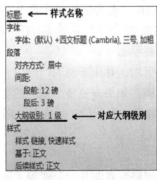
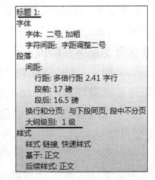

图 1-34　标题样式与大纲级别

④"此级别的编号样式"按文档要求选择，比如论文要求为简体中文，可选择"一，二，三（简）…"选项，在"输入编号的格式"文本框中，按论文要求，在编号"一"的左右两边分别输入"第"和"章"，效果如图 1-35 所示。

⑤设置 2 级、3 级大纲样式的步骤与设置 1 级大纲样式的步骤一样，只是当 1 级"编号样式"改成中文简体后，2 级大纲中"输入编号的格式"不是"一、1"而是"1.1"时，要选中图 1-35 中的"正规形式编号"复选框。若要设置每一级编号的缩进位置，可单击"设置所有级别"按钮，进行统一设置。

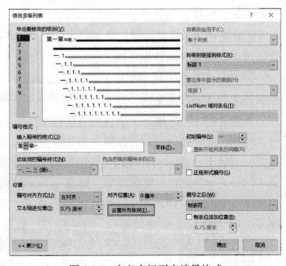

图 1-35　定义多级列表编号格式

⑥如果在设置 2 级大纲编号时，将"输入编号的格式"文本框中自动出现的"1.1"删除了，重新设置时不能手动在该文本框中输入"1.1"，而是需要先选择"包含的级别编号来自"下拉列表中的"级别 1"（应理解为 2 级标题"1.1"由 1 级标题"1"所包含）。此时"输入编号的格式"文本框中自动生成编号"1"，在"1"后面输入"."，打开"此级别的编号样式"下拉列表，选择"1,2,3…"样式，这样系统会自动在"."分隔符后添加表示 2 级标题的编号数字"1"。

⑦将所需要设置的多级列表设置完成后，单击图 1-35 中的"确定"按钮。

提示

在设置多级列表的每个级别的"位置"时，每个级别若没有缩进，均顶格，则其"编号对齐方式"为"左对齐"，"对齐位置"为"0 厘米"，"文本缩进位置"为"0.75 厘米"。若之后一级标题是居中对齐的，可直接在"样式"列表中对"标题 1"的格式进行修改，因为它们是链接关系，会发生联动反应。

4. 题注与交叉引用

题注与交叉引用是制作长文档时与带编号的图片、图表相关的最常用的命令，它是域的自动引用。

题注的出现可以使用户不必费心于记住当前到底是第几张图片或第几张表格，也不必费心于在中间插入一张图或一张表后，后续图片及表格的序号修改。因为题注会在用户单击"引用"｜"插入题注"命令时，保证在长文档中将图片、表格、图表等按顺序自动编号，这对文档后期修改和完善提供了很大的便利。比如，在文档中删除"图 1-3"后，该图后所有序号均要提前一个，此时只需要一次性更新所有题注编号即可，不需要手动一个一个改。

交叉引用是对 Word 文档中其他位置内容的引用，并用于说明当前内容。引用说明文字与被引用的图片或表格的题注是相互链接的，也就是说，如果有更新，则一起更新。比如，在文档中写到"请参考图 1-4"，而"图 1-4"因为之前删除了一张图后，变成了"图 1-3"，则文档中写到的"请参考图 1-4"与会自动更新为"请参考图 1-3"。

（1）插入题注。

一般来说，长文档中需要插入题注的对象为表格或者图片、公式等。表格的题注一般在表格上方，图片的题注一般在图片的下方，但插入题注的方法却大同小异。操作方法如下。

插入题注

①在文档中，将光标定位于表格上方一个空白行，或者将光标定位于图片下方空白行；当然，直接选中表格或者图片也可以。

②单击"引用"｜"题注"组中"插入题注"命令▦，打开"题注"对话框，如图 1-36 所示，根据添加题注的对象不同，在"标签"下拉列表中选择不同的标签类型。

③如果默认的"标签"下拉列表中没有合适的标签类型，可自己定义新的标签。单击图 1-36 中"题注"对话框的"新建标签"按钮，弹出"新建标签"对话框，在"新建标签"对话框中输入类似"表 1.""图 1-""公式 1."的标签名，单击"确定"按钮（该标签名应定义为编辑文档时要求的格式），"题注"对话框的"标签"下拉列表中会加入刚才自定义的标签名。图 1-37 所示是为第 1 章中的图片插入题注所新建的题注标签；如果为第 2 章的图片插入题注，则要重新定义新标签，如"图 2-"。新建标签后，这些标签名会在"标签"下拉列表中显示出来。

④选定"标签"后，"题注"文本框显示标签名并自动生成序号。设置完成后单击"确定"按钮，则题注自动生成，然后在题注后输入图片、表格等的名称即可。

图 1-36　"题注"对话框

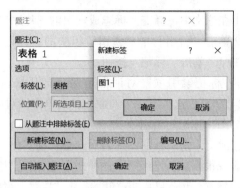

图 1-37　新建题注标签

（2）设置交叉引用。

交叉引用

如果正文中写到"单击***命令，将打开如图 *N-M* 所示的对话框"，其中"图 *N-M*"为题注，为让正文中的引用文字"如图 *N-M*"与题注链接，使之在图片的题注更改时能产生更新，可采用以下操作方法。

①将光标置于正文中"单击***命令，将打开如图 *N-M* 所示的对话框"的"如"字之后。

②单击"引用"｜"题注"组中的"交叉引用"命令。

③在打开的"交叉引用"对话框（见图 1-38）中，"引用类型"选择"图 *N-*"，"引用内容"选择"只有标签和编号"，并选中"插入为超链接"复选框，在"引用哪一个题注"列表中选择"图 *N-1*"。

④单击"插入"按钮，指定的引用内容将自动插入光标处。因为交叉引用为链接形式，所以，按【Ctrl】键后，单击交叉引用的内容，则可直接定位于该题注。

当然，如果对交叉引用的对象（如图片、表格、公式等）进行了插入或删除等修改操作，题注的序号并不会自动重新编号，而需要全部更新文档（即全选文档后），按【Ctrl+F9】组合键更新域，此时题注部分将重新按顺序编号，并且设置交叉引用的引用内容也会随着相应对象的变化而变化。

图 1-38　交叉引用设置

5. 索引与目录

在编辑长文档时，为了方便浏览以及打印后能快速找到指定内容，需要为整个文档设置目录或索引。

目录通常是长文档中不可缺少的一项内容，它列出了文档中的各级标题及其所在页码，方便读者快速查找所需内容。此处所说的目录绝非原始的手工一条一条输入的目录编辑方式，而是根据已经设置了大纲级别的各级标题自动生成目录。这种方式可以实现快速更新目录。

索引与目录相似，它可以标明文档中的主要概念或各种名词的页码，并按次序排列，以供用户查阅。如论文编写要求中，有图或表的索引项，如有必要都可以插入。操作方法如下。

（1）插入索引。

在插入索引前，首先要对需要索引的项进行标记，如特定的单词、名词、符号、图、表、公式等。索引项是用于标记索引中特定文字的域代码"XE"。比如，在论文目录之后创建一个插图索引，操作方法如下。

①在论文中选择需要标志成索引的图片序号及图名。

②单击"引用"｜"索引"组中的"标记条目"命令 ，打开"标记索引项"对话框（见图 1-39），单击"标记"按钮。

③"标记索引项"对话框可保持打开状态，然后选择下一个需要标记成索引的对象，如"图 2-2***"；选择下一个对象后，再单击该对话框，并单击"标记"按钮。按此方法将所有需要索引的图片标记为索引项。

④标记为索引项的图片名后，会自动多出 "{XE"标记索引项时选择的文字"}"，除此外，全文会出现很多默认已经隐藏的格式标记，如空格号、回车号、制表符号等。如果要取消这些默认隐藏的格式标记，可单击"开始"｜"段落"组中"显示/隐藏编辑标记"命令 ，隐藏编辑标记。

⑤单击"引用"｜"索引"组中"插入索引"命令 ，打开"索引"对话框，如图 1-40 所示。

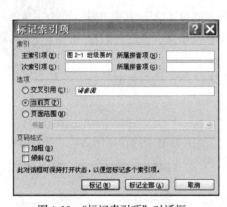

图 1-39　"标记索引项"对话框

图 1-40　"索引"对话框

⑥在该对话框中对索引目录按论文或编文要求设置索引格式。其中，"类型"中的"缩进式"指当有次索引时，次索引相对于主索引项缩进排列，"接排式"指有次索引时，主索引与次索引排在一行中；"制表符前导符""格式"与自动目录设置项一样，若索引项是一项一页，可选择"正式"，若一个索引项在多个页面出现，也可选择"默认"格式。

⑦设置完成后，单击"确定"按钮，则创建的索引会出现在光标当前所在处，最终效果如图 1-41 所示。

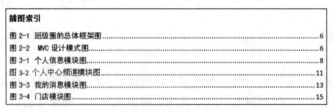

插图索引

图 2-1　班级圈的总体框架图 6
图 2-2　MVC 设计模式图 6
图 3-1　个人信息模块图 8
图 3-2　个人中心频道模块图 11
图 3-3　我的消息模块图 13
图 3-4　门店模块图 15

图 1-41　索引样本

（2）自动目录。

一般而言，目录在正文之前（若是论文，有可能被要求放在摘要之前），为了便于设置页码，可以将光标置于目录插入处，插入两个分节符，让其自成一节。插入目录的方法如下。

①将光标置于目录插入处。

②单击"引用"｜"目录"组的"目录"下拉按钮，在展开的内置"目录

自动目录

库"中选择"自动目录 1"或者"自动目录 2",则目录自动生成,如图 1-42 所示。

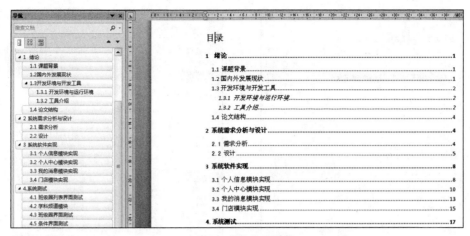

图 1-42　自动目录效果

③为自动生成的目录按论文或编文要求设置字体或段落格式。

④如果在"目录库"中没有找到合适的目录样式,可以自己定义目录,操作步骤如下。

a. 单击"目录"下拉列表中的"自定义目录"命令,打开"目录"对话框,如图 1-43 所示。

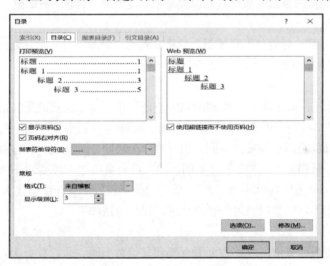

图 1-43　"目录"对话框

b. 在"目录"对话框中,按编辑要求选中"显示页码"或"页码右对齐"复选框,并在"制表符前导符"下拉列表中选择一项。

c. 在"目录"对话框的"常规"栏中,"格式"选择为"来自模板"时,右边的"修改"按钮为可用状态。若选择其他"格式"选项,此"修改"按钮为不可用状态。"显示级别"可选择"1～9"。例如,目录格式为"宋体、小四,固定 20 磅行距,下级标题缩进 1 字符(下级标题缩进太大时,Word 会自动将"制表符前导符"移到编号之后)",则"格式"选项可选择"来自模板",然后单击"修改"按钮,打开"样式"对话框,如图 1-44(a)所示,选择一级标题样式"TOC 1",并单击"预览"栏的"修改"按钮,打开"修改样式"对话框,如图 1-44(b)所示。

d. 在"修改样式"对话框中设置好字体等格式,单击"格式"按钮中的"段落"命令,对段落按要求进行设置(包括缩进、段前段后间距、行距、对齐等);设置完成后,单击"确定"按钮，返回"样式"对话框，准备修改"TOC 2""TOC 3"的格式。

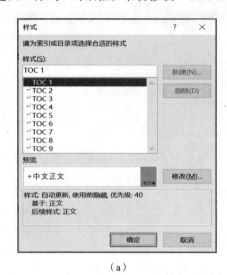

（a） （b）

图 1-44 目录样式修改

e. 目录中需要显示的目录层级格式修改完成后，返回到"目录"对话框，单击"确定"按钮，完成自定义目录设置。

使用"自定义目录"，并对"来自模板"的格式进行"修改"有一个好处：当正文中标题有改动时，可以选择更新整个目录，而格式不会发生变化。

6. 页眉与页脚

页眉与页脚分布于一页的顶部与底部的非版心处，用于显示文档的附加信息，如公司徽标、章节标题、单位名称、日期时间、页码等。在同一个文档中，不同的页面要求添加的页眉页脚或许不同，但其要求无外乎 3 种情况：①首页不同；②各小节页眉页脚不同；③奇偶页不同。插入页眉页脚之前需要对不同之处做分节处理（分节方法在本小节"2. 分节符与分页符"中有详细描述）。分节后，对页眉页脚不同的情况就可以轻松处理。操作方法如下。

页眉

页脚

（1）首页不同。

首页不同是指在当前节中，首页的页眉页脚和其他页不同，通常首页为封面时不设置页眉页脚（特别指出：每节都可设置首页不同）。比如，设计一份简历，需要封面，而方法也非常简单。单击"插入"｜"页眉和页脚"组中的"页眉"或"页脚"命令，然后在页眉或页脚处输入信息，并在打开的"页眉和页脚工具"｜"设计"｜"选项"组中选中"首页不同"复选框，如图 1-45 所示。

图 1-45 页眉和页脚工具—"首页不同"选项

打开页眉和页脚工具的方法不止一种，最简单的方法是双击页面页眉所在处（即页面顶端两个垂直符号中间部分），即可打开页眉和页脚工具。

（2）各小节页眉页脚不同。

当文档分成多节时，默认情况下，设置完当前节页眉页脚后，单击图 1-45 所示的"下一条"命令设置下一节页眉页脚时，该节页眉会自动与上一节同步，即"页眉和页脚工具"｜"设计"｜"导航"组中"链接到前一节"呈高亮显示。若该小节与前一节设置不同页眉，则单击"链接到前一节"，取消高亮显示，并在该节页眉处输入新页眉；若页码与前一节页码也不同，则单击"转至页脚"命令，然后单击"页码"下拉按钮，选择"设置页码格式"命令，在打开的"页码格式"对话框中，按需求重新选择"编号格式"或者"起始页码"，如图 1-46 所示。"起始页码"可手动输入，"续前节"指紧接前一节最后一页页码序号的大小继续往后编排。

图 1-46　设置页码格式

（3）奇偶页不同。

默认情况下，同一节中所有页面的页眉页脚都是相同的（首页不同除外），修改任意一页的页眉页脚，本节其他页的页眉页脚都会跟着修改。奇偶页不同则是个例外，同一节中，在设置页眉和页脚时，若选中"奇偶页不同"复选框，则可分别设置奇数页和偶数页的页眉与页脚。也就是说，当奇数页的页眉页脚修改时，偶数页的页眉页脚不会联动修改，但所有奇数页会联动跟着修改；在修改偶数页页眉页脚时，所有偶数页的页眉页脚会跟着修改，奇数页则不会修改（首页不同除外）。

7. 文档审阅

文档审阅提供了修订、批注等功能，用以对文档进行修改时留下修改痕迹，便于被审阅者阅读与修正。当然，文档编写者还可以利用审阅功能对文档进行字数统计、简体与繁体字转换（繁体转简体时可能出现误识别，转换完成后需要作者再次检查）、限制编辑等操作。

（1）修订。

在 Word 文档编辑过程中，进入修订状态后，文档将保留修订者对文档所做的所有修改，如插入、删除、格式更改等。如果在确定修改后，想要不留痕迹，并保持文档完美外观，可"接受"或"拒绝"修订。退出修改状态后，再对文档所做的修改将不会留下任何痕迹，之前留下的痕迹如果没有做"接受"或者"拒绝"操作，也不会消失。

①打开或关闭修订状态。

单击"审阅"｜"修订"组的"修订"命令，启动修订状态，此时该命令呈高亮显示，再次单击该命令，即可关闭修订状态。

在修订状态下，不同的修改操作，其默认显示结果会根据修订者不同以不同的颜色和形式标记，其修改内容（除了插入和删除）会在页面右侧空白的灰色区域显示出来，如图 1-47 所示。

②多用户修订同一文档。

如果有多个用户用同一台计算机对同一个文档进行了修订，文档在默认情况下会通过不同的颜色来区分不同用户的修订内容，并且会在相应修订标记上显示该修订用户的名称，从而避免由于多人参与文档修订而造成混乱。为了区别不同用户，修订者应在开始修订之前，单击"文件"｜"更多"｜"选项"命令，在"常规"选项卡下设置修订者，如图 1-48 所示，设置"用户名"与"缩写"。也可以单击"审阅"｜"修订"组的对话框启动器 ⌐，打开"修订选项"对话框（见图 1-49），单击"更改用户名"按钮，同样打开图 1-48 所示对话框，修改用户名。

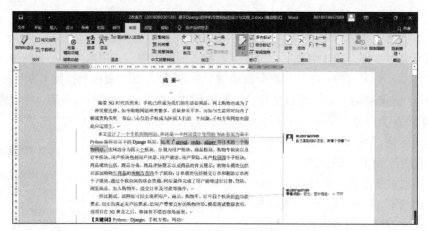

图 1-47　修订状态下的修订效果

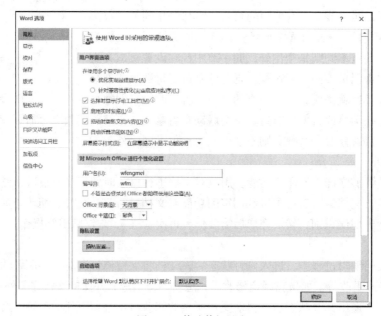

图 1-48　修改修订用户

应该注意：以上更改用户名的方法只对非注册使用 Word 用户有效。若某台计算机安装的 Office 2016 已经激活并使用账号进行登录，则"更改用户名"的操作不起作用。

③修订标记颜色调整。

如果修订者不喜欢默认的修订颜色，可以单击图 1-49 中的"高级选项"按钮，进行调整。在打开的"高级修订选项"对话框中选择各标记内容的颜色，默认是按作者标记不同颜色。

④接受或拒绝修订。

修订完成后，原作者还需要对文档的修订情况进行最终确认，比如接受或者拒绝。原作者在打开被修订过的文件后，可以单击"审阅"｜"更改"组中"接受"或"拒绝"命令的下拉按钮，将光标置于被修订处，按图 1-50 所示的字面意思选择确认。

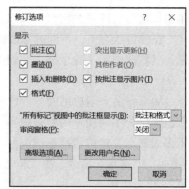

图 1-49　修订选项

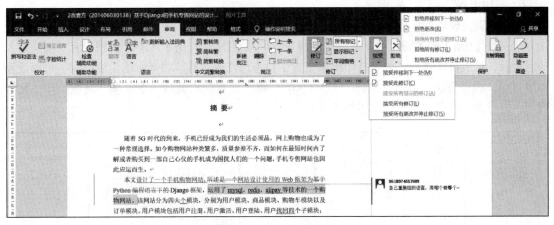

图 1-50 接受或拒绝修订

⑤查看审阅者。

修订文档被返回原作者后，如果该文档是被多人修订的，可打开"修订"组中的"显示标记"下拉列表，在展开的"特定人员"子列表中进行选择，如图 1-51 所示。

（2）批注。

批注与修订不同，批注不在原文的基础上进行修改，而是在文档页面的空白处生成有颜色的文本框，并在其中添加批注信息。比如老师在修改论文时，不好对论文做具体修改，只能给出修改意见，或者对论文中不明白的语句进行提问等，此时用批注是最好不过的。

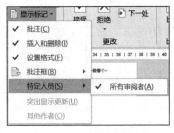

图 1-51 显示特定审阅者

①添加批注。

选择需要添加批注的文字，单击"审阅"｜"批注"组中的"新建批注"命令，批注文本框显示在文档右面空白灰色区域中，并标示审阅者，然后输入批注信息，效果如图 1-52 所示。

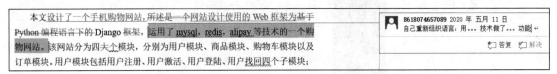

图 1-52 添加批注

②删除批注。

若要删除某批注，可直接右击该批注文本框，在展开的快捷菜单中选择"删除批注"命令；也可单击"审阅"｜"批注"组中的"删除"下拉按钮，在打开的下拉列表中选择"删除"命令。如果要删除文档中所有批注，可在"删除"下拉列表中选择"删除文档中的所有批注"，如图 1-53 所示。

图 1-53 删除批注命令

8. 打印设置

文档编辑完成后，在打印之前，应先进行打印预览，将所有页面缩放到一定程度来查看。操作方法：按【Ctrl】键的同时向下滚动鼠标滑轮，缩放至图 1-54 所示大小。发现没有页面设置上的问题后，设置打印选项。如果打印出来是为了检查与修改，从节约纸张的角度出发，可以设置缩放打印，操作方法：单击"文件"｜"打印"，将"设置"栏最后一个选项"每版打印 1 页"展开，进行缩放打印选择，如图 1-55 所示。

图 1-54　打印预览

图 1-55　缩放打印

1.2.3　案例实现

本案例提供论文素材，文件名为"案例 1-2 素材.docx"，里面包含毕业论文的主要内容，如目录、摘要、绪论、正文、总结、参考文献、致谢等，其中正文中包含了图片、表格内容。下面将按步骤实现对论文的排版。

1. 页面设置

根据学位论文要求：论文需用 A4 纸排版，论文每页 30 行，每行 36 字，双面打印（Word 中的"页面设置"：A4 纸，纵向，上、内侧页边距为 2.5cm，下、外侧页边距为 2cm，左侧预留 1cm 装订线）。

（1）打开已经写好的论文"案例 1-2 素材.docx"（该素材文件假定论文已经写好，没有做任何排版操作）。

（2）在打开的文档中单击"页面布局" | "页面设置"组右下角的"页面设置"对话框启动器 ，在打开的对话框中，按图 1-56、图 1-57、图 1-58 所示进行设置，纸张选择 A4。

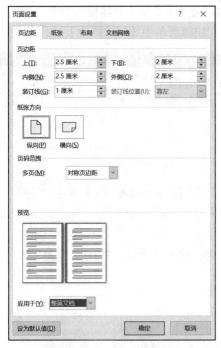

图 1-56　页边距设置　　　　　　　　　　图 1-57　布局设置

2. 修改并定义样式

明确论文撰写规范中各章节标题、正文等的格式要求，为论文复杂的格式设计样式，以便直接应用。论文格式如下。

摘要（标题为黑体小二号字），然后隔行书写摘要的文字部分（宋体小四号字）。摘要文字之后隔一行，顶格（齐版心左边线）印有"关键词（黑体小四号字）　词 1；词 2；…；词 5（关键词 3～5 个，宋体小四号字）"。西文字体统一为"Times New Roman"。

一级标题（章）：黑体、小二号、不加粗；段前段后各 1 行，行距最小值 12 磅，居中。

二级标题（节）：黑体、小三号、不加粗；段前段后各 0.5 行，行距最小值 15 磅，顶格。

三级标题（节）：黑体、小四号、不加粗；段前 12 磅，段后 6 磅，行距最小值 12 磅，顶格。

条、款、项、正文：宋体、小四、首行缩进 2 字符、行距最小值 20 磅、两端对齐；"条"直接顶格（无

图 1-58　文档网格设置

特殊格式）。

因为各级"标题"样式"样式基准"默认均为"正文"样式，所以"正文"样式应先于其他样式修改，以避免样式的反复修正。

（1）修改"正文"样式。所有"标题"样式均基于"正文"样式，若先修改"标题"样式，后修改"正文"样式，则先前被修改的"标题"样式又会发生变化。具体操作如下。

①右击"开始" | "样式"组中"正文"样式，在快捷菜单中选择"修改"，如图 1-59 所示。

图 1-59　准备修改"正文"样式

②在打开的"修改样式"对话框中，单击"格式"按钮，如图 1-60（a）所示，选择"字体"命令，在打开的"字体"对话框中将中文字体改为"宋体"，西文字体改为"Times New Roman"，字号选择"小四"，字形选择"常规"，如图 1-60（b）所示。

③单击"格式"按钮，选择"段落"命令，设置首行缩进 2 字符，"行距"选择"最小值"，输入"20 磅"，如图 1-60（c）所示。

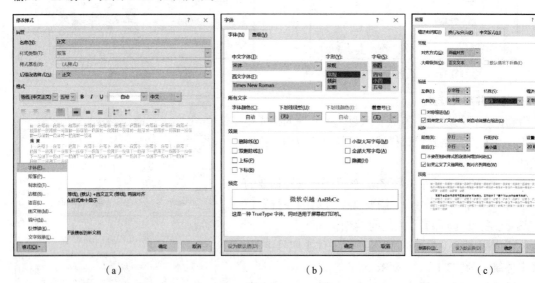

（a）　　　　　　　　　　（b）　　　　　　　　　　（c）

图 1-60　"正文"样式修改

（2）修改"标题"样式，将其应用于"摘要"的标题，具体操作如下。

①右击"开始" | "样式"列表中的"标题"样式，在弹出的快捷菜单中选择"修改"。

②在打开的"修改样式"对话框中，单击"格式"按钮，选择"字体"命令，在打开的"字体"对话框中设置"中文字体"为"黑体"、"西文字体"为"Times New Roman"，"字号"为"小二号"，"字形"为"常规"。

③单击"格式"按钮，选择"段落"命令，将其段前段后距离设置为 0 磅、单倍行距、居中

对齐、无特殊格式。

（3）修改"标题 1"到"标题 4"样式，以适应目录中要求列出的 3 级标题，具体操作如下。

①如果各级标题样式没有全部出现在样式列表中，则单击"样式"组右下角的对话框启动器 ，打开"样式"窗格，在"样式"窗格右下角，单击"选项"按钮，在打开的"样式窗格选项"对话框的"选择要显示的样式"列表中选择"所有样式"。

②在"样式"窗格中右击"标题 1"样式，选择"修改"命令。

③在"修改样式"对话框中，将"名称"改为"一级标题"。

④分别打开"字体""段落"格式，按论文格式要求修改。

⑤将"标题 2"名称改为"二级标题"，将"标题 3"名称改为"三级标题"，将"标题 4"名称改为"条"，其他的"字体""段落"格式按论文格式要求一一改好。最后在"样式"窗格可以看到图 1-61（a）所示标题样式。图 1-61（b）为应用标题样式后的导航窗格。

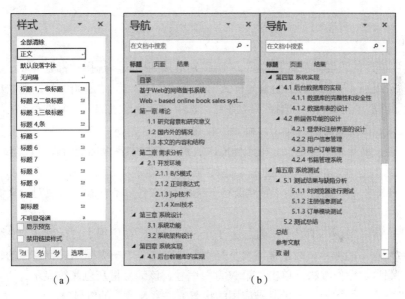

（a）　　　　　　　　　　　　　　　（b）

图 1-61　标题样式的修改与应用

（4）定义新的多级列表，使其为各级标题自动编号，具体操作如下。

①单击"开始"｜"段落"组中的"多级列表"下拉按钮，选择"定义新的列表样式"。

②在打开的"定义新列表样式"对话框中单击"格式"按钮，选择"编号"命令，弹出"修改多级列表"对话框，单击其中的"更多"按钮，展开该对话框（见图 1-33）。

③"单击要修改的级别"项选择"1"，"将级别链接到样式"选择"标题 1"，"要在库中显示的级别"选择"级别 1"，"此级别的编号样式"选择"一，二，三"，"输入的编号格式"文本框中，在"一"左右分别输入"第""章"，"起始编号"默认为"一"，如图 1-62（a）所示。

④"单击要修改的级别"项选择"2"，"将级别链接到样式"选择"标题 2"，"要在库中显示的级别"选择"级别 2"，"此级别的编号样式"选择"1，2，3"，"起始编号"选"1"，选中"重新开始列表的间隔"复选框，并选择"级别 1"，选中"正规形式编号"复选框，如图 1-62（b）所示。

⑤"单击要修改的级别"项选择"3"，"将级别链接到样式"选择"标题 3"，"要在库中显示

的级别"选择"级别 3"，"此级别的编号样式"选择"1，2，3"，"起始编号"选"1"，选中"重新开始列表的间隔"复选框，并选择"级别 2"，选中"正规形式编号"复选框，如图 1-62（c）所示。

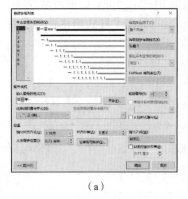
（a）

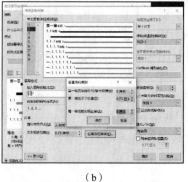
（b）

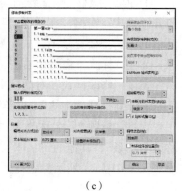
（c）

图 1-62　定义新的多级列表样式

⑥"单击要修改的级别"项选择"4"，"将级别链接到样式"选择"标题 4"，"要在库中显示的级别"选择"级别 4"，"此级别的编号样式"选择"1，2，3"，"起始编号"选"1"，选中"重新开始列表的间隔"复选框，并选择"级别 3"，选中"正规形式编号"复选框。

⑦当 4 级列表都定义好后，单击"确定"按钮。

⑧然后从第一页开始浏览论文，将光标依次放置于素材中各级标题所在的段落，单击"样式"窗格中的"标题 1，一级标题""标题 2，二级标题""标题 3，三级标题"等。

⑨单击"视图"｜"显示"｜"导航窗格"，检查论文各章节标题，方便对论文做出修改（见图 1-61（b））。

论文中"总结""参考文献""致谢"这 3 个一级标题，在应用了"标题 1，一级标题"后，也会显示"第 N 章"的编号，而正常情况下是不需要对这 3 个一级标题进行编号的，所以，需要取消其前面的编号。操作方法：单击"第 N 章"编号，该编号呈灰色底纹显示，再单击"段落"功能组中的"编号"命令 ☰·（取消其被应用的状态），"第 N 章"的编号就取消了，如图 1-61（b）所示。

3. 为论文应用分节、题注、三线表

相关论文格式要求包括：论文摘要之前的前置部分不设置页眉与页脚；页码在边线之下隔行放置，各页均加页眉；奇数页页眉为所在章题序及标题，且目录、摘要页码使用大写罗马数字居中显示；正文页码使用阿拉伯数字连续编码，直到最后论文结束，奇数页页码显示在页脚右侧，偶数页页码显示在页脚左侧；目录、摘要、各章、参考文献、致谢等分别另起一页。

根据 1.2.2 小节中"2.分节符与分页符"知识，设置不同的页眉与页脚时，需要分节。由此则需要将目录与摘要设置为一节，各章各自设置为一节，并且还要分页。

（1）目录与摘要之间分节并分页。

如果只是单纯地分页，可以将光标定位于"中文摘要"的"中"字之前，按组合键【Ctrl+Enter】即可直接分页；或者使用菜单命令，单击"插入"｜"页面"｜"分页"命令。接着可以使用同样的方法，将光标定位于"英文摘要"文字最前面，按组合键【Ctrl+Enter】进行分页。但此处是分节并分页，所以要按照下面步骤（2）操作。

（2）各章分节。

将光标定位于"绪论"二字之前，在"页面布局"｜"页面设置"｜"分隔号"下拉列表中单击"分节符"栏中"下一页"命令。用同样的方法，使光标定位于各章标题文字之前，通过使用"下一页"命令进行分节。分节后，单击"视图"｜"视图"｜"草稿"命令 草稿，将当前"页面视图"切换到"草稿视图"查看分节的效果，如图 1-63 所示。在草稿视图下，还可以直接删除"分节符"。

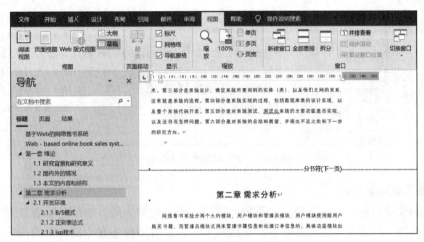

图 1-63　各章分节

（3）为论文中的图名、表名插入题注。

①在论文设计过程中会插入图片或表格，并在正文中对图片或表格进行引用，此时应该使用"插入题注"与"交叉引用"的方法，这样图片或者表格即使经过修改，序号有变时，引用内容也会自动更新。插入题注与交叉引用的方法请参考 1.2.2 小节中"4. 题注与交叉引用"中的内容。

②论文中所出现的表格均要求使用三线表，请参考 1.1.2 小节中"1. Word 表格"中三线表样式的制作方法。

③论文的"参考文献"中列出的所有文献编号均在正文中有引用标志，且需用上标的形式在正文中按顺序显示"参考文献"中列出的文献编号。此处也应该使用"交叉引用"（详见 1.2 节微课视频"交叉引用"），以便在论文修改过程中，引用的编号没有按顺序排列时，调整编号后能产生联动反应，无须手动更新。具体操作方法如下。

a. 在"参考文献"章节中分段列出每一条参考文献。

b. 选择所有参考文献，单击"开始"｜"段落"｜"编号"命令 ，选择或自定义"[1][2][3]"类型对各条文献自动编号（若编号不对，请再次单击正确的编号样式进行应用），并通过"标尺"快速调整编号后的文字缩进方式。

c. 在正文中引用参考文献：将光标置于正文需要引用文献处，单击"插入"｜"链接"｜"交叉引用"命令，在打开的"交叉引用"对话框中，"引用类型"选择"编号项"，"引用内容"选择"段落编号（无上下文）"，选中"插入为超链接"复选框，在"引用哪一个编号项"列表中选择一条参考文献编号，单击"插入"按钮。

d. 该文献编号出现在光标所在处，选择该编号（编号"[2]"呈现出灰色底纹），单击"开始"｜"字体"｜"上标"命令 ，将其设置为上标显示，效果如图 1-64 所示。

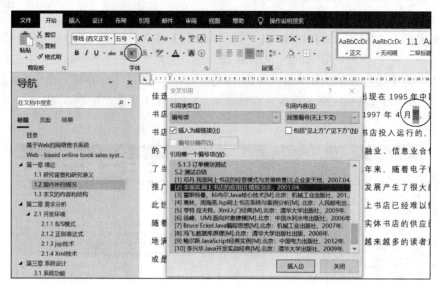

图 1-64　交叉引用参考文献编号

4. 设置页眉页脚

页眉页脚要求包括：页码在边线之下隔行放置，各页均加页眉，在距离版心上边线一行的位置加粗、细双线（粗线在上，细线在下，双线宽 1.5 磅）；在双线上居中输入页眉内容，奇数页页眉为该页所在章题序及标题（如"第 1 章　绪论"），偶数页页眉为"湖南**大学学士学位论文"。

其中目录、摘要页码使用大写罗马数字居中显示；正文页码使用阿拉伯数字连续编码，直到最后论文结束，奇数页页码显示在页脚右侧，偶数页页码显示在页脚左侧；页码字体均为 Times New Roman，字号为小五号。

下面介绍具体操作方法。

（1）设计页眉上的粗细线。

①双击目录所在页面的页眉，打开"页眉和页脚工具"，选中"奇偶页不同"复选框。此时页眉处会自动出现一条段落直线，用鼠标选择直线上的空段落，单击"开始"｜"段落"｜"边框" ⊞ ，在打开的下拉列表中选择"无框线"，将默认出现的段落直线直接取消。

②按【Enter】键后，将光标上移一行（论文要求在版心上边线隔一行设置页眉），然后选择光标后该行的空段落符，单击"开始"｜"段落"｜"边框" ⊞ ，在打开的下拉列表中选择"边框和底纹"命令，在打开的"边框和底纹"对话框中进行如图 1-65 所示的设置：首先选择"样式"为"粗细线"，接着选择"宽度"为"1.5 磅"，然后在"应用于"下拉列表中选择"段落"，最后在预览区域用鼠标分别单击上、下、左、右框线将所有框线取消，再单击一次下框线，以便让其变成粗细线而非细粗线。当然，如果选择的"样式"是"细粗线"，则在预览区域只需要取消上、左、右框线，保留下框线即可。

③粗细线设置完成后，所有奇数页页眉上都有一条 1.5 磅的粗细线。滚动鼠标滑轮，移到目录的偶数页，用同样的方法，在偶数页页眉上也设置一条 1.5 磅的粗细线。

（2）设计各页页眉上文字。

①将光标定位于目录奇数页所在页眉，输入"目录"2 字，并设置其字体为"宋体、小五号"，然后滚动鼠标滑轮到目录偶数页，在其页眉上输入"湖南**大学学士学位论文"字样，设置其字体字号为"宋体、小五号"。

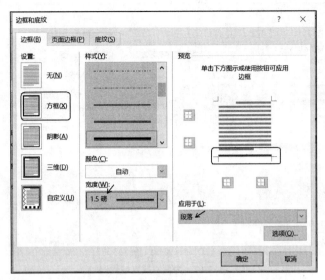

图 1-65　设置页眉上粗下细边框

②单击"页眉和页脚工具"上"下一条"命令，切换到"摘要"节。光标所在处若是奇数页，就单击"链接到前一节"命令，取消该命令的使用，输入"摘要"；若是偶数页，就不取消"链接到前一节"命令的使用，使用上一节中页眉文字"湖南**大学学士学位论文"。注意：一定要先确定"链接到前一节"命令是否使用后，再输入页眉文字，否则可能就需要返回上一节中重新修改页眉内容。

③切换到下一节，按②中提到的方法，光标所在处若是奇数页，则取消"链接到前一节"命令的使用，再输入页眉信息；然后单击"下一条"进入偶数页页眉，应用"链接到前一节"命令，不修改页眉信息。直到所有页眉均设计完成后，单击"关闭页眉和页脚"按钮。缩放文档页面，浏览一下设置是否有误。最终页眉效果如图 1-66 所示（可参考 1.2 节微课视频"页眉"）。

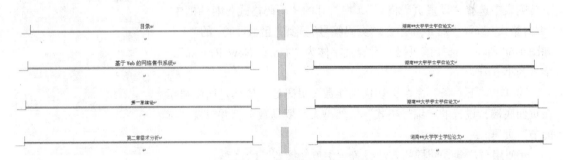

图 1-66　最终页眉效果

注意：此处各页眉奇数页为"各章标题编号+章标题"，还可灵活应用 1.1 节中的知识点"域"自动完成，具体操作方法如下。

①将光标置于"第一章　绪论"页奇数页页眉处，单击"页眉和页脚工具"｜"设计"｜"插入"｜"文档部件"｜"域"命令。

②在打开的"域"对话框中，"类别"选择"链接和引用"，"域名"选择"StyleRef"，"样式名"选择"标题 1，一级标题"，"域选项"处选中"插入段落编号"复选框，单击"确定"按钮，如图 1-67 所示，该章的编号"第一章"3 字将自动插入页眉处。

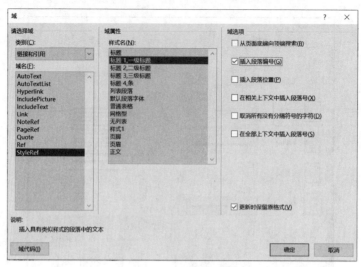

图 1-67　为页眉插入域代码

③再次打开"域"对话框，在页眉内显示出该章的标题。"域名"依然选择"StyleRef"，"样式名"选择"标题 1，一级标题"，"域选项"中不选中任何一项，单击"确定"按钮，即可将本页的一级标题"绪论"2 字插入页眉处。

④最后的"总结"到"致谢"部分不需要编号的一级标题，在修改前，应注意先取消"链接到前一节"命令的使用。

（3）设置页码。

①双击"目录"页页脚所在处，打开"页眉和页脚工具"，单击"页码"命令的下拉按钮，在打开的下拉列表中选择"页面底端"中"普通数字 2"页码类型，居中显示页码（即先选择页码的位置）。

②光标仍在页脚处，再单击"页码"命令的下拉按钮，在打开的下拉列表中选择"设置页码格式"，在打开的"页码格式"对话框中，"编号格式"选择"Ⅰ,Ⅱ,Ⅲ,…"，"页码编号"选择"起始页码"的"Ⅰ"，如图 1-68 所示。选择该页码，设置其字体为"Times New Roman"，字号为小五号。

③单击"下一条"命令，切换到偶数页页码处，依然是居中显示在页面底端，设置的"编号格式"依然是大写罗马数字，并设置"续前节"页码。

④使用与步骤③同样的方法设置"中英文摘要"的页码。

⑤单击"下一条"命令，切换到正文所在页脚时，取消"链接到

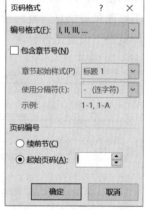

图 1-68　设置页码格式

前一节"命令的应用，因为正文页码编号格式为阿拉伯数字，而之前的页码是罗马数字。如果切换到的当前页为奇数页，则单击"页码"命令的下拉按钮，在打开的下拉列表中选择"页面底端"中"普通数字 3"页码类型，右对齐显示页码；若切换到的当前页为偶数页，则选择"普通数字 1"页码类型，左对齐显示页码。

⑥将光标置于绪论第 1 页页脚处，单击"页码"命令的下拉按钮，在打开的下拉列表中选择"设置页码格式"，在打开的"页码格式"对话框中，"编号格式"选择"1,2,3,…"，"页码编号"选择"起始页码"并输入"1"。完成之后，会发现该页后的所有页码均为连续的阿拉伯数字页码。

当然，保险起见，可以通过单击"下一条"命令，一处一处查看是否有需要修改的页码。

5. 生成目录

目录中各章题序及标题用小四号黑体，其余用小四号宋体，单倍行距。操作方法如下。

（1）将光标置于目录所在页中"目录"2 字的下一行，单击"引用"｜"目录"组中的"目录"下拉列表，选择"自定义目录"，打开"目录"对话框，如图 1-69（a）所示。

（2）单击"目录"对话框的"修改"按钮，打开"样式"对话框，如图 1-69（b）所示。选择"TOC 1"，单击"修改"按钮，打开"修改样式"对话框，如图 1-70（a）所示。将字体改为黑体、小四号，段落改为无左右缩进、无特殊格式、段前段后 0 行、单倍行距，单击"格式"按钮，打开图 1-70（b）所示的"段落"对话框，修改完成后，返回"样式"对话框。

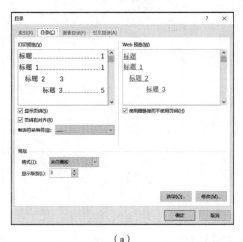 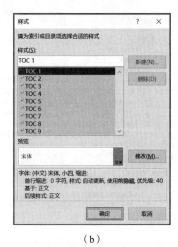

（a）　　　　　　　　（b）

图 1-69　"目录"对话框与"样式"对话框

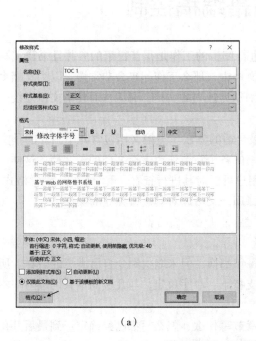 

（a）　　　　　　　　（b）

图 1-70　"修改样式"对话框与"段落"对话框

（3）选择"TOC 2"进行修改，将字体字号改为宋体、小四号、段落改为左缩进 2 字符、无特殊格式、段前段后 0 行、单倍行距。修改完成后，返回"样式"对话框。

（4）选择"TOC 3"进行修改，将字体字号改为宋体、小四号、段落改为左缩进 4 字符、无特殊格式、段前段后 0 行、单倍行距。修改完成后，返回"样式"对话框。单击"确定"按钮，返回"目录"对话框。单击"确定"按钮，完成目录格式定义。

（5）所有设置了一级、二级、三级标题样式的文字内容均出现在目录中，若目录中出现不需要的标题，可以直接删除。效果如图 1-71 所示。

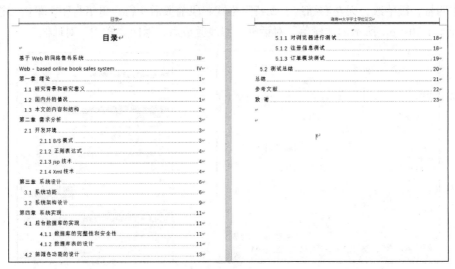

图 1-71　目录样本

1.3　书籍编稿控制

　　书籍是另一种长文档，使用 Word 对其进行编辑的工作是很苦很累的。并且书籍编写者很可能不止一个，如果将所有的内容都放在一个文档中，那么工作起来会非常慢，因为文档太大，会占用大量的资源。如果将文档的各个部分分别作为独立的文档，又无法对整篇文章做统一处理，而且文档过多也容易引起混乱。

　　使用 Word 的主控文档，是制作长文档最合适的方法。主控文档包含几个独立的子文档，可以用主控文档控制整篇文章或整本书，而把书的各个章节作为主控文档的子文档。这样，在主控文档中，所有的子文档可以当作一个整体，用户可以对其进行查看、重新组织、设置格式、校对、打印和创建目录等操作。对于每一个子文档，用户又可以对其进行独立的操作。

1.3.1　案例分析

　　小宇在一所高校任教，教学所用的教材每年都换，但未能找到令自己满意的教材。所以，在学校领导以及几位教授同一门课程的同事的支持下，小宇决定，与几位同事共同编写一本适用于自己学校该门课程的教材。

　　小宇与几位同事共同商量教材内容，各章节写什么、怎么写都已经确定。到最后几位同事把各自编写的 Word 文档都提交到他手里后，他却不知如何将多个 Word 文档合成一个文档送交出版社。更何况，每位同事若有后期修改，也不可能让他们在合并的稿件中修改，万一将其他章节改乱了那就更加麻烦，所以各自修改各自编写的文档，还能体现在合成的主文档中，那是最好不过的事情。想要达成这个目标，Word 提供了一个好帮手，那就是主控文档与子文档。

　　使用大纲视图提供的主控文档与子文档功能可以将文档通过网络共享的方式共同编辑。几位同事已经将各自编辑好的章节用 Word 文档提交给小宇，每个 Word 文档按章号及标题命名，然后小宇将这些不同的 Word 文档合并到一个文档中，形成一本书。如果发现某章内容有问题或者需要修改，再将他们先前发过来的文件返回去，让其修正后，再发回来。发回来的修正内容会自动合并到最后的主控文档中，出版社校稿后可以将主控文档转换成普通文档进行打印。

1.3.2　知识储备

1. 大纲视图

（1）5 种视图简介。

　　Word 2016 提供了 5 种视图供用户选择，每种视图下看到的文档效果是不一样的，但都不会改变文档原本内容。

　　"页面视图"可以显示 Word 2016 文档的打印结果外观，主要包括页眉、页脚、图形对象、分栏设置、页面边距等元素，是最接近打印结果的页面视图。

　　"阅读视图"是阅读文档的最佳方式，包括一些专为阅读所设计的工具，它以图书的分栏样式显示文档，"文件"等菜单选项功能区元素被隐藏起来。用户可以单击阅读视图右下角的"页面视图"图标返回"页面视图"。

　　"Web 版式视图"以网页的形式显示文档，Web 版式视图适用于发送电子邮件和创建网页。

　　"大纲视图"主要用于文档的设置和显示标题的层级结构，并可以方便地折叠和展开各种层级的文档。此视图在创建标题和移动整个段落时很有用。

　　"草稿视图"取消了页面边距、分栏、页眉页脚和图片等元素，仅显示标题和正文，是最节省计算机硬件资源的视图方式。在草稿视图中还可以清楚地看到"分节符"。

（2）大纲视图的主要作用。

　　大纲视图适合用于组织长文档。在此视图中，可以折叠或者展开某一级别标题下低级别的文本，快速选择某一级别下的所有内容（单击文档标题左侧的 ⊕ 标记），进而快速进行大块文本的移动、生成标题目录等操作，还适用于文档层次的变更，比如原来的小节标题要升级为节标题，可以将鼠标指针定位于该小节所在段落任意位置，单击"大纲工具"组中的"升级"按钮 ← （见图 1-72），则光标所在段落所有文字均跟着上升一个标题样式级别（注意：在大纲视图中，只按段落升级或降级，不按选中的文字进行升级或降级，在页面视图中，可以对选定的文字设置标题样式，但即使设置了标题样式，到大纲视图中依然会被视为正文文本）。反之，可以对某段文字进行降级。

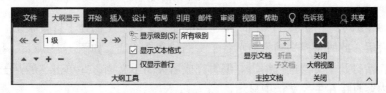

图 1-72　"大纲显示"选项卡

　　大纲视图可以方便地移动标题到文档的不同位置。将光标置于标题任意位置，单击"大纲工具"组中的 ▲ ▼ 按钮，可以轻松将光标所在行的标题上移或者下移。

大纲视图配合导航窗格，可以轻松地将文档内容按大纲级别的标题显示或隐藏，即用鼠标单击导航窗格某标题，然后单击"大纲工具"组中的 ➕ ➖ 按钮，可以按要求将内容展开或者隐藏，以方便浏览或编辑待定的章节内容。

2. 主控文档与子文档

主控文档与子文档

"大纲显示"选项卡上有一个"主控文档"组。其实，主控文档就是一组单独文件的容器，这一组单独文件又称为子文档，而主控文档便是这些相关子文档关联的链接。使用主控文档，用户可以将长文档分成较小的、更易于管理的子文档，便于组织和维护。在工作组中，用户可以将主控文档保存在网络上，并将文档划分为独立的子文档，从而共享文档的所有权。

创建主控文档，要在大纲视图中创建或者插入子文档。此处介绍两种创建主控文档的方法。不管是使用插入还是创建的方式，都应将主控文档与子文档放在同一文件夹中。

（1）由主控文档生成子文档。

①为主控文档确定一个目录文件夹，如"D:\新版教材编写"。

②在该文件夹新建一个 Word 文档，并为其命名，如"大学计算机基础教程"。

③打开该文档，切换到"大纲视图"。单击"视图"｜"大纲"命令。

④在大纲视图中输入书籍各章标题，并确定"大纲级别"文本框中显示的是"1 级"，各章标题各自成独立段落。如图 1-73（a）所示，单击"显示文档"按钮，将"主控文档"组中所有命令全部显示出来。

⑤选择所有输入的各章标题后，单击"大纲显示"｜"主控文档"｜"创建"命令，并单击"保存"按钮，此时主控文档变化如图 1-73（b）所示，主控文档所在文件夹则自动生成多个子文档，效果如图 1-74 所示。

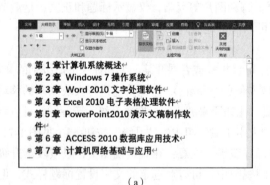

（a）

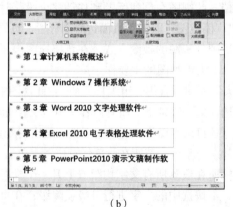

（b）

图 1-73　创建子文档并保存

⑥在图 1-73（b）中，"折叠子文档"按钮高亮显示，即子文档处于折叠状态。单击"折叠子文档"取消折叠后，此时主控文档将显示各子文档的文件地址，如图 1-75 所示，按【Ctrl】键并单击各项，可直接打开子文档进行编辑。编辑完成后关闭子文档，并单击"展开子文档"命令，则刚才编辑的内容直接在主控文档中显示。

⑦不管主控文档的文件名如何，每个子文档指定的文件名不会受到影响，因为它只是根据主控文档标题行文本自动命名的。如果文件夹中有相同文件名，它们会自动在文件名的后面加上"1,2,…"来区别。

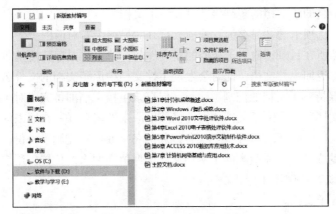

图 1-74　在同一目录下生成子文档

图 1-75　展开子文档超链接

（2）在主控文档中插入子文档。

主控文档可以是一个新建的 Word 文档，也可以是一个已经编辑过的 Word 文档；子文档可以由主控文档来创建，也可以直接新建完成后，插入主控文档中去。子文档在主控文档中是以超链接的方式存在的，当然，一旦文档最终确定，可以将子文档全部展开在主控文档中，并取消超链接，形成主文档。

①确定一个目录文件夹，其中存放了可以作为主控文档的 Word 文件，以及作为子文档的 Word 文件。

②打开作为主控文档的 Word 文件，并切换到"大纲视图"。

③在当前打开的 Word 文档中文字内容的末尾按【Enter】键，换一行后单击"大纲显示"｜"主控文档"｜"显示文档"命令，在展开的主控文档命令中选择"插入"命令。

④在打开的"插入"对话框中，找到作为子文档的文件目录，并选择子文档，确定插入。

⑤子文档的所有内容显示在主控文档中，可以切换到"页面视图"进行查看与调整。

⑥可以将其他子文档按步骤③～⑤一个一个插入主控文档中。

⑦当所有子文档插入完成后，单击"保存"按钮，保存主控文档与子文档之间的超链接关系。

（3）重命名子文档。

不能用"资源管理器"等程序或 DOS 命令来对子文档重命名或移动子文档，否则，将找不到主控文档，并重新组织子文档。

可以按以下步骤对子文档进行重命名。

①打开主控文档，并切换到主控文档显示状态。

②单击"折叠子文档"命令，显示各子文档所在的位置超链接。

③单击要重新命名的子文档的超链接，打开该子文档。

④单击"文件"选项卡的"另存为"选项，打开"另存为"对话框。

⑤选择主控文档所在目录，输入子文档的新文件名，单击"保存"按钮即可。

关闭该子文档并返回主控文档，此时会发现主控文档中原子文档的文件名已经发生改变，并且主控文档也可以保持对子文档的控制。注意：保存该主控文档即可完成对子文档的重命名。

在重新命名子文档后，原来子文档的文件仍然以原来的名字保留在原来的位置，并没有改变原来的文件名和路径。Word 只是将子文档文件以新的名字或位置复制了一份，并将主控文档的控制转移到新命名后的文档上。原版本的子文档文件仍保留在原来的位置，用户可以自由处理原来的文件，删除或者移动都不影响主控文档。

（4）合并与拆分子文档。

合并子文档就是将几个子文档合并为一个子文档。在主控文档中，每个子文档都有一个文档标记📄，常规的合并子文档的操作步骤如下。

①若要合并的几个子文档是相邻的，则直接使用【Shift】键，选择连续的多个子文档。

②单击"大纲显示"｜"主控文档"｜"合并"命令，即可将它们合并为一个子文档。在保存主控文档时，合并后的子文档将以第一个子文档的文件名命名。

③如果要合并的几个子文档不相邻，则分别单击子文档标记，再单击"大纲显示"｜"大纲工具"中的上移下移按钮 ▲ ▼，通过上移或者下移的方式将其移到同一个子文档所在方框中。如图 1-76 所示，将第 3 章和第 4 章移到第 1 章所在子文档图标内。

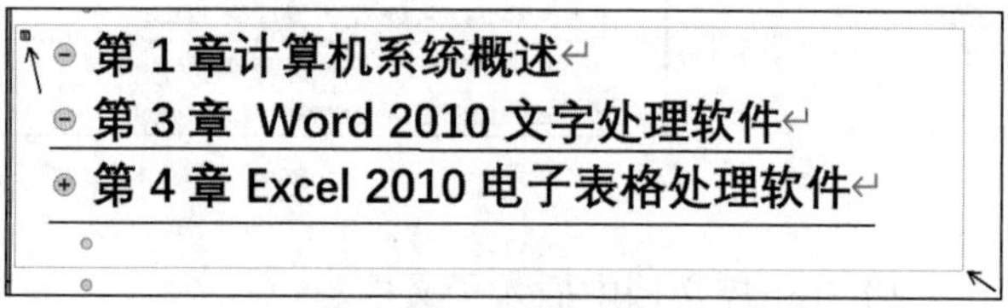

如果要把一个子文档拆分为两个子文档，具体步骤如下。

①在主控文档中展开子文档。

②如果文档处于折叠状态，需要展开；

> ○ 第 1 章计算机系统概述
> ○ 第 3 章 Word 2010 文字处理软件
> ○ 第 4 章 Excel 2010 电子表格处理软件

图 1-76　合并子文档

如果处于锁定状态（当子文档处于被编辑状态时，会自动锁定），需要解除锁定状态（此时最好关闭子文档文件）。

③在要拆分的子文档中选定要拆分出去的文档内容，也可以为其创建一个标题后再选定子文档内容标题。

④单击"大纲显示"｜"主控文档"｜"拆分"命令，被选定的部分将作为一个新的子文档从原来的子文档中分离出来。

该子文档将被拆分为两个子文档，子文档的文件名由 Word 自动生成。用户如果没有为拆分的子文档设置标题，可以在拆分后再设定新标题。

（5）锁定主控文档和子文档。

在多用户协调工作时，主控文档可以建立在本机硬盘上，也可以建立在网络盘上。如果某个用户正在某个子文档上工作，那么该文档应该对其他用户锁定，防止引起管理上的混乱，避免出现意外损失。这时其他用户可以以只读方式打开该子文档，此时其他用户只可以对其进行查看；如果其他用户不以只读方式打开，而是同时对其进行了修改操作，则修改后的文档不能以原来的文件名保存，直到前一用户修改完子文档，解除锁定后，其他用户才可以修改子文档并以原文件名保存。

锁定或解除锁定主控文档的步骤如下。

①打开主控文档。

②将光标移到主控文档中。

③单击"大纲显示"｜"主控文档"｜"锁定文档"命令。

④此时主控文档自动设为只读，用户将不能对主控文档进行编辑，但可以对没有锁定的子文档进行编辑并保存。如果要解除对主控文档的锁定，只需将光标移到主控文档中，再次单击"锁定文档"命令按钮即可。

要锁定子文档，同样要把光标移到该文档中，单击"大纲显示"工具栏中的"锁定文档"命令按钮即可锁定该子文档。锁定的子文档同样不可编辑，即对键盘和鼠标的操作不反应。锁定后的子文档以一把锁的图标标识，锁定后的主文档在文档中没有标识，但在标题栏中用"只读"两个字来标识。

解除子文档锁定的方法与解除主控文档锁定的方法相同。

（6）删除子文档。

在主控文档中删除某子文档，其实就是删除该子文档在主控文档中的超链接地址。单击"大纲显示"｜"主控文档"｜"显示文档"命令，不要启动"展开子文档"命令，即让子文档以图 1-76 所示的形式显示。然后单击需要删除的子文档图标🖿，并按【Delete】键进行删除。从主控文档删除的子文档，并没有真的在硬盘上删除，只是从主控文档中删除了这种主从关系，该子文档仍保存在原来的硬盘位置上。

（7）将子文档转换为主控文档的一部分。

当在主控文档创建或插入了子文档之后，每个子文档都被保存在一个独立的文件中。如果想把某个子文档转换成主控文档的一部分，只需要在子文档展开时，将光标定位于该子文档内容的任意位置，单击"大纲显示"｜"主控文档"｜"取消链接"命令，则此时该子文档的外围虚线框和左上角的子文档图标消失，该子文档就变成主控文档的一部分。需要特别注意的是，"取消链接"后，若要再恢复链接，也可以通过撤销操作↶来实现。

这种"将子文档转换为主控文档的一部分"的操作，与常规的将两个文件合并为一个文件相似，只是操作方法略有不同。常规的将"文件 2"合并到"文件 1"中只需以下两个过程：①打开"文件 1"；②单击"插入"｜"文本"｜"对象"下拉按钮，选择"文件中的文字"（见图 1-77）。

图 1-77　文件合并

3. 导航窗格

单击"视图"｜"显示"｜"导航窗格"复选框，可以显示或隐藏导航窗格，显示导航窗格对编辑长文档非常有帮助。

"导航窗格"主要用于显示 Word 2016 文档的标题大纲，用户可以通过单击"导航"中的标题来展开或收缩下一级标题，可以通过单击标题名称快速定位到标题对应的正文内容。

在文档共建的问题上，Word 2016 还为用户提供了"共享"功能，它为用户提供了线上实时互动的共同编辑一个文档的功能。使用这种功能需要对 Office 2016 进行产品激活，并添加 OneDrive 个人服务，创建一个 Microsoft 账户，然后用该账户将需要共享编辑的文档保存到云端，并将链接发送给需要共享的用户。

1.3.3　案例实现

小宇和几位同事经过商议，已经确定各自要编写的章节内容，并且约定只用 Word 提供的标题样式对各级标题进行应用，以便小宇统稿后，对所有格式或样式进行规范处理。

1. 编辑子文档

  小宇及其同事在规定的时间内完成了新版教材所有章节的编写，每位同事编写的内容单独成一个 Word 文档，并且在编辑过程中直接使用 Word 提供的标题样式来设置章节标题，编写过程中只需要大致应用题注与交叉引用即可，其他的页面格式、页眉与页脚、目录等均在最后合并成书后进行设置。

  当小宇和几位同事完成了子文档的编写后，几位同事通过 QQ 将子文档发送到小宇的计算机上。小宇特地新建了一个文件夹用来管理，效果如图 1-78 所示，其中第 1 章内容为小宇自己编写的。

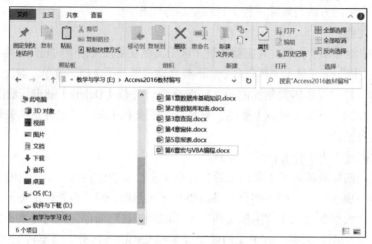

图 1-78　各子文档存放于同一文件夹

2. 创建主控文档

  小宇原打算将自己写作的"第 1 章"作为主控文档，后来为了避免后期修改发生错乱，还是新建了一个文档作为主控文档。

  （1）在当前文件夹新建一个空白的 Word 文档，命名为"Access 数据库应用技术.docx"。

  （2）打开"Access 数据库应用技术.docx"文档，单击"视图"｜"视图"｜"大纲"命令，打开"大纲显示"选项卡。

  （3）单击"大纲显示"｜"主控文档"｜"显示文档"命令，在展开的命令中，单击"插入"命令，打开图 1-79 所示的对话框，在该对话框中找到子文档存放的地址，然后选择一个 Word 文档。

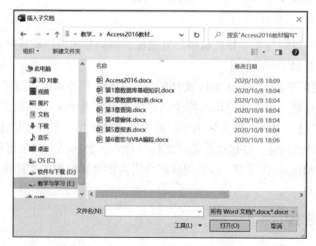

图 1-79　选择中插入的子文档

（4）按步骤（3）中方法继续在主控文档中插入其他子文档，只能一个一个插入，并且只能在"展开子文档"的状态下进行插入，子文档内容插入处即是主控文档中光标所在处。

（5）所有子文档插入完成后，单击"折叠子文档"命令，会发现每一个子文档各自成为一节。

（6）展开子文档，单击 Word 状态栏中的"页面视图"按钮，并单击选中"视图"｜"显示"组中的"导航窗格"复选框，用导航窗格浏览。图 1-80 所示是在页面视图下，浏览所有展开的子文档形成的主控文档。

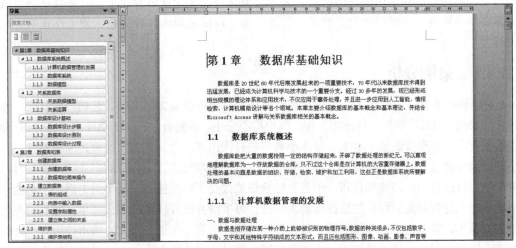

图 1-80　使用页面视图及导航窗格浏览主控文档

3. 修改子文档

所有书稿最终完成之前都需要检查多次。小宇在校对过程中，发现有问题的章节，直接跟编写该章节的同事进行联系。当同事将修改好的 Word 文档再次发送过来后，小宇只需要接收该文档，保存在同一个地方，保持文件名不变并覆盖原有文件即可。

因为所有子文档体现在主控文档中的是一个超链接，如果在主控文档中修改展开了的子文档内容，那么所做的修改，在主控文档保存之时也会保存到子文档中。

4. 合并子文档

当所有章节内容已经确定无误后，可以将所有子文档合并成一个文档，进行页面设置、页眉页脚设置、标题样式修改、生成自动目录等工作。要完成将子文档合并成一个文档的效果，有两种方法：第一种方法是将所有子文档合并到第一个子文档中；第二种方法是在主控文档中取消所有子文档的超链接关系，让主控文档成为一个普通文档。

为了保持各章 Word 文档的独立性，小宇采用第二种方法将所有子文档内容直接在主控文档中普通化。操作步骤如下。

（1）将光标定位于展开的第一个子文档内容的任意位置。

（2）单击"大纲"｜"主控文档"｜"取消链接"命令，则此时该子文档的外围虚线框和左上角的子文档图标消失，该子文档就变成主控文档的一部分。

（3）将光标定位于展开的第二个子文档内容的任意位置。

（4）用同样的方法将所有子文档都"取消链接"，然后单击"保存"按钮💾。

5. 统一格式

打开主控文档"Access 数据库应用技术.docx"，在"页面视图"中，小宇可以按出版社要求设置该文档的格式，当格式设置完成后，可以使用导航窗格，用缩略图进行预览。

1.4　公文格式与制作

公文一般指公务文书。公务文书是法定机关与组织在公务活动中，按照特定的体式、经过一定的处理程序形成和使用的书面材料，又称公务文件。无论从事专业工作，还是从事行政事务，都要学会通过公文来传达政令政策、处理公务，以保证协调各种关系，使工作正确、高效地进行。

1.4.1　案例分析

小莉本科毕业后，应聘到了一家较为理想的公司，做办公室文秘工作。起初一段时间，她做一些文件录入、打印、收发、传递等工作，倒也得心应手。直到有一天，王总秘书小张告诉小莉，公司需要发布一份重要的公文通知，要求小莉尽快打印出来。公文通知？这可是一项新任务，尽管小莉以前没做过，但考虑到大一时学过 Office 软件的基本操作，毕业时的毕业论文就是自己编排打印的，自己有一些经验和技巧，于是，她愉快地接受了这项任务。等小张走后，小莉就开始忙活起来，先分析公文结构，然后进行录入编排。可事情并没有想象的那么简单，她对一些地方反复进行编排，依然达不到理想效果。通过上网查阅，小莉才知道，公文的编辑排版有严格的格式标准，需要掌握相应的编排技巧，才能编排好。通过反复的操作练习，聪明能干的小莉交出了满意的答卷。

小莉要打印的公文样式如图 1-81 所示。

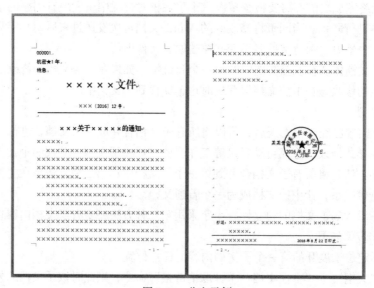

图 1-81　公文示例

1.4.2　知识储备

1. 公文的概念

公文是公务文书的简称，它是党政机关、企事业单位、法定团体等组织在公务活动中形成的具有法定效力和规范体式的书面材料。

2. 公文的特点

公文具有以下 3 个特点。

（1）权威性。首先，公文由法定的作者制成和发布；其次，无论是事实、数字还是各种意见、结论，一旦进入正式公文，就不能任意更改、解释、否定；最后，公文是机关、团体、组织的喉舌、意图，是其开展工作的依据。

（2）规范性。公文的撰写和处理，从起草、成文，到收发、传递、分办、立卷、归档、销毁等，都有一套规范化的制度。另外，公文具有特定的体式，其文体、结构、用纸的尺寸、文件标记都有统一的规定。

（3）工具性。公文是各机关、团体、组织在公务管理过程中经常使用的一种工具。公务管理的方法很多，而科学正规的方法就是利用公文进行公务管理。

3. 公文的种类

（1）从行文关系上划分有 3 种，即上行文、下行文和平行文。行文是指一个机关给另一机关的发文。

①上行文。下级给它所属的上级领导机关的行文，即自下而上的行文，如报告、请示等。

②下行文。上级领导机关给其所属的下级机关的行文，即自上而下的行文，如命令、决定、指示、批复等。

③平行文。同级机关或者互不隶属机关之间的行文。函是最典型的平行文。

（2）从具体的文种来看，公文有下列文种。

①决议：适用于会议讨论通过的重大决策事项。

②决定：适用于对重要事项做出决策和部署，奖惩有关单位和人员，变更或者撤销下级机关不恰当的决定事项。

③命令：适用于公布行政法规和规章，宣布施行重大强制性措施，批准授予和晋升衔级，嘉奖有关单位和人员。

④公报：适用于公布重要决定或者重大事项。

⑤公告：适用于向国内外宣布重要事项或者法定事项。

⑥通告：适用于在一定范围内公布应当遵守或者周知的事项。

⑦意见：适用于对重要问题提出见解和处理办法。

⑧通知：适用于发布、传达要求下级机关执行和要求有关单位周知或者执行的事项，批转、转发公文。

⑨通报：适用于表彰先进、批评错误、传达重要精神和告知重要情况。

⑩报告：适用于向上级机关汇报工作、反映情况，回复上级机关的询问。

⑪请示：适用于向上级机关请求指示、批准。

⑫批复：适用于答复下级机关请示事项。

⑬议案：适用于各级人民政府按照法律程序向同级人民代表大会或者人民代表大会常务委员会提请审议事项。

⑭函：适用于不相隶属机关之间商洽工作、询问和答复问题、请求批准和答复审批事项。

⑮纪要：适用于记载会议主要情况和议定事项。

4. 公文格式的种类

根据公文载体的不同，公文格式可分为文件格式、信函格式、电报格式、命令格式、纪要格式等。

本书介绍的公文格式一般指文件格式。信函格式、电报格式、命令格式、纪要格式等属于特定格式。

5. 公文格式的基本要求

《党政机关公文格式》（GB/T 9704—2012）（下文简称为《标准》）中对公文的布局排版进行了详细的规定。

（1）公文用纸幅面尺寸及版面要求。

幅面尺寸：公文用纸采用 A4 型胶版印刷纸或复印纸，其成品幅面尺寸为 210mm×297mm。

版面：公文用纸天头（上白边）为 37mm±1mm，公文用纸订口（左白边）为 28mm±1mm，版心尺寸为 156mm×225mm，如图 1-82 所示。

（2）字体和字号。

如无特殊说明，公文正文一般用 3 号仿宋体字。特定情况可以进行适当调整。

（3）行数和字数。

一般每面排 22 行，每行排 28 个字，并撑满版心。特定情况可以进行适当调整。

（4）文字的颜色。

如无特殊说明，公文中文字的颜色均为黑色。

（5）印制装订要求。

制版要求：版面干净无底灰，字迹清楚无断划，尺寸标准，版心不斜，误差不超过 1mm。

印刷要求：双面印刷；页码套正，两面误差不超过 2mm。

装订要求：公文应当左侧装订，不掉页，两页页码之间误差不超过 4mm，裁切后的成品尺寸允许误差为±2mm，四角成 90°，无毛茬或缺损。

骑马订或平订的公文应当满足以下要求。

①订位为两钉外订眼距版面上下边缘各 70mm 处，允许误差为±4mm。

②无坏钉、漏钉、重钉，钉脚平伏牢固。

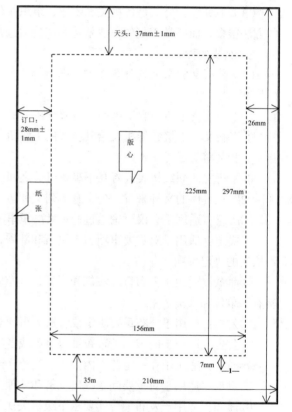

图 1-82　公文版面示意

③骑马订钉锯均订在折缝线上，平订钉锯与书脊间的距离为 3mm～5mm。

包本装订公文的封皮（封面、书脊、封底）与书芯应吻合、包紧、包平、不脱落。

6. 公文格式要素

《标准》将版心内的公文格式要素划分为版头、主体、版记 3 部分，下面将详细介绍这 3 部分，此外还将介绍公文中的页码。

（1）版头。

公文首页红色分隔线以上的部分称为版头。版头一般包括份号、密级和保密期限、紧急程度、发文机关标志、发文字号、签发人等。红色分隔线属于版头，如图 1-83 所示。

（2）主体。

公文首页红色分隔线（不含）以下、公文末页首条分隔线（不含）以上的部分称为主体。主体一般包括标题、主送机关、正文、附件说明、发文机关署名、成文日期、印章、附注、附件等，如图 1-83 所示。

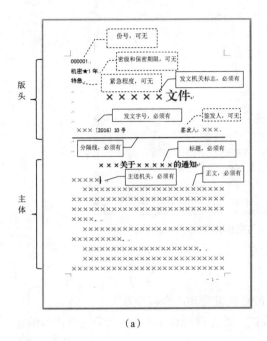

（a）

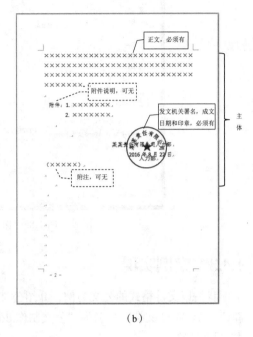

（b）

图 1-83　公文格式要素示例 1

（3）版记。

公文末页首条分隔线以下、末条分隔线以上的部分称为版记。版记一般包括抄送机关、印发机关和印发日期等，如图 1-84 所示。

（4）页码。

页码位于版心外，分单页码和双页码，如图 1-84 所示。

7．公文模板

综上所述，编排一份完整的公文需要花费很多精力和时间才能完成，而对办公室文秘来说，以后编排公文的事经常会有，难道每次都要这样辛苦地一个一个要素进行编排么？答案是"不需要"。

功能强大的 Word 给我们提供了一项很好的功能，可以将编排好的文档保存为模板文件，以后要编排公文时，只需要打开公文模板，然后将内容做相应修改就可以了。将文件保存为模板文件的方法：单击"文件"菜单中的"另存为"命令，打开"另存为"对话框，在"保存类型"中选择"Word 模板"即可，如图 1-85 所示。

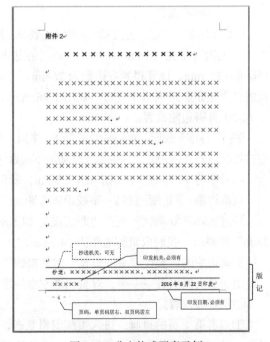

图 1-84　公文格式要素示例 2

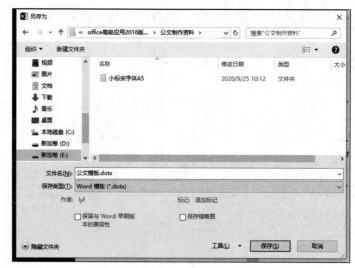

图 1-85　保存为模板文件

1.4.3　案例实现

下面我们以文件格式的公文为例，介绍公文的格式设置和内容编排方法。

新建一个 Word 文档，命名为"公文制作.docx"，首先进行页面设置，然后进行内容编排。

1. 页面设置

页面设置包括页边距设置、页脚边距设置、页码设置及正文的行数和字数设置。

（1）页边距设置。

页面设置1

根据《标准》规定，公文用纸采用 A4 型纸，其成品幅面尺寸为 210mm×297mm，天头（上边距）为 37mm±1mm，订口（左边距）为 28mm±1mm，版心尺寸为 156mm×225mm，计算得到右边距为 26mm，下边距为 35mm。页边距的设置在"页面设置"对话框的"页边距"选项卡中进行，如图 1-86 所示。

（2）页脚边距设置。

根据《标准》规定，页码一般用四号、半角、宋体阿拉伯数字，编排在公文版心下边缘之下，数字左右各放一个"一字线"；一字线上距版心下边缘 7mm。单页码居右空一个字，双页码居左空一个字。

四号字与 14 磅对应，1 磅=0.352 8mm，所以，四号字高=14×0.352 8≈4.94（mm）。

页脚边距=下边距−页码一字线距版心距离−四号字高/2 =35−7−4.94/2=25.53（mm）

经过实际反复测试，页脚边距值设为 24.5mm～24.7mm，最为接近"一字线上距版心下边缘 7mm"的要求，我们取页脚边距为 24.7mm。

页脚边距的设置在"页面设置"对话框的"版式"选项卡中进行，如图 1-87 所示。

由于单页码居右空一字，双页码居左空一字，故页脚需设置奇偶页不同，如图 1-87 所示。

（3）页码设置。

页面设置2

①双击第 1 页的页脚，进入页脚编辑状态，单击"页眉和页脚工具"｜"设计"｜"页眉和页脚"｜"页码"｜"页面底端"｜"普通数字 3"命令，再单击"页眉和页脚"｜"页码"｜"设置页码格式"命令，打开图 1-88（a）所示的"页码格式"对话框，其中，"编号格式"选择不带短横线的阿拉伯数字形式，"页码编号"选择"起始页码"。

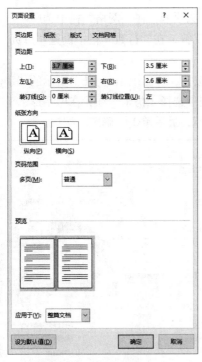

图 1-86　页边距设置

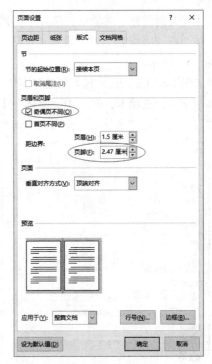

图 1-87　页脚边距设置

②设置页码数字左右两侧的一字线。在页脚编辑状态中，单击页码数字的左侧，使光标位于页码左侧，单击"插入"｜"符号"｜"符号"｜"其他符号"，打开"符号"对话框，选择符号子集的"广义标点"中的"长划线"，单击"插入"按钮，然后按空格键插入一个半角空格符；再把光标定位于页码数字的右侧，插入一个半角空格符，再在"符号"对话框中选择"长划线"并插入。

③设置页码字体和页码缩进值。在页脚编辑状态中，选中第 1 页的页码文字，设置为宋体四号字，并将其"段落"格式设置为右侧缩进 1 字符。

④双击第 2 页的页脚，先单击"页眉和页脚工具"｜"设计"｜"页眉和页脚"｜"页码"｜"页面底端"｜"普通数字 1"命令，再单击"页眉和页脚"｜"页码"｜"设置页码格式"命令，打开图 1-88（b）所示的"页码格式"对话框，其中，"编号格式"选择不带短横线的阿拉伯数字形式，"页码编号"选择"续前节"。

⑤参照第②步，设置第 2 页页码数字左右两侧的一字线。

⑥参照第③步，设置第 2 页页码字体和页码缩进值。选中第 2 页的页码文字，设置为宋体四号字，左侧缩进 1 字符。

（4）正文的行数和字数设置。

《标准》对每页的行数、字数及默认字体字号

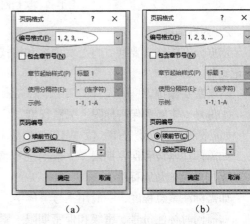

（a）　　　　　　　（b）

图 1-88　页码格式设置

的规定是：一般每页排 22 行，每行排 28 个字，并撑满版心，特定情况可以进行适当调整；如无特殊说明，公文格式各要素一般用三号仿宋体字，特定情况可以进行适当调整。

根据《标准》规定，对页面的文档网格及默认字体字号进行设定，具体方法如下。

①打开"页面设置"对话框，选择"文档网格"选项卡，在"网格"栏中选中"指定行和字符网格"项，在"字符数"栏中设置"每行"28 个字符，在"行数"栏中设置"每页"22 行，如图 1-89（a）所示。

②单击图 1-89（a）所示右下角的"字体设置"按钮，弹出图 1-89（b）所示的"字体"对话框，选择"字体"选项卡，在"中文字体"下拉列表中选择"仿宋"项，在"字形"下拉列表中选择"常规"项，在"字号"下拉列表中选择"三号"，最后单击"确定"按钮。

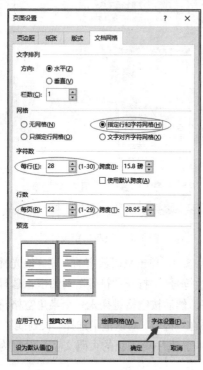

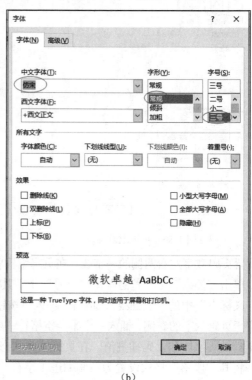

（a）　　　　　　　　　　　　　　　（b）

图 1-89　文档网格和默认字体字号设置

2. 内容编排

依据公文的格式要素，将公文内容和格式编排分为版头编排、主体编排和版记编排。

（1）版头编排。

①份号、密级和保密期限、紧急程度。

如需标注份号，一般用 6 位三号阿拉伯数字，顶格编排在版心左上角第一行。

内容编排-
版头 1

如需标注密级和保密期限，一般用三号黑体字，顶格编排在版心左上角第二行；保密期限中的数字用阿拉伯数字标注。

如需标注紧急程度，一般用三号黑体字，顶格编排在版心左上角第三行。

如需同时标注份号、密级和保密期限、紧急程度，按照份号、密级和保密期限、紧急程度的顺序自上而下分行排列。

②发文机关标志。

《标准》对发文机关标志规定如下。

发文机关标志由发文机关全称或者规范化简称加"文件"2 字组成，也可以使用发文机关全称或者规范化简称。

发文机关标志居中排布，上边缘至版心上边缘为 35mm，推荐使用小标宋体字，颜色为红色，以醒目、美观、庄重为原则。

联合行文时，如需同时标注联署发文机关名称，一般主办机关名称应当排列在前；如有"文件"2 字，应当置于发文机关名称右侧，以联署发文机关名称为准，上下居中排布，如图 1-90 所示。

发文机关标志处在第四行，字体设置为小标宋体字，默认情况下，Windows 系统里没有小标宋体字，需要从网上下载安装，也可以使用其他相近字体。

图 1-90　联合行文示例

发文机关标志的字号大小没有具体限定，可根据需要进行设置，所以发文机关标志所占位置高度是不确定的，要精确定位发文机关标志上边缘至版心上边缘为 35mm 的布局设置，可采用参照物定位法来实现，具体操作方法如下。

a. 插入参照直线并设置直线的位置及版式。

插入参照直线：单击"插入"｜"形状"｜"线条"栏中的"直线"按钮，在文档中拖曳鼠标，画出一条水平直线，作为定位用的参照物。

设置参照直线的精确位置：选择水平直线，单击"绘图工具"｜"格式"｜"排列"｜"位置"中的"其他布局选项"命令，打开图 1-91 所示的"布局"对话框，选择"位置"选项卡，在"水平"栏中，设置"绝对位置"值为"0 厘米"、"右侧"值为"页边距"；在"垂直"栏中，设置"绝对位置"值为"3.5 厘米"、"下侧"值为"页边距"（此处即为设置直线的垂直绝对位置距版心上边缘 35mm）。

图 1-91　参照直线绝对位置设置

设置参照直线的文字环绕方式：在"绘图工具"｜"格式"｜"排列"｜"环绕文字"中选择"浮于文字上方"项。

设置参照直线的叠放次序：在"绘图工具"｜"格式"｜"排列"｜"上移一层"中选择"置于顶层"项。

设置参照直线的长度：在"绘图工具"｜"格式"｜"大小"组中设置直线的高度为"0 厘米"，宽度为"15.6 厘米"。

b. 设置文本框和文本。

为了能够使发文机关标志自由移动，精确定位到对应位置，发文机关标志使用文本框的方式来添加。

内容编排-版头 2

先插入一个文本框，并在文本框中输入发文机关标志，然后对文本框进行设置。

插入文本框并输入发文机关标志：选择"插入"｜"排列"｜"形状"｜"基本形状"中的"文本框"命令，在文档中拖曳鼠标，画出一个文本框，在文本框中输入文字。

设置文本框的宽度：选中文本框，在"绘图工具"｜"格式"｜"大小"组中设置文本框的宽度为"15.6 厘米"，高度视情况而定。

设置文本框的形状填充和形状轮廓：选中文本框，在"绘图工具"｜"格式"｜"形状样式"组中设置形状填充为"无填充颜色"，形状轮廓为"无轮廓"。

设置文本框的环绕文字方式：选中文本框，在"绘图工具"｜"格式"｜"排列"｜"环绕文字"中选择"衬于文字下方"项（一是方便自由拖曳，二是不遮挡参照直线）。

设置文本的字体格式和段落格式：选中文本框中的文字，在"开始"｜"字体"组中设置文字的字体为小标宋体，字体颜色为红色，字号大小根据需要设置；在"开始"｜"段落"组中设置段落对齐方式为居中。

c. 定位文本。

拖曳文本框，使发文机关标志文字的上边缘与插入的参照直线水平重合（注意：这里对齐的是文字的上边缘，而非文本框的上边缘），如图 1-92 所示。

为了精准定位，降低误差，可适当放大视图显示比例。

d. 联合发文的文本设置。

联合发文时，多个发文机关标志的插入需要采用表格来实现。

图 1-92　发文机关标志编排定位示意

表格采用 N 行×2 列的规格，N 为发文机关数。各发文机关名称分别写在表格各行的第一列中，将文字的对齐方式设置为"分散对齐"，以确保各发文机关名称文字两端对齐。

将表格第二列中的所有单元格合并，并设置"对齐方式"为"文字在单元格内水平和垂直都居中"，然后在合并后的单元格内输入"文件"2 字。

将表格的边框设置为"无框线"，底纹设置为"无颜色"，调整列宽到合适的宽度，将整个表格对象设为水平居中对齐。

最后采用与设置文本框类似的方法进行设置，使表格中的发文机关标志文字的上边缘与参照直线对齐。

e. 删除参照直线。

发文机关标志定好位置后，选中参照直线，按删除键将其删除，并恢复视图显示比例。

③发文字号与签发人。

发文字号由发文机关代字、年份和发文顺序号三个要素组成。《标准》对"发文字号"的规定是：发文字号编排在发文机关标志下空两行位置，居中排布；年份、发文顺序号用阿拉伯数字标注；年份应标全称，用六角括号"〔〕"括入（注意：是六角括号，不是方括号"[ ]"。六角括号的输入方法：单击"插入"｜"符号"｜"符号"｜"其他符号"，打开"符号"对话框，选择符号子集的"CJK 符号和标点"中的"左龟壳形括号"〔和"右龟壳形括号"〕）；发文顺序号不加"第"字，不编虚位（即 1 不编为 01），在阿拉伯数字后加"号"字，如图 1-90 所示。

上行文需标识签发人姓名，其发文字号居左空一个字编排，与最后一个签发人姓名处在同一行。

《标准》对"签发人"的规定是：由"签发人"3 字加全角冒号和签发人姓名组成，居右空一个字，编排在发文机关标志下空两行位置。"签发人"3 字用三号仿宋体，签发人姓名用三号楷体字。

如有多个签发人，签发人姓名按照发文机关的排列顺序从左到右、自上而下依次均匀编排，一般每行排两个姓名，回行时与上一行第一个签发人姓名对齐，如图 1-93 所示。

内容编排-
版头 3

发文字号与签发人的段落格式设置方法如下。

输入发文字号与签发人后，将文字对齐方式设置为分散对齐，设置该段的左右缩进各为一个字符，然后在发文字号与签发人之间输入若干个空格，使它们挤向两端，这样就可以完成发文字号居左空一个字、签发人居右空一个字的设置，如图 1-94 所示。

图 1-93　多个签发人姓名编排示意　　　　图 1-94　发文字号与签发人的段落格式设置

④版头中分隔线。

《标准》对公文版头分隔线的规定是：发文字号之下 4mm 处居中印一条与版心等宽的红色分隔线，线的粗细根据需要进行设置。

内容编排-
版头 4

经测试比较，红色分隔线的粗细在 0.35mm～0.5mm 之间比较美观。

要精确定位分隔线，也可以采用参照物定位法来进行，具体操作方法如下。

a. 插入参照文本框。

插入一个用作参照物的文本框，将其高度设置为 4mm，宽度设置为 156mm，排列层次设为"置于顶层"，环绕文字方式设为"浮于文字上方"。

b. 定位参照文本框。

适当放大视图显示比例，拖曳文本框，使其边框上边缘与发文字号文字下边缘对齐。

c. 插入分隔线。

沿着文本框的下边缘线，对齐插入一条直线，将其设置为红色，按需设置其粗细，设置宽度为 156mm，并在版面上居中。

d. 删除参照文本框。

红色分隔线设置好以后，将参照文本框删除，并恢复视图显示比例。

版头中红色分隔线的编排定位示意如图 1-95 所示。

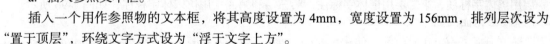

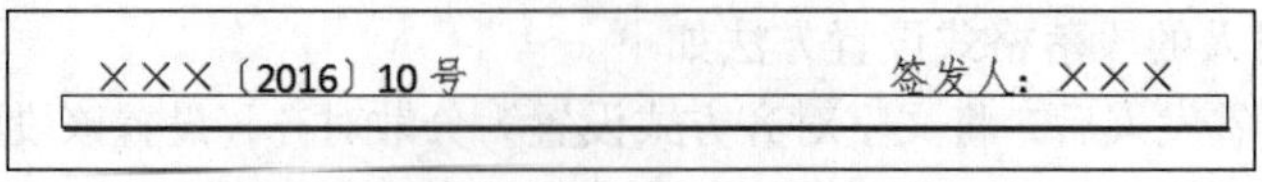

×××〔2016〕10 号 　　　　　　　签发人：×××

图 1-95　版头中红色分隔线的编排定位示意

（2）主体编排。

内容编排-
主体 1

①标题。

标题一般用二号小标宋体字，编排于红色分隔线下空两行位置，分一行或多行居中排布；回行时，要做到词意完整、排列对称、长短适宜、间距恰当，标题排列应当呈梯形或菱形，如图 1-96 所示。

图 1-96　公文标题、主送机关及正文编排示意

②主送机关。

主送机关编排于标题下空一行的位置（见图 1-96），居左顶格，回行时仍然顶格，最后一个机关名称后面标全角冒号。如果主送机关名称过多导致公文首页不能显示正文时，应当将主送机关名称移至版记。

③正文。

公文首页必须显示正文。正文一般用三号仿宋体，编排于主送机关名称下一行，每个自然段左空两个字，回行顶格。文中结构层次序数依次可以用"一、""（一）""1.""（1）"标注；一般第一层用黑体字标注，第二层用楷体字标注，第三层和第四层用仿宋体字标注，如图 1-96 所示。

④附件说明。

如有附件，在正文下面空一行左空两个字编排"附件"2 字，后标全角冒号和附件名称。如有多个附件，使用阿拉伯数字标注附件顺序号（如"附件：1.×××××"）；附件名称后不加标点符号。附件名称较长需要回行时，应当与上一行附件名称的首字对齐，如图 1-97 所示。

附件：1. **省首届"践行社会主义核心价值观"主题微课
　　　　大赛参赛课程清单
　　　2. **省首届"践行社会主义核心价值观"主题微课
　　　　大赛参赛课程登记表

图 1-97　公文附件编排示意

⑤发文机关署名、成文日期和印章。

a. 加盖印章的公文。

内容编排-
主体 2

上行文一定要加盖印章，印章用红色，不得出现空白印章。成文日期一般右空 4 字编排。

单一机关行文时，一般在成文日期之上、以成文日期为准居中编排发文机关署名，印章端正、居中下压发文机关署名和成文日期，使发文机关署名和成文日期居印章中心偏下位置，印章顶端应当上距正文（或附件说明）一行之内。

联合行文时，一般将各发文机关署名按照发文机关顺序整齐排列在相应位置，并将印章一一对应、端正、居中下压发文机关署名，最后一个印章端正、居中下压发文机关署名和成文日期，印章之间排列整齐、互不相交或相切，每排印章两端不得超出版心，首排印章顶端应当上距正文（或附件说明）一行之内，每排最多放 3 个印章，如图 1-98 所示。

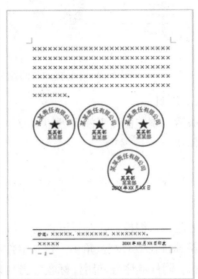

图 1-98　加盖印章的发文机关署名、成文日期和印章示意

b. 不加盖印章的公文。

单一机关行文时，在正文（或附件说明）下空一行右空两个字编排发文机关署名，在发文机关署名下一行编排成文日期，首字相对发文机关署名首字右移两个字。如果成文日期长于发文机关署名，应当使成文日期右空两个字编排，并相应增加发文机关署名右空字数，如图 1-99 所示。

联合行文时，应当先编排主办机关署名，其余发文机关署名依次向下编排。

c. 加盖签发人签名章的公文。

单一机关制发的公文加盖签发人签名章时，在正文（或附件说明）下空两行右空 4 个字的位置加盖签发人签名章，签名章左空两个字标注签发人职务，以签名章为准上下居中排布。在签发人签名章下空一行右空 4 个字的位置编排成文日期。

联合行文时，应当先编排主办机关签发人职务、签名章，其余机关签发人职务、签名章依次向下编排，与主办机关签发人职务、签名章上下对齐；每行只编排一个机关的签发人职务、签名章；签发人职务应当标注全称。签名章一般用红色。

d. 成文日期中的数字。

用阿拉伯数字将年、月、日标全，年份应标全称，月、日不编虚位（即 1 不编为 01）。

图 1-99　不加盖印章的发文机关署名、成文日期示意

e. 特殊情况说明。

当公文排版后所剩空白处不能容下印章或签发人签名章及成文日期时，可以采取调整行距、字距的措施来解决。

⑥附注。

如有附注，将其居左空两个字加圆括号编排在成文日期的下一行。

⑦附件。

附件应当另起一页编排，并在版记之前，与公文正文一起装订。"附件" 2 字及附件顺序号用三号黑体字顶格编排在版心左上角第一行。附件标题居中编排在版心第三行，如图 1-100 所示。附件顺序号和附件标题应当与附件说明的表述一致。附件格式要求同正文。

如附件与正文不能一起装订，应当在附件左上角第一行顶格编排公文的发文字号并在其后标注 "附件" 2 字及附件顺序号。

⑧印章制作。

用 Word 可以制作电子印章，如图 1-101 所示，制作方法如下。

内容编排-主体 3

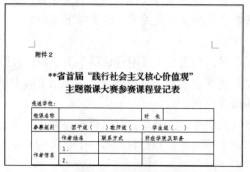

图 1-100　附件编排示意

图 1-101　电子印章示意

a. 绘制印章的圆形轮廓。

ⅰ．插入圆形轮廓。

单击"插入"｜"插图"｜"形状"下拉按钮，选择"椭圆形"，然后在文档空白区域按住"Shift"键并拖动鼠标，画出一个正圆形。

ⅱ．设置圆形轮廓。

选中圆形轮廓，单击"绘图工具"选项卡；单击"形状样式"｜"形状填充"下拉按钮，设置为"无填充颜色"；单击"形状样式"｜"形状轮廓"下拉按钮，将圆形的轮廓设置为红色，并根据需要设置印章轮廓的粗细，本实例中设置为 3 磅；在"大小"功能组里，根据需要设置印章的高度和宽度。需要注意的是，为了保证圆形是正圆，高度和宽度应设置相同的数值。本实例中设置圆形的高度和宽度均为 4.2cm。

b．制作弧形文字。

ⅰ．插入弧形文字。

单击"插入"｜"文本"｜"艺术字"下拉按钮，选择一种艺术字样式，插入一个艺术字对象，输入公章上的弧形文字内容。

ⅱ．设置弧形文字格式。

选中艺术字，分别单击"绘图工具"｜"艺术字样式"｜"文本填充"和"文本轮廓"下拉按钮，将填充颜色和文本轮廓均设置为红色；多次单击"艺术字样式"｜"文本效果"下拉按钮，分别设置"阴影""映像""发光""棱台""三维旋转"效果均为"无"，去掉艺术字样式中自带的格式设置；单击"艺术字样式"｜"文本效果"下拉按钮，设置"转换"为"跟随路径"下的"上弯弧"选项；单击"排列"｜"自动换行"下拉按钮，设置为"浮于文字上方"。

ⅲ．调整弧形文字弯曲幅度和大小。

选中艺术字文本框，按住黄色控制点并拖曳，可以调整文字弯曲幅度，同时文字的大小也随之改变。如果文字过密，可以双击艺术字，在文字间添加空格符，效果会更好。

在"绘图工具"选项卡的"大小"功能组中，根据需要设置艺术字的高度和宽度，高度和宽度值要相同，才能保证艺术字对称正向弯曲，且弯曲度和圆的弯曲度匹配。本实例中设置艺术字的高度和宽度均为 5cm；拖曳艺术字文本框到红色圆形内适当位置。

为了便于操作，将艺术字的叠放次序设置为"置于底层"，按住【Shift】键，依次选中艺术字和圆形，单击"绘图工具"｜"排列"｜"对齐"下拉按钮，设置它们为"左右居中"和"上下居中"，保证它们在位置上绝对居中对齐；右击艺术字和圆形，在弹出的快捷菜单中选择"组合"命令，将其组合为一个对象，以避免无意中改变其相对位置。

再添加印章里的正五角星，并与圆形、艺术字组合，操作方法类似艺术字的制作方法；继续采用类似方法，添加印章底部文本框，并将其与圆形、艺术字、正五角星组合。至此，一个完整的印章就制作好了。

用 Word 制作电子公章可以用在一般的文档中，但如果是正式的行文，则要求公章有防伪功能，别人不能仿制，这时我们可以用办公之星或印章制作大师来制作可以防伪的电子公章。

（3）版记编排。

在公文末尾与版记第一个要素之间插入若干空行，根据实际情况依次输入版记部分各要素的文字内容，并按要求设置其格式。调整各空行的字号，使版记最后一个要素的文字与版心下边缘基本对齐，仅留出末条分隔线的空间。

内容编排-
版记

①版记中的分隔线。

版记中的分隔线有 3 条，《标准》规定：版记中的分隔线与版心等宽，首条分隔线和末条分隔线用粗线（推荐高度为 0.35mm），中间的分隔线用细线（推荐高度为 0.25mm）。首条分隔线位于版记中第一个要素之上，末条分隔线与公文最后一页的版心下边缘重合，如图 1-102 所示。

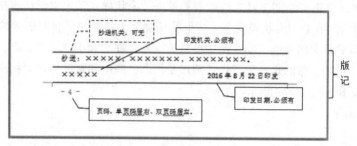

图 1-102　版记示意

公文版记中分隔线设置的基本操作方法是：先在页面版心内插入线条，再设置线条大小、粗细和位置。具体操作如下。

a. 插入线条。

在版记页，单击"插入"｜"插图"｜"形状"项，弹出下拉列表，在下拉列表的"线条"项中，选择直线型线条。此时鼠标指针变为"十"字形，在版记页版心下方，从左至右绘制一条直线，完成线条插入。

b. 设置线条大小。

选中线条后，可以发现"格式"选项卡出现在功能区。在"格式"｜"大小"组中，将线条高度设置为 0cm，宽度设置为 15.6cm，完成线条大小设置。

c. 设置线条粗细。

选中线条，单击"格式"｜"形状样式"｜"形状轮廓"，弹出下拉列表，在下拉列表中的"粗细"项中，设置线条的粗细。首条和末条分隔线设置为 1 磅，中间分隔线设置为 0.75 磅。

选中 1 磅线线条，单击鼠标右键，在弹出的快捷菜单中选择"设置为默认线条"，可将 1 磅线设置为默认线条。

d. 设置线条位置。

ⅰ. 选中线条，单击"格式"｜"排列"｜"位置"下拉按钮，弹出下拉列表，选择"其他布局选项"命令，弹出"布局"对话框。在"布局"对话框的"位置"选项卡上，设置分隔线的水平位置和垂直位置，如图 1-103 所示。

也可以选中线条后，单击鼠标右键，在弹出的快捷菜单中选择"其他布局选项"命令，弹出"布局"对话框。

ⅱ. 设置分隔线水平位置。在"布局"对话框的"位置"选项卡上，将"水平"栏的"对齐方式"设为"居中"、"相对于"设为"页边距"。用户应保证版记中每条分隔线的"水平"选项中的设置值都是一致的。

ⅲ. 设置分隔线垂直位置。版记中每条分隔线的垂直位置值是不同的，需要分别设置。

先设置末条分隔线垂直位置。由于末条分隔线与公文最后一页的版心下边缘重合，因此将

图 1-103 中的"垂直"栏中的"绝对位置"值设为 0cm、"下侧"值设为"下边距"。

在"下侧"下拉列表中，选中"上边距"项时，将"绝对位置"值设为 26.2cm。

设置第一条分隔线垂直位置时需注意，第一条分隔线位于版记中第一个要素之上，假定第一条分隔线距版心底部是两行，整页共 22 行，那么它处于第 20 行的底部下边缘位置，而版心高为 22.5cm，所以第一条分隔线的垂直绝对位置为(22.5/22)×20≈20.45(cm)。

同理，第二条分隔线处于第 21 行底部下边缘，其垂直绝对位置为 21.48cm。

ⅳ. 在"布局"对话框的"位置"选项卡上，将"选项"栏的"对象随文字移动"复选框和"允许重叠"复选框取消选中，如图 1-103 所示。

②抄送机关。

《标准》规定：如有抄送机关，一般用四号仿宋体，在印发机关和印发日期之上一行、左右各空一个字处编排。"抄送" 2 字后加全角冒号和抄送机关名称，回行时与冒号后的首字对齐，最后一个抄送机关名称后加句号，如图 1-102 所示。

图 1-103　"布局"对话框

如需把主送机关移至版记，除将"抄送" 2 字改为"主送"外，编排方法同抄送机关。既有主送机关又有抄送机关时，应将主送机关置于抄送机关之上一行，二者之间不加分隔线。

③印发机关和印发日期。

《标准》规定：印发机关和印发日期一般用四号仿宋体，编排在末条分隔线之上，印发机关左空一个字，印发日期右空一个字，用阿拉伯数字将年、月、日标全，年份应标全称，月、日不编虚位（即 1 不编为 01），后加"印发" 2 字，如图 1-102 所示。

④其他。

《标准》规定：版记中如有其他要素，应将其与印发机关和印发日期用一条细分隔线隔开。

需要说明的是，版记位于公文最后一页，置于偶数页上。公文的版记页前有空白页的，空白页和版记页均不编排页码。

习　题

【习题一】

编辑并设计一份市场调查报告，要求有封面、目录、调查分析全文。封面包含题目、成员、班级、指导老师、完成日期，格式自己定义。目录要求自动生成。调查分析全文的格式要求：一级标题，小二号、黑体、加粗、顶格；二级标题，三号、黑体、加粗、顶格；三级标题，小四号、黑体、加粗、左缩进 2 字符；正文部分，宋体、小四号、首行缩进 2 字符、行间距为固定值 22 磅；各标题与正文前后间距 0.5 行。

【习题二】

编辑与制作大学新生手册。多人合作制作该手册，要求至少包含以下几个部分：学校简介、机构设置、办事指南（与取得学籍有关的）、学校社团、学校周边。使用 32 开纸张，双面打印，要求灵活运用大纲视图、样式、题注、交叉引用、页眉页脚。

【习题三】

图 1-104 所示是信函格式公文示例，请参照《标准》中要求及本章介绍的公文编排方法进行编排练习。

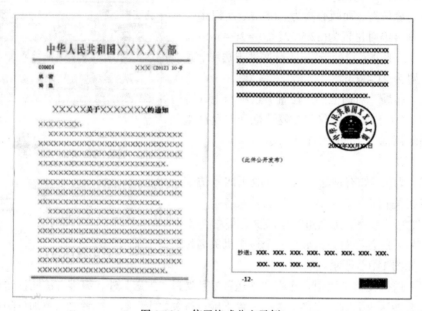

图 1-104 信函格式公文示例

第2章
Word 2016 统一版式及自由版式文档编排

统一版式文档是指内容框架固定、排版布局完全相同的文档，如邀请函、成绩通知书、准考证等。自由版式文档是指排版布局不受格式限制或受有限的格式限制的文档，如宣传单、板报等，用户可以根据个人喜好与审美，自由设计、发挥，将各种元素在页面上自由布局，以制作出排版形式不太花哨，但趣味性和娱乐性较强的文档。

本章以邀请函和电子板报的制作为案例，按照实际制作流程介绍如何利用 Word 2016 的编辑功能制作统一版式文档和自由版式文档。通过本章的学习，读者可以掌握通过邮件合并功能批量生成统一版式文档的方法，以及利用表格、图片、形状、SmartArt 图形等制作精美的电子板报的技巧。

2.1   邀请函制作

在单位举办活动时邀请友好单位及其领导人参加，不但可以联络感情，还可以促进进一步合作的意向。因此，对单位的办公文秘来说，批量的邀请函、请柬一类文档的制作是应该掌握的技能。

如果要批量创建一组文档，可以通过 Word 2016 提供的邮件合并功能来实现。邮件合并主要是指在主体文档的固定内容中，合并一组通信资料，从而批量生成所需邮件文档。这类文档由于内容框架固定、排版布局完全相同，所以被称为统一版式文档。使用邮件合并功能批量生成一组文档，可以大大提高工作效率。在实际应用中，还有很多类似的文档，如学生成绩单、准考证号、信封、明信片、录取通知书等，都可以使用邮件合并功能完成。

2.1.1   案例分析

小萌进到一家企业，应聘的是办公室文秘一职，年底的时候，为了增进友谊、拓展业务，公司将举办一个大型庆典活动，李总让小萌给所有与公司有业务往来的单位负责人以邮件的形式发送邀请函，邀请他们参加本公司成立十周年庆典活动以及新研发的产品推介活动。

面对大量的客户，小萌决心要表现出自己作为一名专业文秘的实力。小萌开始对自己的任务梳理思路：如果要逐一制作邀请函，再一封一封地将邀请函邮寄给不同客户，比较费时；如果使用电子邮件群发功能，就不能做到邀请函的个性化，而且将内容完全相同的邀请函同时发给所有客户，会给收件人或者被邀请人一种不被尊重的感觉。有没有什么办法既能做到快速地制作邀请函，又能兼顾到邀请函的个性化呢？小萌想起，在大学里学习过邮件合并技术，可以用于批量处理文档。

仔细分析这类邮件的内容，可以将其分为固定的和变化的两个部分。邀请函中的活动内容、时间、地点、落款等部分都是固定的内容；收信人的邮箱、姓名、称呼等属于变化的内容。

要编辑这类文档，需要准备好两个文件：一是主体文档，用于创建编排邀请函主体内容；二是数据源文件，即要合并到主体文档中的一个数据列表，这里可以制作一个 Excel 表格，用来存储各公司负责人的具体信息，如姓名、性别、职务、邮箱地址、电话等。

当两个文件均准备妥当时，就可以把数据源文件相关内容合并到主体文档中，即进行邮件合并操作，从而自动生成大量独立的文档。

2.1.2　知识储备

Word 2016 的"邮件"菜单选项如图 2-1 所示，其中有创建信封和标签的功能，当然，用户使用较多的是自己创建的个性化的主体文档。下面介绍信封的创建、主体文档的设计、数据源的创建、邮件合并等知识。

图 2-1　"邮件"菜单选项

1. 创建信封

如果需要自己制作信封，可以直接使用 Word 2016"邮件"中的创建功能来实现，既可以制作批量信封，也可以制作单个信封。如果用户的打印机具有打印信封的功能，制作信封完全可以交给 Word 来处理。

使用 Word 2016 的邮件功能制作信封的步骤如下。

（1）打开 Word 2016，单击"邮件"｜"创建"组中的"中文信封"命令，打开"信封制作向导"对话框，如图 2-2 所示。

（2）单击"信封制作向导"对话框中的"下一步"按钮，选择信封样式，如图 2-3 所示。

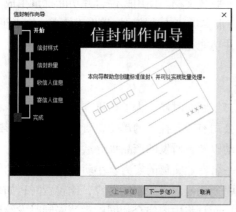

图 2-2　"信封制作向导"对话框

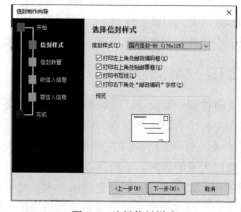

图 2-3　选择信封样式

（3）选择好样式后，通过预览可以查看样式，单击"下一步"按钮，可以选择生成信封的方式和数量。若选择第一个，则生成单个信封，并需要手动输入收件人通信内容；若选择第二个，则可按给定的地址簿生成批量信封，并且地址簿的书写方式应按该选项下的说明来设置，具体文字说明如图 2-4 所示。

（4）若选择的是"基于地址簿文件，生成批量信封"选项，并单击"下一步"按钮，则可以从选定的地址簿中匹配收信人信息，如图 2-5 所示。

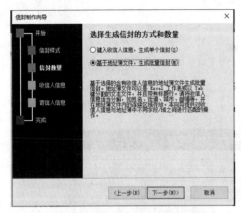
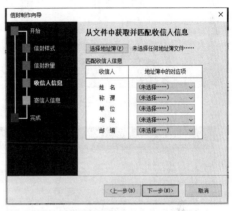

图 2-4　选择生成信封的方式和数量　　　　　　图 2-5　关联地址簿文件

（5）匹配完成后，单击"下一步"按钮，输入寄信人信息，如图 2-6 所示；再单击"下一步"按钮，完成信封制作，系统将按要求生成单个的或者批量的信封，如图 2-7 所示。

图 2-6　输入寄信人信息　　　　　　　　　　图 2-7　信封示意

2. 设计主体文档

主体文档是邮件合并技术中内容统一的文档，即固定不变的部分。主体文档的编辑与设计与普通的 Word 短文档的编排方法相同，相当于编排自由版式的文档。用户可以对该文档中的文本进行字体、段落设置，还可以在文档中插入图片、表格、背景等。此外，根据不同需求，用户还要进行页面设置，如设置边框底纹、纸张大小、页边距等。图 2-8 和图 2-9 所示为两种不同的主体文档的设计效果。

3. 创建数据源

邮件合并所需要的数据源，可以利用的数据类型非常多，像 Word 表格、Excel 工作簿、Access 数据库、Query 文件、Foxpro 数据库、文本文件等，都可以作为邮件合并的数据源，如图 2-10 所示。只要有这些文件存在，邮件合并时就不需要再创建新的数据源，直接打开这些数据源使用即可。需要注意的是，不管是哪一种数据源，必须保证第一行是标题行，如果是文本文件，其数据也是以行列形式排列的，行之间用回车分开，列之间用空格分开。

图 2-8 录取通知书主体文档

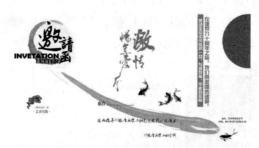
图 2-9 邀请函主体文档

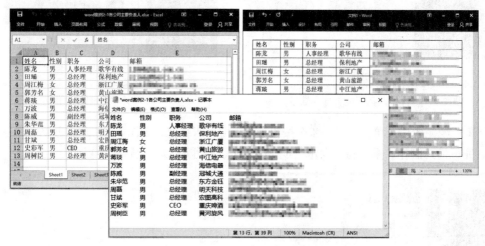
图 2-10 邮件合并所需数据源样式

4. 邮件合并

在主体文档和数据源创建完成后，可将两部分内容进行邮件合并，从而实现按通信录生成批量文档。进行邮件合并有三种方法：一是使用邮件合并向导；二是手动邮件合并；三是利用"邮件"选项卡在一个页面输出多条邮件合并记录。

创建数据源及
邮件合并

（1）使用邮件合并向导。

①新建一个 Word 文档或者打开主体文档后，单击"邮件"｜"开始邮件合并"组中的"开始邮件合并"下拉按钮，选择"邮件合并分步向导"命令，此时文档窗口右侧出现图 2-11（a）所示的"邮件合并"窗格，窗格下方显示共有 6 个步骤。

②在图 2-11（a）所示窗格中的"选择文档类型"栏中选择"信函"，单击该窗格下方的"下一步：开始文档"，弹出图 2-11（b）所示窗格。

③第 2 步为"选择开始文档"，可以选择"使用当前文档"，单击"下一步：选择收件人"，弹出图 2-11（c）所示窗格。

④第 3 步为"选择收件人"，此时可以将已有的数据源关联到开始文档，也可以输入新列表。单击图 2-11（c）所示窗格中的"浏览"命令，弹出图 2-12 所示的"选取数据源"对话框，在对话框中选择所需要的数据源文件，单击"打开"按钮，弹出图 2-13 所示的"选择表格"对话

框，选择所需要的表格并选中左下方的"数据首行包含列标题"复选框，单击"确定"按钮，弹
出图 2-14 所示的"邮件合并收件人"对话框，在对话框中可以选择或调整收件人。

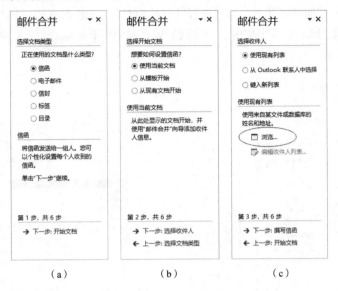

（a）　　　　　　　　（b）　　　　　　　　（c）

图 2-11　"邮件合并分步向导"之第 1～3 步窗格

图 2-12　"选取数据源"对话框

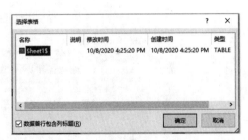

图 2-13　"选择表格"对话框

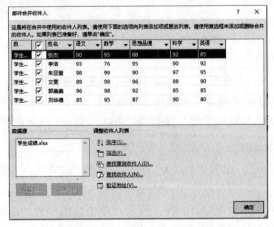

图 2-14　"邮件合并收件人"对话框

⑤第 4 步为"撰写信函"，即撰写或设计邮件合并的主体文档，如图 2-15 所示。如果主体文档已经设计完成，并且为当前文档，则可以在该步骤中将数据源中的信息进行合并，如果要合并的内容不是"地址""问候语"等，可以选择"其他项目"，接着会弹出一个"插入合并域"对话框，如图 2-16 所示，该对话框中列出了所关联的数据源中所有的标题项。在主体文档中插入合并域的步骤及效果如图 2-17 所示。

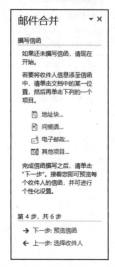

图 2-15 "邮件合并分步向导"之第 4 步窗格

图 2-16 "插入合并域"对话框

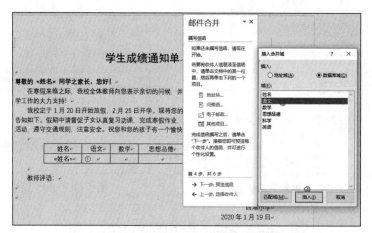

图 2-17 插入合并域的步骤及效果

提示

插入合并域时，需要先在主体文档的某个位置（图 2-17 标注的①处）单击鼠标，以定位域，然后在向导的第 4 步窗格中选择"其他项目"，在弹出的"插入合并域"对话框中单击相应域名（图 2-17 标注的②处），再单击"插入"按钮，用此种方法将多个域名逐个插入主体文档相应位置。

⑥第 5 步为"预览信函"，如图 2-18（a）所示，单击"收件人"左边或右边的箭头可预览上一条或下一条信息。

⑦第 6 步为"完成合并"，如图 2-18（b）所示，单击窗格中的"编辑单个信函"命令，将打开图 2-19 所示的"合并到新文档"对话框，默认合并全部记录到新文档中，也可以选择只合并当

前记录或部分记录。图 2-20 所示为合并全部记录后的文档效果，注意此时新文档名默认为"信函 1"。

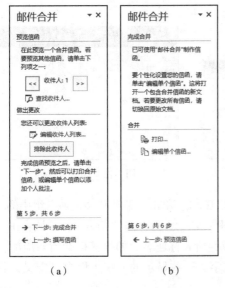
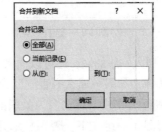

（a）　　　　　　　　（b）

图 2-18　"邮件合并分步向导"之第 5、6 步窗格　　　图 2-19　"合并到新文档"对话框

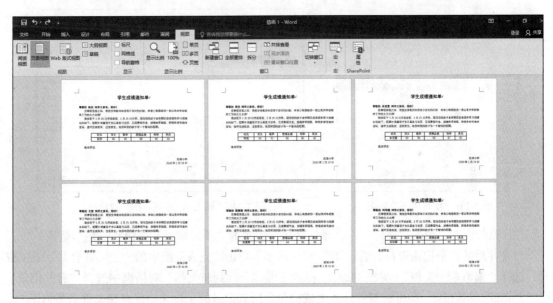

图 2-20　所有记录合并到新文档的效果

（2）手动邮件合并。

①设计好主体文档并准备好数据源。

②选择数据源。在主体文档中单击"邮件"｜"开始邮件合并"组中的"选择收件人"下拉按钮，在展开的下拉列表中选择邮件合并的数据源类型，一般选择"使用现有列表"，即现有的已经存储的文件，如图 2-21 所示。此时若选择的是一个 Excel 文件，则需要选择使用哪个数据表，参见图 2-12 和图 2-13。本步骤实际上是将数据源和主体文档关联起来。

③插入域。当选择好数据源后，可以发现"邮件"｜"编写和插入域"组中的命令均为可用命令；将光标定位于主体文档中需要插入域的位置，然后单击"插入合并域"下拉按钮，显示内容

为所关联的数据源中的标题项，如图 2-22 所示；单击选择所需标题名称，则主体文档光标处会显示类似"《姓名》"的域名样式。

图 2-21　选择数据源　　　　　　　　　图 2-22　插入合并域

④除了插入一般的域，还可以插入带规则的 IF 域。单击"编写和插入域"组中的"规则"下拉按钮，选择"如果…那么…否则"命令（见图 2-23），将弹出"插入 Word 域：IF"对话框，如图 2-24 所示，图中"域名"为关联的数据源的所有标题名；如果某标题所对应的值满足一个条件，则可显示一组文字，否则显示另一组文字，这些显示的文字可以自己定义，具体用法参见 2.1.3 小节。

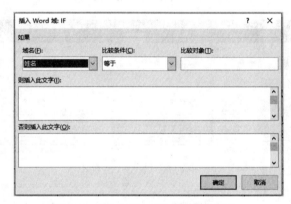

图 2-23　"规则"下拉列表　　　　　　　图 2-24　"插入 Word 域：IF"对话框

⑤预览与合并。单击"邮件"｜"预览结果"组中的"预览结果"按钮和三角形箭头◀ ▶，可以对合并后的各条记录进行查看，如图 2-25 所示。单击"完成"组中的"完成并合并"下拉按钮，选择"编辑单个文档"（见图 2-26），在弹出的"合并到新文档"对话框中选择"合并记录"栏的"全部"单选按钮，即可将邮件合并生成的包含所有记录的批量文档保存在文件名类似于"信函 1"的一个 Word 文档中（效果参见图 2-20）。

图 2-25　"预览结果"按钮　　　　　　　图 2-26　选择"编辑单个文档"

（3）利用"邮件"选项卡在一个页面输出多条邮件合并记录。

在邮件合并操作中，有可能会遇到主体文档内容较少的情况，如工作标签、准考证号、物资标签等，如果一页纸只输出一个标签，会过于浪费纸张，可以将多个标签编排在一页纸上，直到纸张排满为止。此操作较为简单，只需要标志记录并用"复制""粘贴"方法设置内容即可。具体操作如下。

①按前面"（2）手动邮件合并"中介绍的方法完成前三步，即准备好主体文档和数据源、选择数据源（将数据源和主体文档关联）、插入域，效果如图 2-27 所示。

②在文字块的最后按【Enter】键换行，再单击"邮件"｜"编写和插入域"｜"规则"｜"下一记录"命令插入"下一记录"域，如图 2-28 所示。

③复制主体文档中的所有文字（包括插入的域），然后在《下一记录》域的下一行，粘贴复制的内容。注意：《下一记录》域标志同样可以被复制和使用。图 2-29 所示为复制了一个文字块后的效果。

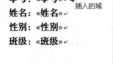

图 2-27　插入合并域后的文档效果　　　图 2-28　单击"下一记录"命令　　　图 2-29　复制文字块后的效果

④重复插入"下一记录"域（也可以直接复制），并重复步骤③，直到满足所需要的记录数为止，然后将主体文档按 4 栏排版。为了最后裁剪方便，最好让每条记录对齐。图 2-30 所示为期末考试座次标签的设计，图 2-31 所示为预览结果。

图 2-30　期末考试座次标签

学号：1	学号：9	学号：17	学号：25
姓名：杨喜枚	姓名：周磊	姓名：徐小凤	姓名：胡诗乾
性别：女	性别：男	性别：女	性别：男
班级：计科 1901	班级：计科 1901	班级：计科 1901	班级：计科 1901
学号：2	学号：10	学号：18	学号：26
姓名：陈全胜	姓名：刘元	姓名：曾凡胜	姓名：吴友云
性别：男	性别：男	性别：男	性别：男
班级：计科 1901	班级：计科 1901	班级：计科 1901	班级：计科 1901

图 2-31　邮件合并预览结果——期末考试座次标签

提示　　邮件合并类别有信函、电子邮件、信封、标签、目录等，本节介绍的邮件合并操作是基于信函类的，对于期末考试座次标签的设计，也可以选择标签类邮件合并，操作方法大致相同。

2.1.3 案例实现

1. 编辑并设计主体文档

（1）新建一个空白的 Word 文档，并进行页面设置：设置纸张大小、纸张方向和页边距。本案例中纸张大小为 A5、纸张方向为横向、页边距适中。

（2）在文档中输入邀请函文字内容，插入背景图片及其他图片元素，或设计艺术字，最终效果可参考图 2-32 所示的样本。

编辑并设计
主体文档

图 2-32　邀请函主体文档设计样本

提示

设置背景图片时，为避免因图片太小而变成平铺效果，可直接插入图片并拉伸，然后将其置于文字下方，或者利用绘图软件对图片大小进行处理，以适应纸张大小。若需要不带背景的图片，在搜索图片时可选择 PNG 格式图片。另外，还可以利用 Photoshop 软件自己制作所需图片。

2. 选择数据源

（1）在主体文档中单击"邮件"｜"开始邮件合并"｜"选择收件人"｜"使用现有列表"命令。

（2）在打开的"选取数据源"对话框（见图 2-33）中，选择"word 案例 2-1 各公司主要负责人.xlsx"文件；单击"打开"按钮，打开"选择表格"对话框（见图 2-34），选择数据所在工作表，并选中"数据首行包含列标题"复选框，单击"确定"按钮。

手动邮件合并

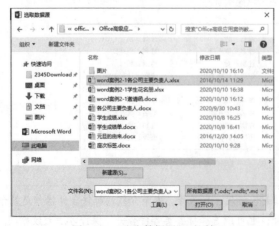

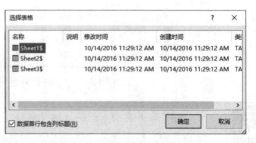

图 2-33　"选取数据源"对话框　　　　　　图 2-34　"选择表格"对话框

3. 插入合并域

将光标定位于主体文档需要插入姓名处（或者选择需要插入姓名的空白位置），本例中选择"尊敬的"之后下画线所在位置，然后单击"邮件"｜"编写和插入域"｜"插入合并域"下拉列表中的"姓名"命令，效果如图 2-35 所示。

提示　"插入合并域"下拉列表中显示的是所选数据源工作表中数据的所有列标题名称。

4. 插入 IF 域

单击"邮件"｜"编写和插入域"｜"规则"下拉列表中的"如果…那么…否则"命令，在打开的"插入 Word 域：IF"对话框（见图 2-36）中对插入的 IF 域进行设置，"域名"处选择"性别"，"比较条件"处选择"等于"，在"比较对象"处输入"男"，在"则插入此文字"下方的文本框中输入"先生"，在"否则插入此文字"下方的文本框中输入"女士"，最后单击"确定"按钮。

图 2-35　插入"姓名"域后的效果

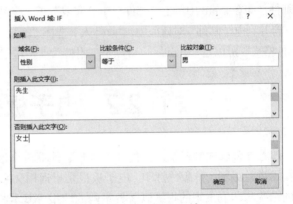

图 2-36　插入 IF 域

5. 预览与合并

单击"邮件"｜"预览结果"｜"预览结果"按钮，如图 2-37 所示，主体文档将显示邮件合并后第一条记录的效果。若要在当前文档显示其他邮件记录，可单击图 2-37 中箭头所指示的"下一记录"按钮。

如果要将邮件合并后的所有记录暂时保存在 Word 文档中，以便后续进行打印输出，可以单击"邮件"｜"完成"｜"完成并合并"｜"编辑单个文档"命令（见图 2-38），打开"合并到新文档"对话框（见图 2-39），选中"全部"单选按钮，将全部记录合并成一个独立的新文档，调整显示比例为 50%，并在"视图"｜"显示比例"组中选择"多页"，显示效果如图 2-40 所示。

图 2-37　"预览结果"按钮

图 2-38　"编辑单个文档"命令

图 2-39　"合并到新文档"对话框

图 2-40　所有记录合并到新文档的效果

如果本机设置了 Microsoft Office Outlook 邮箱，并且在本机的"开始"｜"设置"｜"默认应用"｜"选择默认的应用"的"电子邮件"项选择的是"Outlook 2016"程序，用户还可以直接在 Word 中发送邮件，即在 Word 中单击"邮件"｜"完成"｜"完成并合并"｜"发送电子邮件"命令，在打开的"合并到电子邮件"对话框中，"收件人"选择"邮箱"，"主题行"输入"来自####公司的邀请函"，"邮件格式"可以是".html"也可以是"附件"，"发送记录"选择"全部"，然后单击"确定"按钮。

2.2　电子板报制作

随着办公软件的普及，各类电子报刊、计算机小报、电子板报、宣传报、海报等均使用计算机技术进行编辑、排版并打印。电子板报是指运用文字、图形、图像处理软件所创作的电子报纸，它的结构与印刷出来的报纸以及教室内的墙报等基本相同。直接使用 Word 软件提供的工具及技术可以制作出优秀的电子板报。

板报电子化，不仅环保、高效、成本低、传播速度快，而且在制作与修改方面既方便又快速，还可以增加网络素材，使图文更加丰富与生动，让人赏心悦目。

2.2.1　案例分析

在进入电子化时代的今天，常见的传统宣传小报，如黑板报、手抄报等，已经逐渐被讲究环保与高效的人类赶入退伍的部队中。小昔所在的大学几乎所有数据都已经电子化、数字化，所有的信息通过网络传播速度更快，信息更及时，成本也更低。同样，大学里的黑板报也已经电子化。小昔通过竞选，担任了学院的宣传部干事。宣传部每两周都要为学院做一期电子板报发布在校园网上，现在教师节这期的电子板报需要小昔来完成。他系统地学习了电子板报的制作流程后，开始构思版面、画草图并收集素材，准备使用 Word 进行创作。

2.2.2　知识储备

1. 电子板报制作流程

电子板报的制作流程通常包括确定主题、收集素材、设计版式、制作草图与电子稿等环节。

（1）确定主题。

任何一个作品都要有一个主题，电子板报作品通过不同的表现形式和艺术处理方式，向读者表达一种思想、一种情感，所以用 Word 制作电子板报时首先要确定主题。一个好的电子板报，绝不是东拼西凑而成的几个版面，而是要根据主题来组织材料，实现电子板报的知识性与教育性功能。主题出现偏差，就难以成功，这就是把思想性评审指标放在第一位的原因。确定主题最好遵循以下原则。

①主题要小，内容要精，不可包罗万象、无亮点。

②题材要源自生活，注意力要放在自己的生活环境中，发掘要深刻、视角要独特。

③主题时代感要强，要以自己的感受、语言风格和年龄特征来表述，注重原创性与可读性。

④主题要有地方特色或创新意识，并且以有助于开阔视野或有助于社会公益事业为选题的重要标准。

（2）收集素材。

电子板报素材包括文字、图片、图形，与电子报刊不一样，它只供读者直接浏览，不提供互动功能，所以一般不含音频与视频。收集到的文字类素材一般仅供参考，还需要经过再加工，对文字素材进行语言重组与提炼后应当形成简短并具有知识性的文字。图片类素材可以从网络上获取或自己通过绘图软件制作，图片可以用于丰富主题，也可以作为文字边框或者页面边框。图形类素材一般可以在 Word 中绘制，用于描述主题或丰富主题元素。

（3）设计版式。

用于制作电子板报的版式分为规则版式与不规则版式两类。规则的版式可以直接用分栏或者表格的形式来规划，不规则的版式可直接使用 Word 提供的文本框来实现。

（4）制作草图与电子稿。

在前面 3 个步骤已经确定后，可先在纸上画出简易的草图，然后通过 Word 软件实现其电子化。用 Word 制作板报的过程中可以随时调整思路并对页面中任意元素进行修改与调整。

2. 制作电子板报所需的素材

（1）图片与联机图片。

在 Word 2016 中，用户可以在文档中插入图片以提高文档的美观性。插入的图片有两种：一种是本机存储的图片文件；另一种是来自互联网的图片，称为联机图片。在"插入"选项卡的"插图"组中，可看到"图片"与"联机图片"命令。

①插入联机图片。

Word 2016 提供了连接互联网并在其中搜索图片从而帮助用户插入合适的图片的功能，插入联机图片的步骤如下。

a. 将光标置于图片插入点，单击"插入"｜"插图"｜"联机图片"命令，在弹出的对话框中选择一个图片分组，比如"秋天"分组，如图 2-41 所示。

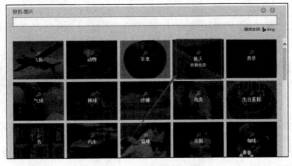

图 2-41　选择联机图片分组

　　b. 单击"秋天"分组里自己喜欢的一张图片，选中后单击"插入"按钮，即可完成联机图片的插入。

　　需要连接 Internet 才能插入联机图片，当处于脱机状态时，可以从本机中插入图片。

　　②插入图片。

　　可以在 Word 中插入已经保存在硬盘上的图片，任何一种图片格式均可。无背景色的".png"格式图片最受欢迎，尽管现在 Word 2016 提供了消除背景色的功能，但使用起来并不完美。插入图片的方法有以下两种。

　　a. 将光标定位于需要插入图片处，单击"插入"｜"插图"｜"图片"命令，在打开的"插入图片"对话框中，选择需要插入的图片，单击"插入"按钮，则图片插入光标所在处。

　　b. 打开图片所在文件夹，以"大图标"的显示方式查看，选择需要插入 Word 中的图片，按组合键【Ctrl+C】进行复制，按组合键【Ctrl+V】粘贴到 Word 文档光标所在处。

　　③设置图片格式。

　　插入的图片以嵌入型方式出现，相当于一个巨型文字，不能随意移动位置，图片的大小、样式和颜色等一般也需要根据情况进行调整，也就是说，还需要对图片进行格式处理。

　　a. 调整图片大小与角度。

　　单击已插入的图片，其周围会出现 8 个大小控制点和 1 个旋转控制点，将鼠标指针指向图片的任意一个大小控制点，当鼠标指针变成双向箭头时，按住鼠标左键进行拖曳，图片将沿控制点拖曳方向进行放大或缩小，如图 2-42 所示。还可以通过单击"图片工具"｜"格式"｜"大小"｜"裁剪"命令对图片进行修剪，被剪掉的部分会被隐藏起来（见图 2-43）。"裁剪"下拉列表中有几个选项，其中"裁剪为形状"选项（见图 2-44）在设置图片时较为常用。

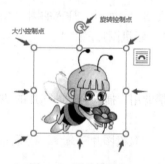

图 2-42　图片控制点

图 2-43　裁剪图片

图 2-44　"裁剪"下拉列表

　　图片在选中状态时，顶端的中间控制点上方有一个旋转控制点，单击该控制点，按住鼠标左键并进行拖曳，可以将图片旋转至任意角度。

　　如果要精确更改图片的大小及旋转角度，可以单击"图片工具"｜"格式"｜"大小"组的对话框启动器 ，打开"布局"对话框，精确设置大小和角度值；若设置有误，可单击"重置"按钮，如图 2-45 所示。

　　b. 图片与文字的位置关系。

　　将图片插入 Word 文档中，默认为"嵌入型"，即图片相当于一个巨型文字插入当前光标处，一般一张图片单独占一行。

注意　如果设置了段落的固定行距，则此图片很有可能显示不完全，如果想让图片完全显示出来，则应在设置该行段落行距时，将行距选择为"最小值"而非"固定值"。

在制作海报类自由版式文档时，一般要求图片处于文字的中间，此时设置图片的"环绕文字"方式为"四周型"或"紧密型环绕"方式较为合适，如图 2-46 所示。除"嵌入型"外的其他"环绕文字"方式均可与文字友好相处，即图片可以拖曳到文档任意位置。

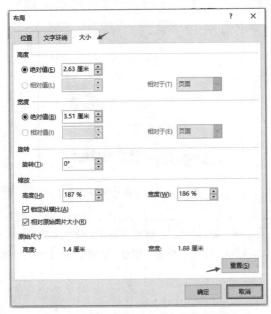

图 2-45　精确设置图片大小与旋转角度　　　　　图 2-46　设置图片的"环绕文字"方式

　　c. 图片样式与调整。

为了满足人们对图片效果的不同需求，"图片工具"｜"格式"菜单提供了各种样式设置，比如为图片设置、边框、阴影效果、柔化边缘效果等。此外，"图片工具"｜"格式"菜单还提供了调整颜色、删除背景、调整艺术效果等功能。

（2）形状（自选图形）。

在文档中绘制图形时，为了避免因文档中其他文本的增删导致插入的图形位置发生错乱，并使绘制的图形能够组合在一起不被分开，一般先新建画布，再在画布中绘制图形并组合。

插入形状的方法如下。

①将光标定位于需要插入形状的空白行。

②单击"插入"｜"插图"｜"形状"｜"新建绘图画布"命令。

③选择画布，再单击"形状"下拉按钮，选择一种形状，在画布中拖曳画出该形状。

④以与步骤③相同的方式，选择形状，在画布中画出形状。

⑤若要将画布中所有形状组合成一个图形，可以按住【Shift】键或【Ctrl】键，并单击画布中需要合并的形状（也可以按住鼠标左键，拖曳出一个虚框，选中需要合并的形状），然后右击选中的形状，在打开的快捷菜单中选择"组合"｜"组合"命令。

⑥若要取消形状合并，则可右击组合图形，在打开的快捷菜单中选择"组合"｜"取消组合"命令。

⑦设计图形时，若要隐藏不需要显示的线条或形状时，可单击鼠标右键，在打开的快捷菜单中选择"叠放次序"命令，将不需要显示在观众面前的一部分形状置于需要显示出来的形状的下一层。如图 2-47 所示的自绘图形，图中嘴巴由两条弧线组成，下面的弧线填充红色，上面的弧线填充白色，为了遮住多余的红色填充形状，将红色弧形置于白色弧形的下一层。

⑧若要对多个图片进行合并或组合，可以先选择"新建绘图画布"命令，然后选择画布，单击"插入"｜"插图"｜"图片"命令，在打开的"插入图片"对话框中，选择需要进行合并的图片。图 2-48 所示的图片由两张图片组合而成，其中"卡通鸟"是一张 PNG 格式的图片。

图 2-47　自绘形状并组合成图形

图 2-48　合并多个图片为一个图片

提示　如果两张图片的"环绕文字"方式是"非'嵌入'型"，则可直接在文档中（不用插入画布）同时选中这两张图片，然后单击"图片工具"｜"格式"中的"组合"命令，对图片进行组合。

（3）艺术字与文本框。

①艺术字。

艺术字是文档中具有特殊效果的文字，它是以图片的形式出现的，在文档中适当插入艺术字既可以美化文档，又可以突出所要表达的内容。单击"插入"｜"文本"｜"艺术字"下拉按钮，选择一种艺术字样式，在弹出的艺术字输入框中输入文字，输入完成后在输入框外边空白处单击确认，再选中艺术字，此时，菜单栏上会显示"绘图工具"｜"格式"选项卡（见图 2-49）。其中，各组的功能如下。

图 2-49　"绘图工具"｜"格式"选项卡

"插入形状"组：用于插入线条、圆形、矩形、箭头等形状。

"形状样式"组：用于调整存放艺术字的矩形框（文本框），可以设置矩形框的底纹色、矩形框线、形状效果（预设、映像、阴影、发光、柔化边缘、棱台、三维旋转）。

"艺术字样式"组：可以为选中的艺术字重新调整样式，可以给文字填充颜色，更改文字轮廓线颜色，还可以更改文字的文本效果（阴影、映像、发光、棱台、三维旋转、转换）。

"文本"组：可以设置文字的方向和对齐方式。

"排列"组：与图片工具中相应命令一致，可设置艺术字与文档中正常文本的相对位置。

"大小"组：用于调整艺术字的高度与宽度（也可用鼠标选中艺术字的 8 个大小控制点来调整艺术字大小）。

②文本框。

文本框的出现，使文字在文档中显示的位置变得灵活方便。文本框是一种特殊类型的文本，以图片的形式存在，用以在任意位置显示文字。也可以在文本框中插入图片，该图片以文字的格式存放，图片会按比例缩放到文本框刚好可以容纳的高度，一张图片相当于一个巨型文字，如图 2-50 所示。

插入文本框的方式有两种：一种是单击"插入"｜"插图"｜"形状"下拉按钮，选择"基本形状"栏中的第一个选项"文本框"，然后在文档中拖出一个文本框，在文本框中输入内容；另一种是单击"插入"｜"文本"｜"文本框"下拉按钮，选择一种内置的文本框样式，或者选择"绘制文本框"命令，在文档中画出文本框后，输入内容。

在图文混排类文档中，可以利用文本框将文字放置于文档的任意位置处，因为文本框的默认位置为"浮于文字上方"。在输入文字后，如果想让该文本框中的文字与文档正文中的文字格式一样，则要设置文本框格式：将其"形状填充"改为"无填充颜色"，"形状轮廓"改为"无轮廓"，如图 2-51 所示。如果利用文本框输入大段文字，并设置文字花边，同样可以设置其"形状轮廓"，还可对文本框内文字设置字体与段落格式。

图 2-50　在文本框中插入图片

图 2-51　设置文本框的"形状填充"和"形状轮廓"

（4）SmartArt 图形。

SmartArt 图形是 Word 中预设的形状、文字、样式的集合，包括列表、流程、循环、层次结构、关系、矩阵、棱锥图和图片 8 种类型，每种类型下又包括若干个图形样式。使用 SmartArt 图形功能可以快速创建出专业且美观的图形，且在创建图形过程中，可对 SmartArt 图形进行一些简单的编辑。插入并调整 SmartArt 图形的方法如下。

①插入 SmartArt 图形。单击"插入"｜"插图"｜"SmartArt"命令，打开"选择 SmartArt 图形"对话框，如图 2-52 所示。

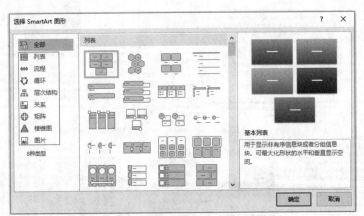

图 2-52　"选择 SmartArt 图形"对话框

②选择 SmartArt 图形类型。若需要在 SmartArt 中插入图片，则选择"图片"类型中的任意一种图形即可；若不需要使用图片，则可选择其他 7 种类型。

③添加或删除形状。在文档中插入一种 SmartArt 图形后（例如，选择"详细流程"图），菜单栏上出现"SmartArt 工具"选项卡，如图 2-53 所示。选择该图形，单击"SmartArt 工具"|"设计"|"创建图形"|"添加形状"，可添加一个输入选项，图 2-54 所示的第四个形状即为新添加的形状。若要删除图形中一个形状，只需要选择该形状，然后按【Delete】键。

图 2-53 "SmartArt 工具"选项卡

④在新添加的形状中输入文本。如图 2-54 所示，新添加的形状没有文本框显示。若要添加文本，可单击"SmartArt 工具"选项卡中的"文本窗格"按钮，在打开的"在此处键入文字"窗口中，定位到新添加的形状所在的文本框，输入文字，如图 2-55 所示。

图 2-54 新添加的形状

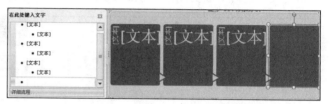

图 2-55 使用"文本窗格"输入文本

⑤重新布局。用户可以通过"SmartArt 工具"|"设计"|"版式"组，为已经选择的 SmartArt 图形更换一种版式，已经输入的文本信息不变。

⑥修改 SmartArt 图形的颜色与样式。使用"SmartArt 工具"选项卡中的"SmartArt 样式"组对颜色和样式进行调整。

（5）表格。

在 Word 中使用表格可以简洁明了地描述数据，还可以进行规则排版。图 2-56 所示为一张宣传

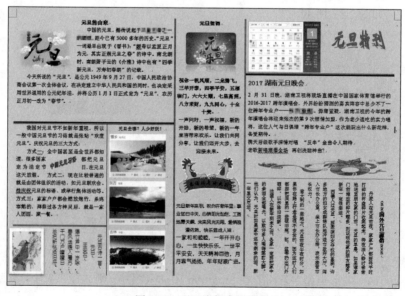

图 2-56 元旦海报表格排版

海报，该海报的制作方法为：首先直接在 A4 纸大小的横向版式的页面上创建一个 5 行 4 列的表格；然后将表格调整到与页面编辑区同样大小；接着对表格中单元格进行相应合并，合并第一、第二列的第一、第二行单元格，合并第一列的第三、第四行单元格，合并第二列的第 3～5 行单元格，合并第三列所有单元格，合并第四列的第二、第三行单元格，合并第四列的第四、第五行单元格，再调整各列宽度，使第三列处于页面中间位置；最后选择各合并后的单元格，设置其上、下、左、右边框样式，完成后的效果如图 2-57 所示。

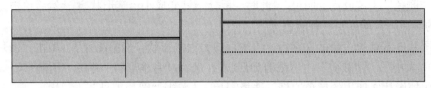

图 2-57　表格布局效果

2.2.3　案例实现

1. 确定主题及标题

小昔经过一番思考，决定将板报的主题定为感恩教师节，对无私奉献的老师表示感谢，并在教师节当天，通过本期电子板报，祝福敬爱的老师们节日快乐。

2. 收集与主题相关的文字素材、图片素材

通过百度搜索关键词"感恩教师""最美教师""感谢师恩"等，收集足够的文字素材。

通过百度图片搜索"教师节"等关键词，下载一些文字图片、鲜花图片、卡通人物图片等，注意最好选择纯色背景的图片。图 2-58 所示为小昔下载的经过挑选的一些图片。

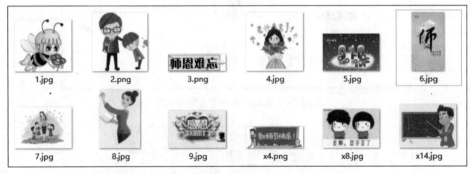

图 2-58　图片素材

3. 大致确定图文布局

将图片、文字（横向或者竖向编排）、艺术字结合，先确定图片的布局，再确定文字的布局。

4. 使用 Word 设计电子板报

新建一个 Word 文档，命名为"教师节电子板报.docx"，并进行页面设置，将"布局"|"页面设置"中的"纸张方向"设置为"横向"，"纸张大小"选择"其他纸张大小"中的"自定义大小"，宽度为 42cm，高度为 22cm，"页边距"选择"自定义边距"，上、下、左、右页边距都设为 1.5cm。

（1）大致布局，添加图片并设置格式。

①将图片素材中的图片 1～图片 8（见图 2-58）插入文档中（描述图片素

电子板报-图片

材时用其主文件名，下同）。

a. 将各张图片均设置为"浮于文字上方"：选择图片，单击"图片工具"｜"格式"｜"排列"｜"环绕文字"｜"浮于文字上方"。

b. 缩放各图片大小至合适比例，效果大致如图 2-59 所示。对图片 1 进行复制，再对复制后的图片进行水平翻转：选择图片，单击"图片工具"｜"格式"｜"排列"｜"旋转"｜"水平翻转"。

c. 除图片 3 和图片 5 外，其他图片均设置透明色：选择图片，单击"图片工具"｜"格式"｜"调整"｜"颜色"｜"设置透明色"，此时，鼠标指针变成小铅笔形状 ，然后单击图片中需要变成透明的颜色（只能透明一种颜色）。

d. 将图片 5 裁剪掉多余的文字后，再次裁剪为泪滴形状：选择图片 5，单击"图片工具"｜"格式"｜"大小"｜"裁剪"｜"裁剪为形状"，选择"基本形状"中的"泪滴形"。

e. 柔化掉图片 3 四周的黑色边框：选择图片 3，单击"图片工具"｜"格式"｜"图片样式"｜"图片效果"｜"柔化边缘"｜"5 磅"。

②插入 6 处艺术字，分别为"感恩教师节""HAPPY TEACHERS' DAY""仰慕园丁""师说""致敬最美老师""老师谢谢你"，适当设置艺术字的字体大小、文本填充、文本轮廓、文本效果、文字方向，效果如图 2-59 所示。艺术字的弯曲形状的设置方法如图 2-60 所示。

电子板报-艺术字

图 2-59　插入图片和艺术字并调整

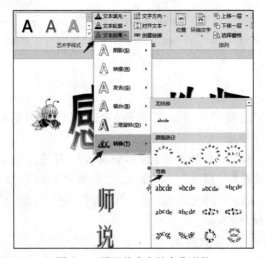

图 2-60　设置艺术字的弯曲形状

（2）丰满布局，用文本框添加文字。

在文档中插入多个文本框，以便不规则地编排文字，文本框布局如图 2-61 所示。为使文字显示效果更加自然，取消文本框的底纹和边框，具体方法为：按住【Shift】键，依次单击各文本框，选择所有的文本框；单击"绘图工具"｜"格式"｜"形状样式"｜"形状填充"｜"无填充颜色"；单击"绘图工具"｜"格式"｜"形状样式"｜"形状轮廓"｜"无轮廓"。

电子板报-文本框

图 2-61　插入文本框并输入文字

为了丰富文本显示效果，为"尊师重教古有之"设置文本效果，具体方法为：在文本框中选择要设置效果的标题文字；单击"开始"｜"字体"｜"文本效果"下拉列表中的某种艺术字效果，如图 2-62 所示（还可以通过"文本效果"下拉列表中的"轮廓""阴影""映像""发光"等选项重新设置文字的艺术效果）。

图 2-62　设置文本效果

（3）点缀布局，插入形状。

在整个布局的适当位置插入细线进行栏目分隔，可使布局更清晰。图 2-63 所示为插入线条后的最终效果。

折线的画法：选择"插入"｜"形状"｜"线条"中的"任意多边形"形状，单击鼠标左键确定起始点，移动鼠标（注意松开左键）到线条的终点位

电子板报-形状

置处单击，可确定一条线，继续移动到另一位置单击，又可生成一条线。若线条画得不周正，按键盘上的【Backspace】键可退回到上一步；若所有折线已经画完，按下键盘上的【Esc】键（或者双击鼠标左键）退出多边形绘制。然后可对生成的形状设置"形状轮廓"，进行更改线条的颜色、粗细、线型等操作。

图 2-63 插入线条后的最终效果

习　题

【习题一】

从辅导员老师处获取本班第一学期的期末成绩，利用邮件合并功能制作本班每个学生的成绩单。

【习题二】

制作一份请柬，邀请全班同学参加元旦派对。

【习题三】

制作一份小学生数学报，打印要求：横向，A3 纸打印。

第3章
Excel 2016 数据处理与分析

Excel 2016 是微软公司开发的 Office 2016 办公自动化组件之一,它是一个电子表格处理软件,有强大的数据处理与分析功能,集数据统计、报表分析和图形分析 3 大基本功能于一身。由于其具有强大的数据运算功能、丰富而实用的图形功能及数据分析功能,可以帮助用户快速地整理和分析表格中的数据,及时发现数据的发展规律与变化趋势,从而帮助用户做出更明智的决策,所以被广泛应用于财务、经济、审计、统计分析、市场营销、工程计算等众多领域。

本章以期末成绩表、公司的年终考核表、员工工资表、公司费用开支表等为例,由浅入深地介绍 Excel 2016 中数据的计算、数据的汇总与分析、数据的保护与输出等数据计算、数据分析相关的高级编辑技术和应用技巧。通过本章的学习,读者可以掌握利用函数实现 Excel 强大的数据计算功能的方法,以及自定义排序、高级筛选、数据透视表、图表等实现数据统计和数据分析的 Excel 高级编辑技术和应用技巧。

3.1 电子表格的编辑与格式化

3.1.1 案例分析

【案例 3-1】

本案例要求在 Excel 中制作一个"期末成绩表"工作簿,其中涉及的操作有:在单元格中输入和编辑数据;填充序列;设置数据验证;插入、删除和移动行与列;修饰工作表;重命名工作表等。读者通过本案例的学习,能基本掌握电子表格的编辑与格式化方法。

编辑完成的"期末成绩表"参考效果如图 3-1 所示。

案例操作要求如下。

(1)创建、保存 Excel 工作簿,重命名工作表并输入原始数据。

(2)修改单元格的数据。

(3)删除行/列。

(4)插入列/行。

(5)填充序列。

(6)移动行/列。

(7)设置数据验证。

(8)单元格合并居中。

计算机系1班第一学期期末成绩表													
学号	姓名	高等数学(一)	计算机引论	C语言程序设计	计算机引论实验(包含技能测试)	C语言程序设计实验	军事理论	大学生心理健康	思想道德修养和法律基础	大学体育(一)	平均分	总分	总分排名
201008001	陈全胜	78	79	80	80	100	68	84	82	88			
201008002	邵伟男	72	93	80	88	100	69	81	78	85			
201008003	蒋琰	83	87	64	85	98	70	78	79	79			
201008004	陈龙	83	86	87	92	100	77	85	85	92			
201008005	雷洁洁	72	75	84	94	100	71	87	80	93			
201008006	刘依	74	88	87	93	95	70	85	85	83			
201008007	张利	65	71	80	87	100	70	81	83	76			
201008008	周磊	85	82	86	89	100	70	85	87	0			
201008009	刘元	71	77	77	87	90	70	78	72	84			
201008010	吴雨	74	65	72	77	100	70	82	73	84			
201008011	颜勇	70	62	74	85	100	74	86	76	70			
201008012	田瑶	66	70	78	85	100	78	84	80	0			
201008013	周江梅	75	76	77	78	100	99	75	70	85			
201008014	周栋	62	81	75	80	78	73	82	76	88			
201008015	盆琳	73	74	86	86	100	80	87	86	94			
201008016	屈忠翔	69	80	83	94	100	72	77	78	84			

图 3-1　期末成绩表

（9）设置文字格式。

（10）调整行高/列宽。

（11）设置单元格格式。

（12）设置条件格式。

（13）设置表格边框。

3.1.2　知识储备

启动 Excel 2016 后，打开图 3-2 所示的工作界面，其主要包括快速访问工具栏、标题栏、功能区、名称框、编辑栏、行号、列号、工作表标签、单元格、工作表编辑区、视图控制区等部分。

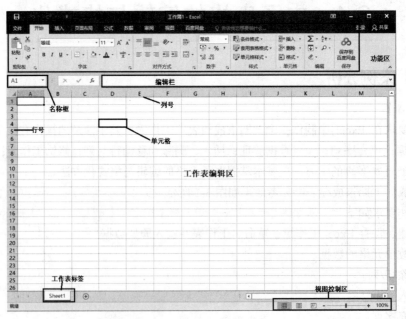

图 3-2　Excel 2016 工作界面

在工作表中输入数据后，可以对数据进行格式设置。格式设置包括字符的字体、字号、颜色等设置，单元格和整个表格的对齐方式、行高、列宽的设置，边框与底纹的修饰，数字格式、页面设置等。也可以对工作表进行增加/删除、重命名、调整顺序等操作。

3.1.3　案例实现

数据类型及基本输入方法

【案例 3-1 实现】

1. 创建和保存 Excel 工作簿、重命名工作表并输入原始数据

操作要求：启动 Excel 2016，创建、保存 Excel 工作簿，重命名工作表并输入图 3-3 所示数据。

	A	B	C	D	E	F	G	H	I	J	K	L	M	N
1	班第一学期期末成绩表													
2	姓名	高等数学(一)	计算机引论	C语言程序设计	计算机引论实验(包含技能测试)	C语言程序设计实验	军事理论	大学生心理健康	思想道德修养和法律基础	大学体育(一)	平均分	总分	总分排名	
3	陈全胜	78	79	80	80	100	68	84	82	88				
4	邵伟男	72	93	80	88	100	69	81	78	85				
5	蒋琰	83	87	64	85	98	70	78	79	79				
6	陈龙	83	86	87	92	100	77	85	85	92				
7	雷浩洁	72	75	84	94	100	71	87	80	93				
8	刘依	74	88	87	93	95	70	85	85	83				
9	张利	65	71	80	87	100	70	81	83	76				
10	周磊	85	82	86	89	100	70	85	87	0				
11	刘元	71	77	77	87	90	70	78	72	84				
12	吴雨	74	65	72	77	100	70	82	73	84				
13	颜勇	70	62	74	85	100	74	86	76	70				

图 3-3　期末成绩表的原始数据

（1）创建、保存 Excel 工作簿。

操作步骤如下。

①启动 Excel 2016，在打开的界面中选择"空白工作簿"，系统将新建一个名为"工作簿 1"的工作簿。

②单击"快速访问工具栏"中的保存按钮，打开"另存为"对话框，双击"这台计算机"，在打开的"另存为"对话框中设定工作簿要保存的位置，在"文件名"文本框中输入文件名"期末成绩表.xlsx"。

（2）重命名工作表。

操作步骤：选定当前工作表"Sheet1"，在工作表名"Sheet1"上双击，输入新的工作表名"期末成绩表"。

（3）输入原始数据。

单击要输入数据的单元格，直接输入数据，也可在编辑栏中输入数据。

输入数据后，按【Enter】键或单击编辑栏的"输入"按钮 ✔ 表示确认，活动单元格将下移一个单元格。如果按【Tab】键，活动单元格右移一个单元格，按【↑】【↓】【←】【→】光标键，可切换到其他单元格。在未确认输入的内容时，按【Esc】键或单击编辑栏的"取消"按钮 ✕，可取消输入。

在单元格中可输入文字、数值、日期和时间。

①输入文字。

文字指键盘上可输入的任何符号，默认情况下左对齐。数字形式的文字数据，如身份证号、学号、电话号码等，应先输入单引号（英文状态下输入），再输入数字串。例如，输入"43010519700102102"，单元格以 ₄₃₀₁₀₅₁₉₇₀₀₁₀₂₁₀₂ 形式显示。

②输入数值。

数值包含数字符号 0～9，还包括 +（正号）、−（负号）、( )（括号）、.（小数点）、,（千位分隔符）、%（百分号）、$与¥（货币符号）、E与e（科学计数法）等特殊字符。默认情况下右对齐。若数据长度超过 11 位，系统将自动转换为科学计算法表示。例如，输入数值"123456789123"，单元格以 1.23457E+11（$1.23457×10^{11}$）形式显示。若要输入负数，应在数字前加一个负号（-）或将数字置于括号内。若要输入分数，应先输入 0 和空格符，再输入"分子/分母"。

③输入日期和时间。

Excel 中有多种日期格式，比较常见的有月/日（10/1）、月-日（10-1）、年/月/日（2010/10/1）、年-月-日（2010-10-1）。时间格式为"时:分:秒"，若要以 12h 制输入时间，需在时间数字后空一格，并输入字母 a、am（上午）或 p、pm（下午），如"2:00 p"表示下午两点。否则，Excel 以24h 制来处理时间。按【Ctrl +;（分号）】组合键可在单元格中插入系统日期，按【Ctrl +Shift+;】组合键可插入系统时间。

2. 修改单元格的数据

操作要求：将 A1 单元格的内容由"*系*班第一学期期末成绩表"改为"计算机系 1 班第一学期期末成绩表"。

操作步骤如下。

①选中 A1 单元格为活动单元格。

②在 A1 单元格上双击鼠标左键，在单元格内出现光标，将光标移到"系"/"班"的前面，删除或选中"*"，输入"计算机"/"1"，按【Enter】键确认修改，并将活动单元格下移一个单元格。

③也可以在选中 A1 单元格后，在编辑栏中单击鼠标，出现光标，将光标点移到"系"/"班"的前面，删除或选中"*"，输入"计算机"/"1"，按【Enter】键确认修改，单击"输入"按钮 ✓确认修改或按【Enter】键确认即可。

3. 删除行/列

操作要求：删除第 16 行，即删除"周栋（删）"行。

操作方法有以下 3 种。

①选中第 16 行任意一个单元格，单击"开始"｜"单元格"｜"删除"下拉按钮，在下拉列表中选择"删除工作表行"命令。

②选中第 16 行任意一个单元格，单击鼠标右键，在快捷菜单中选择"删除"命令，打开"删除"对话框，选中"整行"单选按钮。

③在第 16 行行编号上单击鼠标右键，打开快捷菜单，选择"删除"命令。

删除列时，需先选中要删除的列，方法与删除行类似。

删除与清除内容：如果是删除单元格，则单元格本身从工作表中消失，空出的位置由周围的单元格来补充；而选中单元格后按【Delete】键，只能将单元格的内容清除，空白单元格仍保留在工作表中。此外，选中单元格，单击"开始"｜"编辑"组的"清除"下拉按钮，如图 3-4 所示，可在下拉列表中对单元格进行选择性清除操作。

图 3-4　"清除"下拉列表

4. 插入列/行

操作要求：在"姓名"列（A 列）前插入一个"学号"列。

操作方法：可采用下列 3 种方法插入列。

①选中 A 列任意一个单元格，单击"开始"｜"单元格"｜"插入"下拉按钮，在下拉列表

中选择"插入工作表列"命令，如图 3-5 所示。

②选中 A 列任意一个单元格，单击鼠标右键，在快捷菜单中选择"插入"命令，打开"插入"对话框，如图 3-6 所示，选中"整列"单选按钮。

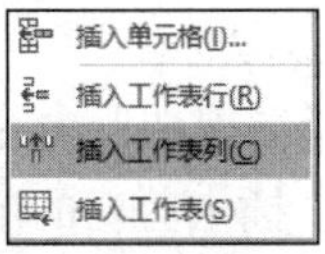

图 3-5　插入列　　　　图 3-6　插入"对话框"

③在 A 列编号上单击鼠标右键，在快捷菜单中选择"插入"命令。

插入行的操作与插入列的操作类似。

数据的快速输
入及快速填充

5. 填充序列

操作要求：在 A3:A18 单元格区域，通过序列填充输入学号"201008001"～"201008016"。

注意

序列是指按规律排列的数据。Excel 中有 4 种类型的序列：等差序列、等比序列、时间序列和自动填充序列。使用"填充序列"功能，可根据前面单元格中的数据，推出后面单元格中的数据，从而提高工作效率。

操作步骤如下。

①选中 A3 单元格，由于学号是数字形式的文字数据，输入英文状态下的单引号，再输入"201008001"。

②将鼠标指针放在 A3 单元格的填充柄上（右下角的小黑点），鼠标指针变为实心"十"字 ＋ 。从填充柄向下拖曳鼠标，此时显示虚线框，表示填充的目的单元格，同时显示标签表示填充的值，如图 3-7 所示。填充到 201008016，释放鼠标，完成填充。

③也可以在输入学号后，将鼠标指针指向 A3 单元格，鼠标指针变为空心"十"字 ，拖曳鼠标到 A18 单元格，选中 A3 至 A18 单元格。单击"开始"|"编辑"|"填充"下拉按钮，在下拉列表中选择"序列"命令，打开"序列"对话框，如图 3-8 所示。在"序列产生在"栏选择"列"单选按钮，在"类型"栏选择"自动填充"单选按钮。

图 3-7　填充序列 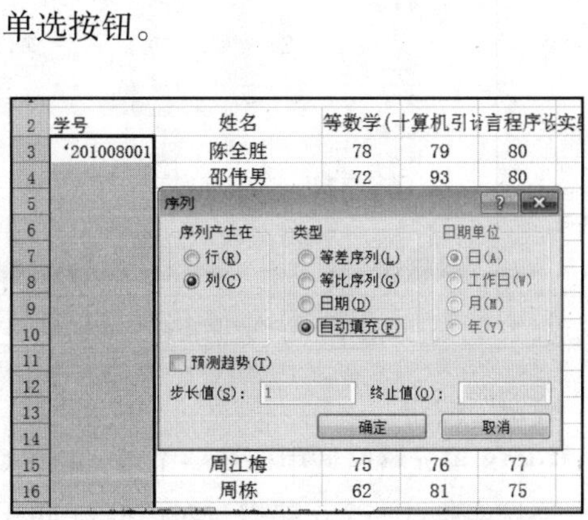　　　　图 3-8　"序列"对话框

6. 移动行/列

操作要求：将"C 语言程序设计"列（E2:E18）的数据移动到"计算机引论"列（D2:D18）的前面。

可采用下列两种方法移动列。

①选中单元格区域 E2:E18，将鼠标移到选中区域的边框处，鼠标指针变为 形状。按住【Shift】键，拖曳鼠标到 E 列的前面，当 C 列和 D 列之间出现"工"字形（见图 3-9）并显示图标 D2:D18 时，释放鼠标。

②选中单元格区域 E2:E18，在右键快捷菜单中选择"剪切"命令，再右击 D2 单元格，如图 3-10 所示，在快捷菜单中选择"插入剪切的单元格"命令。

移动行的操作方法与移动列类似。

图 3-9　移动列 1

7. 设置数据验证

操作要求：C3:K18 单元格区域的数据值必须设置为 0～100。

数据验证：对于单元格可设置数据输入范围。当输入的数据不满足验证条件时，系统将不允许此数据存入单元格，从而有效地减少输入数据的错误。

操作步骤如下。

①选中 C3:K18 单元格区域，单击"数据"｜"数据工具"｜"数据验证"按钮 ，在下拉列表中选择"数据验证"，打开"数据验证"对话框。

②在"数据验证"对话框中，选择"设置"选项卡，如图 3-11 所示。在"允许"下拉列表中选择"整数"，在"数据"下拉列表中选择"介于"，在"最小值"文本框中输入"0"，在"最大值"文本框中输入"100"。

③在"数据验证"对话框中，选择"出错警告"选项卡，如图 3-12 所示。在"错误信息"文本框中输入"成绩必须在 0 到 100 之间"。

数据验证设置

图 3-10　移动列 2　　　　图 3-11　"数据验证"对话框　　图 3-12　"数据验证"对话框"出错警告"选项卡

④单击"确定"按钮。

如果将 C3:K18 单元格区域中任意一个单元格的数据改为小于 0 或大于 100 的数，试图离开该单元格时，系统会打开一个出错警告对话框，如图 3-13 所示。如果选择"重试"，则该单元格仍为活动单元格，要求用户输入正确的数据；如果选择"取消"，则取消用户对数据的修改。

8. 单元格合并居中

操作要求：将 A1:N1 单元格区域合并为一个单元格，设置文字内容居中。

操作步骤如下。

①选中 A1:N1 单元格区域。

②单击"开始" | "对齐方式" | "合并后居中"按钮 合并后居中，则 A1:N1 单元格区域合并为一个单元格，文字显示在单元格的中央。

③也可以在选中 A1:N1 单元格区域后，单击"开始" | "对齐方式"组的对话框启动器，打开"设置单元格格式"对话框，如图 3-14 所示，在"对齐"选项卡的"水平对齐"下拉列表中选择"居中"，再选中"合并单元格"复选框，单击"确定"按钮。

图 3-13 出错警告对话框   图 3-14 "设置单元格格式"对话框

若要取消单元格的合并，可选中已合并的单元格，再次单击"合并后居中"按钮；或在"设置单元格格式"对话框的"对齐"选项卡中，取消选中"合并单元格"复选框。

9. 设置文字格式

操作要求：设置 A1 单元格中字体为宋体，字号为 20，字形为加粗，颜色为红色。

操作方法：可采用下列两种方法设置单元格文字格式。

①选中 A1 单元格，在"开始" | "字体"组的"字体"下拉列表中选择"宋体"，在"字号"下拉列表中选择"20"，在"颜色"下拉列表中选择"红色"，并单击"加粗"按钮 B。

②选中 A1 单元格，单击"开始" | "字体"组的对话框启动器，或者右击选择"设置单元格格式"命令，打开"设置单元格格式"对话框，选择"字体"选项卡，如图 3-14 所示。在"字体"下拉列表中选择"宋体"，在"字形"下拉列表中选择"加粗"，在"颜色"下拉列表中选择"红色"，在"字号"下拉列表中选择"20"。

10. 调整行高/列宽

操作要求：将第一行的行高设置为 30，第一列的列宽设置为 12，其他各列宽调整到合适宽度。

操作方法：可采用下列 3 种方法设置单元格的行高。

①在第一行的行标上单击鼠标右键，选择快捷菜单中的"行高"命令，打开"行高"对话框，如图 3-15 所示，在"行高"文本框中输入"30"。

此外，选中第一行的任意一个单元格，单击"开始"｜"单元格"组中的"格式"下拉按钮，在下拉列表中选择"行高"命令，也可打开"行高"对话框。

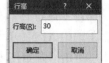

图 3-15 "行高"对话框

②将鼠标指向行标题的分隔线，鼠标指针变为带箭头的"十"字形╬，拖曳鼠标可调整行高至适当高度。

③直接双击行标题的分隔线，Excel 会根据单元格的内容自动设置适当的行高。

调整列宽的操作方法与调整行高相似，只是在设置第一列的列宽为 12 时选中第一列，并打开"列宽"对话框。将鼠标指针指向列标题的分隔线，鼠标指针变为带箭头的"十"字形╬后，拖曳鼠标可调整其他各列列宽至适当宽度。

11. 设置单元格格式

操作要求：设置 A2:N2 单元格区域字形加粗，底纹颜色为蓝色，字体颜色为白色，居中对齐。

操作步骤：选中 A2:N2 单元格区域，单击鼠标右键，在弹出的快捷菜单中选择"设置单元格格式"命令，弹出图 3-14 所示的对话框，选择"字体"选项卡，在"字形"下拉列表中选择"加粗"，在"颜色"下拉列表中选择"白色"。选择"填充"选项卡，在"背景色"中选择"蓝色"。

12. 设置条件格式

操作要求：对 C3:K18 单元格区域设置条件格式，60 分以下的，设置为浅红色填充深红色文本，字形加粗。

设置条件格式

条件格式是指根据单元格的数据动态地显示格式。当单元格中的数据符合指定条件时，就应用所设的条件格式；不符合指定条件时，就应用以前的格式。

操作步骤如下。

①选中 C3:K18 单元格区域，单击"开始"｜"样式"｜"条件格式"下拉按钮，如图 3-16 所示，在下拉列表中选择"突出显示单元格规则"｜"小于"命令，打开"小于"对话框，如图 3-17 所示。

图 3-16 "条件格式"下拉列表

图 3-17 "小于"对话框

②在"小于"对话框中，在文本框中输入"60"，在"设置为"下拉列表中选择"浅红填充色深红色文本"，单击"确定"按钮。

③再次打开"小于"对话框，在文本框中输入"60"，在"设置为"下拉列表中选择"自定义

格式"，打开"设置单元格格式"对话框，如图 3-18 所示，在"字形"下拉列表中选择"加粗"，单击"确定"按钮。

13. 设置表格边框

操作要求：为 A3:N18 单元格区域设置蓝色的外边框粗线和内边框细线，为 A2:N2 单元格区域设置红色双线外边框。

操作步骤如下。

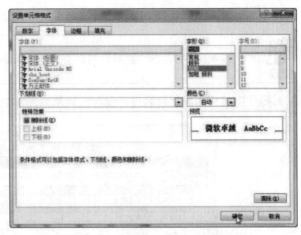

图 3-18　"设置单元格格式"对话框

①选中 A3:N18 单元格区域，单击"开始"｜"字体"｜"边框"下拉按钮，在下拉列表的"线条颜色"中选择"蓝色"，再单击下拉列表中的"所有框线"命令 田 所有框线(A) 。再次单击"边框"下拉按钮，在下拉列表中单击"粗外框线"命令 田 粗外侧框线(T) 。

②选中 A2:N2 单元格区域，单击鼠标右键，在快捷菜单中选择"设置单元格格式"命令，打开"设置单元格格式"对话框，如图 3-19 所示。选择"边框"选项卡，在"线条样式"列表中选择双线，在"颜色"下拉列表中选择"红色"，单击"预置"的"外边框"按钮。

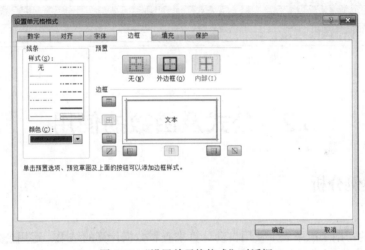

图 3-19　"设置单元格格式"对话框

操作完成后，单击快速访问工具栏上的"保存"命令即可。

※课堂练习※

现有素材文件"某公司员工 2020 年年终考核表.xlsx"工作簿，请利用 Excel 相关操作，完成该文件的编辑，最终效果如图 3-20 所示，具体要求如下。

（1）将工作表 Sheet1 重命名为"某公司员工 2020 年年终考核表"，删除 H 列，并在最后增加一个"排名"列。删除重复的"蒋艳妮"中的一行，并在其后增加一行，数据为图 3-20 中"013"号员工的相关数据。

（2）合并表格标题所在单元格，并设置格式为"黑体、20、加粗"，颜色为"红色"，表头格式为"宋体、14、加粗"，标题和表头都居中显示。

（3）将表格的行高与列宽调整到合适的位置，表格内容部分居中对齐。

（4）设置表头与表内容区域具有"粗外侧框线"，同时表内容区域具有"细实内部框线"。

（5）为表头添加底纹，颜色为标准色中的"浅蓝色"；为表格隔行添加底纹，颜色为灰色。

● 隔行添加底纹时使用的公式为"=mod(row(),2)=1"。

操作完成后用原文件名进行保存，效果如图 3-20 所示。

工号	姓名	所属部门	出勤率	工作态度	工作能力	业务考核	考核总分	考核等级	排名
001	邓超	生产技术部	10	10	10	8			
002	彭小康	财务部	8	9	8	9			
003	吴兰兰	生产技术部	6	9	9	9			
004	刘馨怡	生产技术部	6	8	9	7			
005	刘勃宇	销售部	7	9	8	7			
006	刘秋平	人事部	9	8	7	7			
007	李自豪	生产技术部	9	10	7	9			
008	陈豪	销售部	9	10	10	9			
009	饶勋婷	销售部	9	8	8	9			
010	赵倩	销售部	6	8	9	8			
011	王兆涵	生产技术部	8	9	9	10			
012	蒋艳妮	生产技术部	7	7	8	7			
013	张士俊	生产技术部	9	8	10	9			
014	蒋仕明	生产技术部	8	9	9	8			
015	熊峰	财务部	7	8	8	9			
016	王晓慧	人事部	10	9	9	10			
017	任其	财务部	10	9	9	8			
018	邓淑婷	财务部	9	7	9	10			
019	艾雅兰	人事部	7	9	8	9			
020	肖文欣	人事部	6	7	8	7			
021	李燕凤	人事部	8	8	9	8			
022	粟细甲	财务部	9	9	9	9			
023	张雅祺	生产技术部	7	8	9	9			
024	向俊辉	生产技术部	10	8	8	9			

图 3-20　某公司员工 2020 年年终考核表

3.2　公式及函数的使用

3.2.1　案例分析

【案例 3-2】

对 3.1 节中的"期末成绩表"使用自动计算来查看数据计算的结果，运用公式和函数对平均分、总分、总分排名，以及增加的课程平均分、课程最高分和课程最低分进行计算。

设计要求如下。

（1）查看自动计算的结果。

（2）使用自动求和按钮进行相关计算。

（3）设置单元格的数字格式。

（4）使用 SUM 函数进行相关计算。

（5）使用 AVERAGE 函数进行相关计算。

（6）使用 MAX/MIN 函数进行相关计算。

（7）使用 RANK 函数进行相关计算。

编辑完成的"期末成绩表"效果如图 3-21 所示。

【案例 3-3】

图 3-22 所示的"员工工资表"是按车间、部门编制的某月工资表，本表包括职工姓名、基本工

资、加班工资、奖金、扣款、应发工资、个人所得税扣款及实发工资等。需要运用公式和常用函数 SUM、AVERGAE、MAX、MIN、RANK 对应发工资、个人所得税扣款及实发工资等数据进行计算。

计算机系1班第一学期期末成绩表

学号	姓名	高等数学（一）	计算机引论	C语言程序设计	计算机引论实验(包含技能测试)	C语言程序设计实验	军事理论	大学生心理健康	思想道德修养和法律基础	大学体育（一）	平均分	总分	总分排名
'201008001	陈全胜	78	79	80	80	100	68	84	82	88	82.11	739	6
'201008002	邵伟男	72	93	80	88	100	69	81	78	85	82.89	746	5
'201008003	蒋琰	83	87	64	85	98	70	78	79	79	80.33	723	8
'201008004	陈龙	83	86	87	92	100	77	85	85	92	87.44	787	1
'201008005	雷浩洁	72	75	84	94	100	71	87	80	93	84.00	756	4
'201008006	刘依	74	88	87	93	95	70	85	85	83	84.44	760	3
'201008007	张利	65	71	80	87	100	70	81	83	76	79.22	713	10
'201008008	周磊	85	82	86	89	100	70	85	87	0	76.00	684	15
'201008009	刘元	71	77	77	87	90	70	78	72	84	78.44	706	11
'201008010	吴雨	74	65	72	77	100	70	82	73	84	77.44	697	12
'201008011	颜勇	70	62	74	85	100	74	86	76	70	77.44	697	12
'201008012	田瑶	66	70	78	85	100	78	84	80	0	71.22	641	16
'201008013	周江梅	75	76	77	78	100	79	75	70	85	79.44	715	9
'201008014	周栋	62	81	75	80	78	73	82	76	88	77.22	695	14
'201008015	盆琳	73	74	86	86	100	80	87	86	94	85.11	766	2
'201008016	屈忠翔	69	80	83	94	100	72	77	78	84	81.89	**737**	7
课程平均分		73.25	77.88	79.38	86.25	97.56	72.56	82.31	79.38	74.06			
课程最高分		85	93	87	94	100	80	87	87	94			
课程最低分		62	62	64	77	78	68	75	70	0			

图 3-21　“期末成绩表”最终效果

****公司*月份员工工资表**

制表人：**　　　　制表日期：2020/10/10　　结算日期：2020年11月

姓名	基本工资			加班工资			奖金			扣款		应发工资	个人所得税扣款	实发工资
	底薪	岗位技能工资	工龄工资	加班天数	加班系数	小计	业绩奖金	全勤奖	特殊贡献奖	社保扣除	考勤扣除			
张丰	4000.0	1200.0		5	108.5		150.0			680.0	0.0			
李小芳	3000.0	800.0		1	98.5		100.0			680.0	300.0			
宋艳	2500.0	1200.0		2	112.5		150.0		100.0	680.0	0.0			
宋燕	3500.0	1200.0		5	98.5		100.0		500.0	680.0	50.0			
郭诚	3500.0	800.0		3	112.5		200.0	200.0		680.0	300.0			
肖小晗	3000.0	800.0		1	108.5		100.0	200.0		680.0	100.0			
周峰	3500.0	800.0		1	98.5		200.0			680.0	50.0			
李韵	4000.0	1000.0		3	112.5		100.0	200.0		680.0	100.0			
张涛	3500.0	800.0		2	108.5		200.0	200.0		680.0	0.0			
胡非	2800.0	1200.0		3	112.5		150.0			680.0	300.0			
黄俐	3000.0	1000.0		1	98.5		200.0		200.0	680.0	100.0			
杨琴	3500.0	1200.0		1	108.5		150.0			680.0	50.0			
													工资总额	
													平均工资	
													最高工资	
													最低工资	

备注：1、根据进入公司时间，每满一年，工龄工资增加200元
2、个人所得税扣款参照工作簿中的“税率表”工作表，其计算方法为：应缴纳的个税＝[（应发工资－四金或三金－专项扣除金额）－5000]×税率－速算扣除数

图 3-22　员工工资表

设计要求如下。

（1）查看自动计算的结果。

（2）使用 DATEDIF 函数进行相关计算。

（3）使用公式进行相关计算。

（4）使用自动求和按钮进行相关计算。

（5）使用 SUM 函数进行相关计算。

（6）使用 AVERAGE 函数进行相关计算。

（7）使用 MAX/MIN 函数进行相关计算。

3.2.2　知识储备

公式是对工作表中的数据进行计算和操作的等式，它以“=”号开头，可以由常量、运算符、函数及单元格引用组成。例如，公式“=SUM(B1:B5)/10”可用来计算 B1:B5 单元格区域之和再除以 10 的商，其中，SUM 是函数引用，B1:B5 是单元格引用，“/”是除法运算符，10 是常量。

（1）常量。

常量是指直接输入公式中的值，如数值"54"、日期"2016-01-01"、字符"ABC"等。

（2）运算符。

运算符是指公式中将数据连起来的符号，具体包括以下 3 种。

①算术运算符：+（加）、-（减）、*（乘）、/（除）、%（百分号）和^（乘方）。优先级顺序：百分号和乘方>乘、除>加、减。例如，公式"=5*2+3^3"的结果为 37。

②关系运算符：用于比较两个值，产生逻辑值 True 或 False，符号有=、<、>、>=、<=、<>（不等于）。例如，公式"A5>=B5"，当 A5 单元格的值大于或等于 B5 单元格的值时，结果为 True，否则为 False。

③文本运算符：&（文本连接符）。例如，公式"="AB"&"BCD""的结果为"ABBCD"。

（3）单元格引用。

单元格引用是在公式中通过单元格的名称来引用单元格中的数据。当公式中所引用单元格的数据发生变化时，公式会自动更新计算结果。

相对引用是默认的引用方式，直接由单元格的列号和行号组成。当公式被复制到其他单元格时，引用单元格的地址会根据位置的变化自动调节。例如，在 G1 单元格输入公式"=D1+E1"，将其复制到 G4 单元格时，变为"=D4+E4"。

绝对引用是在单元格的列号和行号前加上符号"$"。当公式被复制到其他单元格时，引用单元格的地址固定不变。例如，在 G1 单元格输入公式"=$D$1+$E$1"，将其复制到 G4 单元格时，公式仍为"=$D$1+$E$1"。

混合引用是在单元格的列号或行号前加上符号"$"。当公式被复制到其他单元格时，若行号为绝对引用，则行地址不变；若列号为绝对引用，则列地址不变。例如，在 G1 单元格输入公式"=D$1+$E1"，将其复制到 G4 单元格时，为"=D$1+$E4"。

（4）函数。

函数是定义好的内置公式，通过使用参数进行计算得出结果。函数的一般结构形式为"函数名(参数 1,参数 2,…)"，其中，

函数名说明函数的功能，参数是函数运算的对象。参数可以是常量、单元格、单元格区域公式或其他函数。

例如，公式"=IF(A3>20,D4,D5)"表示表达式的结果是根据对 A3 单元格数据大小的判断而得到的，如果"A3>20"成立，则表达式的结果为 D4 单元格数据，否则为 D5 单元格数据；公式"=SUM(5,1+2,D4:E5,F3)"表示对 5、公式 1+2 的计算结果、D4 到 E5 单元格区域和 F3 单元格数据求和。

在单独使用一个函数进行计算时，输入方法主要有 3 种：手工输入、插入函数和利用功能区的按钮。

Excel 提供了财务、日期与时间、数学和三角函数、统计、查询和引用、数据库文本、逻辑、信息等函数。常用的函数有求和函数 SUM、求平均值函数 AVERAGE、计数函数 COUNT、最大/最小值函数 MAX/MIN、逻辑判断函数 IF、排名函数 RAND 等。

3.2.3 案例实现

【案例 3-2 实现】

1. 增加行并设置格式

操作要求：在原工作表数据行后增加 3 行。

操作步骤：在单元格区域 A19:A21 中，分别输入"课程平均分""课程最高分""课程最低分"，将 A19 与 B19 两个单元格设置合并居中，将 A20 与 B20 两个单元格设置合并居中，将 A21 与 B21 两个单元格设置合并居中，最后设置 A19:A21 单元格区域的文字大小为 12 号，字体为宋体。

2. 自动求和按钮及 SUM 和 AVERAGE 函数的使用

操作要求：利用自动求和按钮计算总分和平均分。

操作步骤如下。

（1）选中 M3 单元格，单击"开始"｜"编辑"｜"求和"命令 Σ · 后的下拉按钮，在打开的下拉列表中选择"求和"命令。

函数的概念及
常用函数功能

（2）在 M3 单元格中出现"=SUM(C3:L3)"，默认的参数"C3:L3"不正确，需重新设置。将鼠标指针指向 C3 单元格，拖曳到 K3 单元格，显示的虚线框表示参数的区域为被选中的单元格区域，此时函数参数已设为"C3:K3"，表示对第 3 行的第 3 列到第 11 列单元格区域进行求和，按【Enter】键表示确认。在 M3 单元格中显示根据公式计算的结果，在编辑栏中显示此单元格所引用的公式。

也可以直接在 M3 单元格中输入"=C3+D3+E3+F3+G3+H3+I3+J3+K3"或"=SUM(C3:K3)"。

（3）通过下列方式将公式复制到其余单元格。

①将鼠标指针指向 M3 单元格右下角的填充柄上，当鼠标指针变为黑色的"十"字形 ✚ 时，向下拖曳鼠标填充公式，直到 M18 单元格。

由于函数"SUM(C3:K3)"的参数为相对引用，当该公式被填充到其他位置时，Excel 能够根据公式所在单元格位置的改变自动更改所引用的单元格。如在 M4 单元格，公式自动变为"SUM(C4:K4)"。

在 M18 单元格右下角出现"自动填充选项"按钮，单击其右边的下拉按钮，出现图 3-23 所示的下拉列表，选中"不带格式填充"单选按钮。否则，默认为带格式填充。

②用户也可以将公式复制到其他单元格。在 M3 单元格上，单击鼠标右键，打开快捷菜单，选择"复制"命令。选中 M4:M18 单元格区域，单击鼠标右键，在快捷菜单中选择"选择性粘贴"命令，打开"选择性粘贴"对话框，如图 3-24 所示。选中"粘贴"栏中的"公式"单选按钮，单击"确定"按钮，即可在 M4:M18 单元格区域中输出求和公式。

（4）选中 L3 单元格，单击"开始"｜"编辑"｜"求和"命令 Σ · 后的下拉按钮，在打开的下拉列表中选择"平均值"命令，如图 3-25 所示。

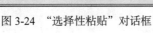

图 3-23　"自动填充选项"下拉列表　　　图 3-24　"选择性粘贴"对话框　　　图 3-25　选择"平均值"

（5）在 L3 单元格中出现"=AVERAGE(C3:K3)"，按【Enter】键表示确认。默认的参数如果不正确，需重新设置。也可以直接在 L3 单元格中将公式改为"=AVERAGE(C3:K3)"或输入公式"=M3/9"。

（6）用上述同样的方法，可以计算出每门课程的课程平均分。

3．MAX/MIN 函数的使用

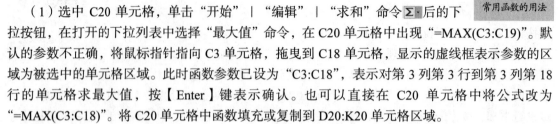

常用函数的用法

操作要求：计算出每门课程的课程最高分和课程最高分。

操作步骤如下。

（1）选中 C20 单元格，单击"开始"｜"编辑"｜"求和"命令Σ·后的下拉按钮，在打开的下拉列表中选择"最大值"命令，在 C20 单元格中出现"=MAX(C3:C19)"。默认的参数不正确，将鼠标指针指向 C3 单元格，拖曳到 C18 单元格，显示的虚线框表示参数的区域为被选中的单元格区域。此时函数参数已设为"C3:C18"，表示对第 3 列第 3 行到第 3 列第 18 行的单元格求最大值，按【Enter】键表示确认。也可以直接在 C20 单元格中将公式改为"=MAX(C3:C18)"。将 C20 单元格中函数填充或复制到 D20:K20 单元格区域。

（2）选中 C21 单元格，单击"开始"｜"编辑"｜"求和"命令Σ·后的下拉按钮，在打开的下拉列表中选择"最小值"命令，在 C21 单元格中出现"=MIN(C3:C20)"。默认的参数不正确，将鼠标指针指向 C3 单元格，拖曳到 C18 单元格，显示的虚线框表示参数的区域为被选中的单元格区域。此时函数参数已设为"C3:C18"，表示对第 3 列的第 3 行到第 18 行的单元格区域求最小值，按【Enter】键表示确认。也可以直接在 C21 单元格中将公式改为"=MIN(C3:C18)"。将 C21 单元格中函数填充或复制到 D21:K21 单元格区域。

4．设置单元格的数字格式

操作要求：设置平均分和每门课程的课程平均分显示小数点后两位。

对单元格可设置数值、货币、百分比、科学计数等多种数字格式。设置格式后，单元格中显示的是设置格式后的结果，编辑栏中显示的是原始数据。

操作步骤：选中 L3:L18 单元格区域，单击"开始"｜"数字"组中"数字格式"文本框右边的下拉按钮，如图 3-26 所示，在下拉列表中选择"数字"；或单击"数字"组右下角的对话框启动器，打开"设置单元格格式"对话框，如图 3-27 所示，在"数字"选项卡的"分类"列表中选择"数值"，在"小数位数"数值框中输入"2"。

图 3-26　"数字格式"下拉列表　　　图 3-27　"设置单元格格式"对话框

用同样的方法，可设置课程平均分显示小数点后两位。

5. RANK 函数的使用

操作要求：根据课程总分，对每个人的成绩进行排名。

操作步骤：选中 N3 单元格，输入"=RANK(M3,$M$3:$M$18,0)"，此处为求 M3 单元格数据在 M3:M18 单元格区域数据列中的降序排名。

> 语法格式：RANK(number,ref,[order])。
>
> 功能描述：排位函数，函数返回一个数值在一组数据中的排位值。
>
> 此处 number 参数要用相对引用，因为此公式被填充或复制到单元格区域时，被排名数字要发生变化；但 ref 参数要用绝对引用，因为此公式被填充或复制到单元格区域时，排名数据列不能发生变化。order 参数缺省或为 0，此处要求降序排名。通过"填充"或"选择性粘贴"将公式复制到 N4:N18 单元格区域。

上述函数输入是通过手工输入的方式来完成的，还可以通过"插入函数"按钮来实现函数的输入，操作方法如下。

（1）选中 N3 单元格，单击编辑栏的"插入函数"按钮 ƒ 或单击"公式"｜"函数库"｜"插入函数"命令，打开"插入函数"对话框，如图 3-28 所示，在"选择函数"列表中选择"RANK"，打开"函数参数"对话框，如图 3-29 所示。

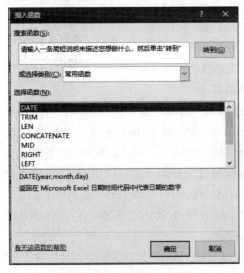

图 3-28　"插入函数"对话框

图 3-29　"函数参数"对话框

（2）在"函数参数"对话框中，在"Number"文本框中输入"M3"，在"Ref"文本框中输入"$M$3:$M$18"，在"Order"文本框中输入"0"或忽略，单击"确定"按钮。

【案例 3-3 实现】

1. DATEDIF 函数的使用

操作要求：利用 DATEDIF 函数计算"员工工资表"中工龄工资数据。

DATEDIF 函数
的使用

操作步骤：打开"员工工资表"工作簿后，选中 D5 单元格，在编辑框中输入公式"=DATEDIF(员工通讯录!H3,TODAY(),"Y")*200"，此处为求"张丰"的工龄工资。

通过"填充"或"选择性粘贴"将公式复制到 D6:D16 单元格区域。

提示

语法格式：DATEDIF(start_date,end_date,unit)。

功能描述：计算两个日期之间相隔的天数、月数、年数。

这里 start_date 参数为“员工通讯录!H3”，表示要引用“员工通讯录”工作表中 H3 单元格中数据；end_date 参数为“TODAY()”，表示要引用当前系统的日期；unit 参数为“"Y"”，表示返回类型要用年表示，工龄工资的增加是根据每个人的入职年份计算的。

2. 公式的使用

公式的使用

操作要求：利用公式计算“员工工资表”中加班工资、应发工资、个人所得税扣款及实发工资数据。

（1）利用公式计算加班工资。

操作步骤：选中 G5 单元格，在编辑框中输入公式“=E5*F5”，按【Enter】键后加班工资数据自动计算出来。此处公式表示“加班工资=加班天数×加班系数”。

通过“填充”或“选择性粘贴”将公式复制到 G6:G16 单元格区域。

（2）利用公式计算应发工资。

操作步骤：选中 M5 单元格，在编辑框中输入公式“=B5+C5+D5+G5+H5+I5+J5–K5–L5”，按【Enter】键后，应发工资数据自动计算出来。

此处公式表示“应发工资=基本工资（底薪+岗位技能工资+工龄工资）+加班工资（小计）+奖金（业绩奖金+全奖金+特殊贡献奖）–扣款（社会扣除+考勤扣除）”。

IF 函数的使用

通过“填充”或“选择性粘贴”将公式复制到 M6:M16 单元格区域。

（3）利用公式计算个人所得税扣款。

操作步骤：选中 N5 单元格，在编辑框中输入公式“=(M5–5000)*3%–0”，按【Enter】键后，将自动计算出张丰的个人所得税扣款数据。

此处公式不能通过“填充”或“选择性粘贴”将公式复制到 N6:N16 单元格区域，因为每个人的工资不一样，所对应的缴税税率是不一样的。张丰的应发工资为 7812.5 元，个税起征点为 5000 元，全月应纳税额不超过 3000 元，因此，可以直接减去 5000 元，再乘以税率，最后减去速算扣除数。如果不知道个人工资税率，所有人应纳税额都没超过 3 5000 元，可以用 IF 的嵌套公式“=IF(M5−5000<=0,0,IF(M5−5000<=3000,(M5−5000)*0.03,IF(M5−5000<=1 2000,(M5−5000)*0.1−210,IF(M5−5000<=2 5000,(M5−5000)*0.2−1410,IF(M5−5000<=3 5000,(M5−5000)*0.25−2660)))))”计算个人所得税扣款。图 3-30 所示为计算出的所有人个人所得税扣款。

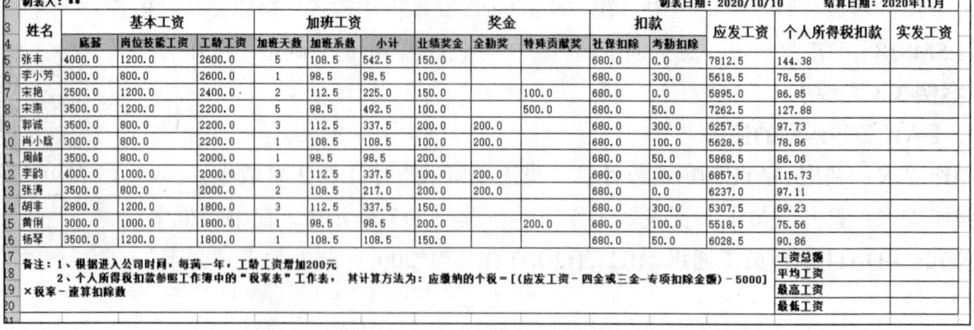

**公司*月份员工工资表

制表人：**　　　　制表日期：2020/10/10　　结算日期：2020年11月

姓名	基本工资			加班工资			奖金			扣款		应发工资	个人所得税扣款	实发工资
	底薪	岗位技能工资	工龄工资	加班天数	加班系数	小计	业绩奖金	全勤奖	特殊贡献奖	社保扣除	考勤扣除			
张丰	4000.0	1200.0	2600.0	5	108.5	542.5	150.0			680.0	0.0	7812.5	144.38	
李小芳	3000.0	800.0	2600.0	1	98.5	98.5	100.0			680.0	300.0	5618.5	78.56	
宋艳	2500.0	1200.0	2400.0	2	112.5	225.0	150.0		100.0	680.0	0.0	5895.0	86.85	
宋燕	3500.0	1200.0	2200.0	5	98.5	492.5	100.0		500.0	680.0	50.0	7262.5	127.88	
郭诚	3500.0	800.0	2200.0	3	112.5	337.5	200.0	200.0		680.0	300.0	6257.5	97.73	
肖小晗	3000.0	800.0	2200.0	1	108.5	108.5	100.0	200.0		680.0	100.0	5628.5	78.86	
周峰	3500.0	800.0	2000.0	1	98.5	98.5	200.0			680.0	50.0	5868.5	86.06	
李韵	4000.0	1000.0	2000.0	3	112.5	337.5	100.0	200.0		680.0	100.0	6857.5	115.73	
张涛	3500.0	800.0	2000.0	2	108.5	217.0	200.0	200.0		680.0	0.0	6237.0	97.11	
胡非	2800.0	1200.0	1800.0	3	112.5	337.5	150.0			680.0	300.0	5307.5	69.23	
黄俐	3000.0	1000.0	1800.0	1	98.5	98.5	200.0		200.0	680.0	100.0	5518.5	75.56	
杨琴	3500.0	1200.0	1800.0	1	108.5	108.5	150.0			680.0	50.0	6028.5	90.86	
													工资总额	
													平均工资	
													最高工资	
													最低工资	

备注：1、根据进入公司时间，每满一年，工龄工资增加200元
2、个人所得税扣款参照工作簿中的“税率表”工作表，其计算方法为：应缴纳的个税＝[（应发工资－四金或三金–专项扣除金额）－5000]×税率－速算扣除数

图 3-30　个人所得税扣款计算

选中 N5:N16 单元格区域，单击"开始"｜"数字"组中"数字格式"文本框右边的下拉按钮，在下拉列表中选择"数字"；或单击"数字"组右下角的对话框启动器，打开"设置单元格格式"对话框，在"分类"列表中选择"数值"，在"小数位数"数值框中输入"2"。

（4）利用公式计算实发工资。

操作步骤：选中 O5 单元格，在编辑框中输入公式"=M5-N5"，按【Enter】键后，将自动计算出实发工资数据。此处公式表示"实发工资=应发工资-个人所得税扣款"。通过"填充"或"选择性粘贴"将公式复制到 O6:O16 单元格区域。

3. 自动求和按钮、SUM 函数、AVERAGE 函数、MAX 函数和 MIN 函数的使用

操作要求：利用自动求和按钮或函数计算工资总额、平均工资、最高工资及最低工资。

（1）计算工资总额。

操作步骤如下。

①选中 O17 单元格，单击"公式"｜"库函数"｜"自动求和"下拉按钮，也可单击"开始"｜"编辑"｜"求和"下拉按钮，在打开的下拉列表中选择"求和"命令。

②在 O17 单元格中出现"=SUM(O5:O16)"。如果默认的参数不正确，则需要重新设置。将鼠标指针指向 O5 单元格，拖曳到 O16 单元格，显示的虚线框表示被选中的单元格区域作为参数的区域，此时函数参数已设为"O5:O16"，表示对 O5:O16 单元格区域求和，按【Enter】键表示确认。在 O17 单元格中显示根据公式计算出的结果，在编辑栏中显示此单元格所引用的公式。

也可以直接在 M3 单元格中输入"=O3+O4+O5+…+O16"或"=SUM(O5:O16)"。

（2）计算平均工资。

操作步骤如下。

①选中 O18 单元格，单击"公式"｜"库函数"｜"自动求和"下拉按钮，在下拉列表中选择"平均值"命令。

②在 O18 单元格中出现"=AVERAGE(O5:O17)"。默认的参数不正确，需要重新设置成"O5:O16"，按【Enter】键表示确认。也可以直接在 O18 单元格中将公式改为"=AVERAGE(O5:O16)"，或输入公式"=O17/12"。

（3）计算最高工资及最低工资。

操作步骤如下。

①选中 O19 单元格，单击"公式"｜"库函数"｜"自动求和"下拉按钮，在下拉列表中选择"最大值"命令，在 O19 单元格中出现"=MAX(O5:O18)"。默认的参数不正确，将鼠标指针指向 O5 单元格，拖曳到 O16 单元格，显示的虚线框表示被选中的单元格区域作为参数的区域，此时函数参数已设为"O5:O16"，按【Enter】键表示确认。也可以直接在 O19 单元格中将公式改为"=MAX(O5:O16)"。

②选中 O20 单元格，单击"公式"｜"库函数"｜"自动求和"下拉按钮，在下拉列表中选择"最小值"命令，在 O20 单元格中出现"=MIN(O5:O19)"。默认的参数不正确，将鼠标指针指向 O5 单元格，拖曳到 O16 单元格，显示的虚线框表示被选中的单元格区域作为参数的区域，此时函数参数已设为"O5:O16"，按【Enter】键表示确认。也可以直接在 O19 单元格中将公式改为"=MIN(O5:O16)"。

操作完成后用原文件名保存，编辑完成的"员工工资表"如图 3-31 所示。

****公司*月份员工工资表**

制表人：**												制表日期：2020/10/10		结算日期：2020年11月
姓名	基本工资			加班工资			奖金			扣款		应发工资	个人所得税扣款	实发工资
	底薪	岗位技能工资	工龄工资	加班天数	加班系数	小计	业绩奖金	全勤奖	特殊贡献奖	社保扣除	考勤扣除			
张丰	4000.0	1200.0	2600.0	5	108.5	542.5	150.0			680.0	0.0	7812.5	144.38	7668.1
李小芳	3000.0	800.0	2600.0	1	98.5	98.5	100.0			680.0	300.0	5618.5	78.56	5539.9
宋艳	2500.0	1200.0	2400.0	2	112.5	225.0	150.0		100.0	680.0	0.0	5895.0	86.85	5808.2
宋燕	3500.0	1200.0	2200.0	5	98.5	492.5	100.0		500.0	680.0	50.0	7262.5	127.88	7134.6
郭诚	3500.0	800.0	2200.0	3	112.5	337.5	200.0	200.0		680.0	300.0	6257.5	97.73	6159.8
肖小晗	3000.0	800.0	2200.0	1	108.5	108.5	100.0	200.0		680.0	100.0	5628.5	78.86	5549.6
周峰	3500.0	800.0	2000.0	1	98.5	98.5	200.0			680.0	50.0	5868.5	86.06	5782.4
李韵	4000.0	1000.0	2000.0	3	112.5	337.5	100.0	200.0		680.0	100.0	6857.5	115.73	6741.8
张涛	3500.0	800.0	2000.0	2	108.5	217.0	200.0	200.0		680.0	0.0	6237.0	97.11	6139.9
胡非	2800.0	1200.0	1800.0	3	112.5	337.5	150.0			680.0	300.0	5307.5	69.23	5238.3
黄俐	3000.0	1000.0	1800.0	1	98.5	98.5	200.0		200.0	680.0	100.0	5518.5	75.56	5442.9
杨琴	3500.0	1200.0	1800.0	1	108.5	108.5	150.0			680.0	50.0	6028.5	90.86	5937.6
备注：1、根据进入公司时间，每满一年，工龄工资增加200元 2、个人所得税扣款参照工作簿中的“税率表”工作表，其计算方法为：应缴纳的个税＝[（应发工资－四金或三金－专项扣除金额）－5000]×税率－速算扣除数													工资总额	73143.2
													平均工资	6095.3
													最高工资	7668.1
													最低工资	5238.3

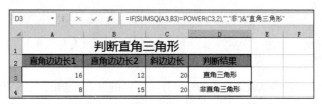

图 3-31 “员工工资表”计算结果

※课堂练习※

【练习一】

现有数据文件“gshs.xlsx”，其中有 3 个表格：“是否直角”表、“是否闰年”表和“通信录”表，用公式及函数对其中的数据进行相应处理，实现对原材料的计算管理。

具体操作要求如下。

（1）在“是否直角”表中，使用 IF 函数、POWER 函数和 SUM 函数进行计算，判断是否为直角三角形。最终效果如图 3-32 所示。

D3 =IF(SUMSQ(A3,B3)=POWER(C3,2),"","非")&"直角三角形"

判断直角三角形			
直角边边长1	直角边边长2	斜边边长	判断结果
16	12	20	直角三角形
8	15	20	非直角三角形

图 3-32 判断是否为直角三角形效果示例

提示 A3、B3、C3 3 个单元格中数据为三角形的 3 条边长，D3 单元格中公式是“=IF(SUMSQ(A3,B3)=POWER(C3,2)," ", "非")&"直角三角形"”。

SUMSQ 函数返回参数的平方和，如“=SUMSQ(3,4)”，结果是 3 与 4 的平方和，即 25。

POWER 函数返回某数的乘幂，如 2 的 10 次方，可以写为“POWER(2,10)”。

（2）在“是否闰年”表中，通过 IF 函数、AND 函数、OR 函数和 MOD 函数，对 2014—2020 年进行闰年平年判断，并进行相应的格式设置操作。最终效果如图 3-33 所示。

C3 =IF(OR(AND(MOD(B3,4)=0,MOD(B3,100)<>0),MOD(B3,400)=0),"闰年","平年")

判断闰年、平年	
年份	判断闰年、平年
2014	平年
2015	平年
2016	闰年
2017	平年
2018	平年
2019	平年
2020	闰年

图 3-33 判断闰年平年效果示例

（3）在"通信录"表中，利用公式及函数为表格中的电话号码从 11 位升至 12 位，要求凡是以"13X"开头的手机号码，"X"如果为奇数，则升位为"131X"，X 如果为偶数，则升位为"132X"。最终效果如图 3-34 所示。

姓名	住址	电话	升位后的电话号码
张倩	成都市金牛区	1355689XXXX	13155689XXXX
陈冠宇	成都市武侯区	1384879XXXX	13284879XXXX
李晓玲	成都市金牛区	1368283XXXX	13268283XXXX
王宇	成都市龙泉驿区	1378087XXXX	13178087XXXX
吴亚馨	成都市成华区	1396869XXXX	13196869XXXX
龙俊亨	成都市锦江区	1329945XXXX	13229945XXXX
罗小梅	成都市温江区	1317322XXXX	13117322XXXX
郭钟岳	成都市双流县	1357985XXXX	13157985XXXX
刘雪萍	成都市青牛区	1364576XXXX	13264576XXXX
徐锋	成都市成华区	1326932XXXX	13226932XXXX
翟凌	成都市都江堰市	1358725XXXX	13158725XXXX
杨静梦	成都市龙泉驿区	1338573XXXX	13138573XXXX

图 3-34　电话号码升位效果

可以使用 REPLACE 函数，将手机号码的前两位数字替换为 131 或者 132，替换的过程需要使用 IF 函数对号码的前三位数字进行奇偶判断，可以使用 MOD 函数，也可使用 MID 或 LEFT 函数。如用 MID 函数，则可在 D3 单元格中输入公式 "=IF(MOD(MID(C3,1,3),2)=1, REPLACE(C3,1,2,"131"),REPLACE(C3,1,2,"132"))"。

【练习二】

现有图 3-35 所示的原材料明细表，用公式及函数对数据进行相应处理，实现对原材料的计算管理。

原材料明细表

类别：		材料名称和规格:甲材料		计量单位：		千克							
2015 年		凭证字号	摘要	收入			发出			结存		
月	日			数量	单价	金额	数量	单价	金额	数量	单价	金额
3	1		月初结存							800	120.00	96,000.00
	5	记5	购入材料	350	116.56							
	8	记6	发出材料				270					
	9	记12	购入材料	380	123.15							
	11	记15	发出材料				400					
	15	记36	购入材料	425	115.45							
	17	记47	发出材料				360					
	19	记53	购入材料	160	116.25							
	22	记54	发出材料				140					
	26	记61	购入材料	175	122.36							
	29	记71	发出材料				180					
	31		本月合计									

图 3-35　原材料明细表

具体操作要求如下。

（1）用 PRODUCT 函数计算购入初期余额。

（2）用 SUM 函数汇总结存的数量、金额。

（3）用 PRODUCT 函数计算发出材料的单价、金额。

（4）用 TRUNC 函数对合计栏的单价进行截尾取整。

操作步骤如下。

（1）打开文件后，在 G6 单元格中输入公式 "=PRODUCT(E6,F6)"，可计算出 3 月 5 日购入甲材料花费的金额，并将公式填充至 G6:G15 单元格区域。

（2）在 I7 单元格中输入公式 "=SUM(M5,G6)/SUM(K5,E6)"，可计算出 3 月 8 日发出甲材料的单价。

（3）在 J7 单元格中输入公式"=PRODUCT(I7,H7)"，可计算出 3 月 8 日发出甲材料的金额。

（4）在 K7 单元格中输入公式"=K5+E6−H7"，可计算出 3 月 8 日结存甲材料的数量。

（5）在 L7 单元格中输入公式"=I7"，可计算出 3 月 8 日结存甲材料的单价。

（6）在 M7 单元格中输入公式"=PRODUCT(L7,K7)"，可计算出 3 月 8 日结存甲材料的金额。使用相同的方法计算甲材料其他日期的发出和结存数据。

（7）在 E16 单元格中输入公式"=SUMIF($D$6:$D$15,"购入材料",E6:E15)"，计算出本月收入甲材料的数量。使用相同的方法计算本月收入甲材料的金额（G16）、本月发出甲材料的数量（H16）、金额（J16）。

（8）在 F16 单元格中输入公式"=TRUNC(G16/E16,2)"，计算出本月收入甲材料的单价。使用相同的方法计算本月发出甲材料的单价（I16）及结存单价（L16）。

（9）在 K16 单元格中输入公式"=K5+E16−H16"，计算出本月结存甲材料的数量，在 M16 单元格中输入公式"=M5+G16−J16"，计算出本月结存甲材料的金额，在 L16 单元格中输入公式"=ROUND(M16/K16,2)"，计算出本月结存甲材料的单价。

涉及的函数说明如下。

①PRODUCT 函数返回的是将所有参数的数值相乘的值，如"PRODUCT(A2:A4,2)= A2*A3*A4*2"。

②TRUNC 函数返回处理后的数值，其工作机制与 ROUND 函数极为类似，只是该函数不对指定小数点前或后的数位做相应舍入处理，而是统统截去。例如，TRUNC(89.985,2)=89.98，TRUNC(89.985)=89（即取整），TRUNC(89.985,−1)=80。

③ROUND 函数返回一个数值，该数值是按照小数点前或后的指定数位进行四舍五入运算的结果。ROUND(89.985,2)=89.99，ROUND(89.985)=90 (即取整)，ROUND(89.985,−1)=90。

操作完成后用原文件名保存，编辑完成的"原始材料明细表"如图 3-36 所示。

原材料明细账表

类别：		材料名称和规格：甲材料			计量单位：	千克						
2015 年	凭证字号	摘要	收入			发出			结存			
月	日		数量	单价	金额	数量	单价	金额	数量	单价	金额	
3	1		月初结存							800	120.00	96,000.00
	5	记5	购入材料	350	116.56	40,796.00						
	8	记6	发出材料				270	118.95	32,117.32	880	118.95	104,678.68
	9	记12	购入材料	380	123.15	46,797.00						
	11	记15	发出材料				400	120.22	48,087.52	860	120.22	103,388.16
	15	记36	购入材料	425	115.45	49,066.25						
	17	记47	发出材料				360	118.64	42,710.96	925	118.64	109,743.45
	19	记53	购入材料	160	116.25	18,600.00						
	22	记54	发出材料				140	118.29	16,560.44	945	118.29	111,783.00
	26	记61	购入材料	175	122.36	21,413.00						
	29	记71	发出材料				180	118.93	21,406.50	940	118.93	111,789.50
	31		本月合计	1490	118.57	176,672.25	1350	119.17	160,882.75	940	118.93	111,789.50

图 3-36 "原始材料明细表"计算结果

【练习三】

现有工作表"员工培训成绩表.xlsx"，如图 3-37 所示，利用公式及函数计算其中有关数据。

具体操作要求如下。

（1）使用 SUM、AVERAGE 函数计算总成绩、平均成绩，其中平均成绩保留 1 位小数。

（2）使用 RANK、IF 函数计算排名及排名等级。

平均分≥90 分为"优"。

课堂练习三

80 分≤平均分<90 分为“良”。

60 分≤平均分<80 分为“一般”。

平均分<60 分为“差”。

员工培训成绩表

编号	姓名	所属部门	办公软件	财务知识	法律知识	英语口语	职业素养	人力管理	总成绩	平均成绩	排名	等级
CM001	蔡云帆	行政部	60	85	88	70	80	82				
CM002	方艳芸	行政部	62	60	61	50	63	61				
CM003	谷城	行政部	99	92	94	90	91	89				
CM004	胡哥飞	研发部	60	54	55	58	75	55				
CM005	蒋京华	研发部	92	90	89	96	99	92				
CM006	李哲明	研发部	83	89	96	89	75	90				
CM007	龙泽苑	研发部	83	89	96	89	75	90				
CM008	詹姆斯	研发部	70	72	60	95	84	90				
CM009	刘畅	财务部	60	85	88	70	80	82				
CM010	姚凝香	财务部	99	92	94	90	91	89				
CM011	汤家桥	财务部	87	84	95	87	78	85				
CM012	唐萌梦	市场部	70	72	60	95	84	90				
CM013	赵飞	市场部	60	54	55	58	75	55				
CM014	夏侯铭	市场部	92	90	89	96	99	92				
CM015	周玲	市场部	87	84	95	87	78	85				
CM016	周宇	市场部	62	60	61	50	63	61				

所属部门	人数	平均成绩
行政部		
研发部		
财务部		
市场部		
所有部门		

有不及格课程的人数：	

各部门各等级人数情况表				
所属部门	优	良	一般	差
行政部				
研发部				
财务部				
市场部				

图 3-37　员工培训成绩表

（3）使用 COUNTIF 函数、SUMIF 函数计算每个部门的人数、每个部门的平均成绩，其中平均成绩保留 1 位小数。

（4）使用 COUNTIF 函数计算有不及格课程的人数。

（5）使用 COUNTIFS 函数计算各部门各等级人数情况。

函数说明如下。

（1）COUNTIF 函数用来计算区域中满足给定条件的单元格的个数。其语法格式为“COUNTIF (range,criteria)”，其中，range 为需要计算其中满足条件的单元格数目的单元格区域，即范围；criteria 为确定哪些单元格将被计算在内的条件，其形式可以为数字、表达式或文本。

（2）SUMIF 函数用来根据指定条件对若干单元格进行求和，即按条件求和。其语法格式为“SUMIF (range,criteria,sum_range)”。其中，range 为条件区域，criteria 为求和条件，sum_range 为实际求和区域。

（3）COUNTIFS 函数用于对某一区域内满足多重条件的单元格进行计数，即多条件计数。其语法格式为“COUNTIFS(criteria_range1,criteria1,criteria_range2,criteria2,···)”。相当于“COUNTIFS（第一个条件区,第一个对应的条件,第二个条件区,第二个对应的条件,第 *N* 个条件区,第 *N* 个条件对应的条件）。”

（4）计算有不及格课程的人数时，先在 N3 单元格中输入公式“=IF(COUNTIF(D3:I3, "<60")>0,1,0)”，如果其值为“1”就表示此人有不及格课程，否则就没有不及格课程。然后在 Q9 单元格中输入公式“=SUM(N3:N18)”。

操作完成后用原文件名保存，员工培训成绩表统计计算结果如图 3-38 所示。

员工培训成绩表

所属部门	办公软件	财务知识	法律知识	英语口语	职业素养	人力管理	总成绩	平均成绩	排名	等级	
行政部	60	85	88	70	80	82	465	77.5	11	一般	0
行政部	62	60	61	50	63	61	357	59.5	13	差	1
行政部	99	92	94	90	91	89	555	92.5	3	优	0
研发部	60	54	55	58	75	55	357	59.5	13	差	1
研发部	92	90	89	96	99	92	558	93.0	1	优	0
研发部	83	89	96	89	75	90	522	87.0	5	良	0
研发部	83	89	96	89	75	90	522	87.0	5	良	0
研发部	70	72	60	95	84	90	471	78.5	9	一般	0
财务部	60	85	88	70	80	82	465	77.5	11	一般	0
财务部	99	92	94	90	91	89	555	92.5	3	优	0
财务部	87	84	95	87	78	85	516	86.0	7	良	0
市场部	70	72	60	95	84	90	471	78.5	9	一般	0
市场部	60	54	55	58	75	55	357	59.5	13	差	1
市场部	92	90	89	96	99	92	558	93.0	1	优	0
市场部	87	84	95	87	78	85	516	86.0	7	良	0
市场部	62	60	61	50	63	61	357	59.5	13	差	1

所属部门	人数	平均成绩
行政部	3	76.5
研发部	5	81.0
财务部	3	85.3
市场部	5	75.3
所有部门	16	79.5

有不及格课程的人数：	4

各部门各等级人数情况表				
所属部门	优	良	一般	差
行政部	1	0	1	1
研发部	1	2	1	1
财务部	1	1	1	0
市场部	1	1	1	2

图 3-38　员工培训成绩表统计计算结果

3.3 数据管理与图表的应用

3.3.1 案例分析

【案例 3-4】

本案例示范对数据进行排序、筛选、分类汇总的数据管理，汇总分级数据显示，以及记录单的使用。工作簿“开支表”中的原始数据如图 3-39 所示。

**公司三月份费用开支表						
日期	部门	费用科目	说明	预算费用	实际费用	余额
2015/3/8	生产部	材料费		¥7,000.00	¥5,000.00	2000.00
2015/3/9	总经办	办公费	购买打印纸、订书针	¥600.00	¥500.00	100.00
2015/3/10	行政部	办公费	购买打印纸	¥600.00	¥300.00	300.00
2015/3/11	销售部	宣传费	制作宣传画报	¥1,000.00	¥880.00	120.00
2015/3/12	销售部	交通费		¥3,500.00	¥3,500.00	0.00
2015/3/13	运输部	运输费	为郊区客户送货	¥1,000.00	¥680.00	320.00
2015/3/14	销售部	通讯费		¥300.00	¥200.00	100.00
2015/3/15	行政部	办公费	购买电脑2台	¥10,000.00	¥9,500.00	500.00
2015/3/16	销售部	交通费		¥300.00	¥1,000.00	-700.00
2015/3/17	总经办	招待费		¥2,500.00	¥2,000.00	500.00
2015/3/18	总经办	办公费	购买圆珠笔20支	¥200.00	¥50.00	150.00
2015/3/19	生产部	服装费	为员工定做服装	¥2,000.00	¥1,800.00	200.00
2015/3/20	运输部	通讯费	购买电话卡	¥300.00	¥200.00	100.00
2015/3/21	销售部	宣传费	宣传	¥2,000.00	¥1,290.00	710.00
2015/3/22	生产部	材料费		¥4,000.00	¥3,000.00	1000.00
2015/3/23	销售部	招待费		¥1,000.00	¥1,500.00	-500.00
2015/3/24	行政部	办公费	购买记事本10本	¥200.00	¥100.00	100.00
2015/3/25	运输部	运输费	运输材料	¥600.00	¥800.00	-200.00

图 3-39 数据管理“开支表”原始数据

案例操作要求：

（1）简单排序；

（2）高级排序；

（3）自动筛选；

（4）高级筛选；

（5）分类汇总；

（6）记录单操作。

【案例 3-5】

本案例示范对“开支表”建立图表，并对图表进行编辑和格式设置，对页面进行设置及打印。

案例操作要求：

（1）建立独立图表；

（2）编辑图表数据源；

（3）设置图表系列；

（4）编辑图表标题；

（5）设置图例位置；

（6）设置图表纵坐标；

（7）建立嵌入图表；

（8）调整图表大小及移动图表；

（9）设置图表数据标签；

（10）设置图表数据点格式；

（11）设置图表形状样式；

（12）创建数据透视表；

（13）插入标注；

（14）设置页面方向；

（15）设置页眉页脚；

（16）打印预览；

（17）保护工作簿和工作表。

3.3.2　知识储备

使用 Excel 进行数据处理与分析时，需要对数据进行排序、筛选或分类汇总的数据管理，以使表格中的数据更整齐，查阅起来更方便。

排序是根据一定的条件，将工作表中的数据按一定的顺序排列。如果只有一个简单条件，可以进行简单排序；当条件有两个以上时就要进行多重排序；有时这两种排序都不能满足实际需要，这种情况下可利用 Excel 提供的自定义排序功能。

通过数据筛选，可将满足指定条件的记录显示出来，将不满足条件的记录暂时隐藏。自动筛选可以对各列设置自动筛选条件，筛选出同时满足各列条件的数据；高级筛选，可根据自己设置的筛选条件实现数据筛选。

分类汇总是指在对原始数据按某数据列的内容进行分类（排序）的基础上，对每一类数据进行求和、求最大/最小值、求乘积、计数、求标准差等基本统计。

图表可以直观地显示数据报表的结果，使用户看到数据之间的关系和变化趋势。Excel 中有嵌入图表和独立图表。图表和工作表数据放在同一工作表中，称为嵌入图表；图表单独存放在一个工作表内，称为独立图表。嵌入图表和独立图表都与建立它们的单元格数据相链接，当改变了单元格数据时，这两种图表都会随之更新。

3.3.3　案例实现

【案例 3-4 实现】

1. 简单排序

操作要求：对预算费用进行降序排序。

操作步骤：打开工作簿后，将光标定位于预算费用列"表头"数据下对应的单元格区域 E3:E20 中，单击"数据"|"排序和筛选"|"降序"按钮，或单击"开始"|"编辑"|"排序和筛选"|"降序"按钮，结果会按预算费用降序排序。

数据管理——
排序

如果要对数据进行升序排序，则将光标定位于对应的单元格区域中，单击"数据"|"排序和筛选"|"升序"按钮，或单击"开始"|"编辑"|"排序和筛选"|"升序"按钮。

2. 自定义排序

操作要求：使用自定义排序功能对余额和实际费用进行降序排序，完成后的参考效果如图 3-40 所示。

操作步骤：将光标定位于数据清单中的任意一个单元格，单击"数据"|"排序和筛选"|"排序"按钮，或单击"开始"|"编辑"|"排序和筛选"|"自定义排序"按钮，弹出图 3-41 所示的"排序"对话框，在对话框中选择排序的主要关键字"余额"降序排序和次要

关键字"实际费用"降序排序。结果会按余额降序排序，余额相同的会按实际费用降序排序。

图 3-40　对"开支表"进行排序后的效果

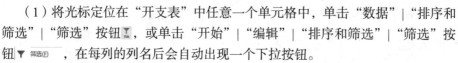

图 3-41　"排序"对话框

3. 自动筛选

操作要求：筛选出行政部门实际费用在 0～1000 的记录，按实际费用升序排列。

操作步骤如下。

数据管理——
筛选

（1）将光标定位在"开支表"中任意一个单元格中，单击"数据"|"排序和筛选"|"筛选"按钮 ，或单击"开始"|"编辑"|"排序和筛选"|"筛选"按钮 ，在每列的列名后会自动出现一个下拉按钮。

（2）单击"部门"列名后的下拉按钮，打开下拉列表，选择"行政部"前面的复选框，取消其他部门前面的复选框。

（3）单击"实际费用"列名后的下拉按钮，打开下拉列表，如图 3-42 所示；选择"数字筛选"|"介于"命令，打开"自定义自动筛选方式"对话框，如图 3-43 所示。

图 3-42　筛选实际费用

图 3-43　"自定义自动筛选方式"对话框

（4）在“自定义自动筛选方式”对话框中，在“大于或等于”右侧的文本框中输入“0”，在“小于或等于”右侧的文本框中输入“1000”。

（5）再次单击“实际费用”列名后的下拉按钮，在下拉列表中选择“升序”命令 升序(S)。自动筛选后的数据如图 3-44 所示。

	A	B	C	D	E	F	G
1	**公司三月份费用开支表						
2	日期	部门	费用科	说明	预算费用	实际费用	余额
9	2015/3/24	行政部	办公费	购买记事本10本	¥200.00	¥100.00	100.00
16	2015/3/10	行政部	办公费	购买打印纸	¥600.00	¥300.00	300.00

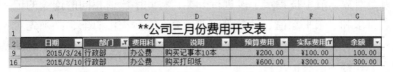

图 3-44　自动筛选后的数据

如果要取消自动筛选，再次单击“数据”|“排序和筛选”|“筛选”按钮，或单击“开始”|“编辑”|“排序和筛选”|“筛选”按钮 筛选(F)，可使其变为原始的状态。

4. 高级筛选

操作要求：筛选出生产部门预算费用在 3000 元以上或行政部门实际费用在 1000 元以下的所有记录，并将筛选结果复制到 Sheet3 工作表的单元格区域 A2:G6 中。

若针对复杂的条件进行筛选，应使用高级筛选功能。使用高级筛选功能时，先要在数据列表以外建立条件区域。条件区域的第一行是与数据列表匹配的列名，下面是对该列设置的条件。若要求筛选出来的数据同时满足几个条件，应将这几个条件写在同一行；若只要求满足其中的一个条件，应将这些条件写在不同的行。

操作步骤如下。

（1）在数据列表以外建立条件区域，如在 A24:C26 单元格区域中输入图 3-45 所示的文本，不过表头部分最好用复制方法实现。

24	部门	预算费用	实际费用
25	生产部	>=3000	
26	行政部		<=1000

图 3-45　筛选条件

（2）由于要将筛选的数据复制到 Sheet3 工作表，所以要将光标定位于 Sheet3 工作表内任一单元格，单击“数据”|“排序和筛选”|“高级”按钮 高级，打开“高级筛选”对话框，如图 3-46 所示。

（3）在“高级筛选”对话框中，选择方式为“将筛选结果复制到其他位置”。首先指定列表区域为“开支表”所在的位置，即“开支表”的 A2:G20 单元格区域；然后指定条件区域为图 3-46 所示的单元格区域，即“开支表”的 A24:C26 单元格区域；最后指定复制到的目标地址为 Sheet3 工作表的 A2:G6 单元格。

单击“确定”按钮后，筛选出生产部门预算费用在 3000 元以上或行政部门实际费用在 1000 元以下的所有记录，如图 3-47 所示。

图 3-46　“高级筛选”对话框

	A	B	C	D	E	F	G
1							
2	日期	部门	费用科目	说明	预算费用	实际费用	余额
3	2015/3/8	生产部	材料费		¥7,000.00	¥5,000.00	2000.00
4	2015/3/10	行政部	办公费	购买打印	¥600.00	¥300.00	300.00
5	2015/3/22	生产部	材料费		¥4,000.00	¥3,000.00	1000.00
6	2015/3/24	行政部	办公费	购买记事	¥200.00	¥100.00	100.00

图 3-47　高级筛选后的数据

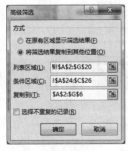

5. 分类汇总

操作要求：统计"开支表"每个部门的平均预算费用，并在此基础上查看各部门的最高实际费用。最后将汇总结果复制到 Sheet4 工作表中，并恢复"开支表"原始数据。

数据管理——分类汇总

分类汇总就是对数据清单按指定字段进行分类，将此字段值相同的连续的记录作为一类，进行求和、求平均值、计数等汇总运算。在分类汇总前，必须先对分类的字段进行排序，使此字段值相同的记录排列在一起。在第一次分类汇总的基础上进行第二次甚至更多次汇总，称为嵌套汇总。

操作步骤如下。

（1）单击部门所在区域（B3:B20）的任意一个单元格，单击"数据"|"排序和筛选"|"升序"按钮 ，则数据记录按部门的升序排列（如果没有要求，降序也可以）。

（2）单击数据表区域中任意一个单元格，单击"数据"|"分级显示"|"分类汇总"按钮 ，打开"分类汇总"对话框，如图 3-48 所示。

（3）在"分类字段"下拉列表中选择"部门"，在"汇总方式"下拉列表中选择"平均值"，在"选定汇总项"列表中，选中需要统计的"预算费用"字段前的复选框。

在"分类汇总"对话框中，分类字段是指按照哪个字段对数据进行分类汇总；汇总方式是指计算分类汇总值的方法；汇总项是指对哪些字段进行汇总。

（4）单击"确定"按钮，数据表显示出分类汇总的 3 级结果，如图 3-49 所示。

图 3-48 "分类汇总"对话框

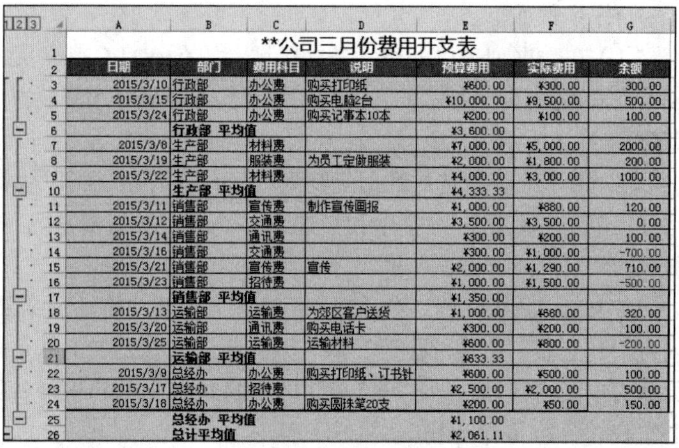

图 3-49 分类汇总结果

单击"分级显示"按钮可查看 1、2、3 级结果。单击"分级显示"按钮 ，显示出各部门的汇总结果，如图 3-50 所示。如果选择了 1 级结果，则只显示总计平均值。

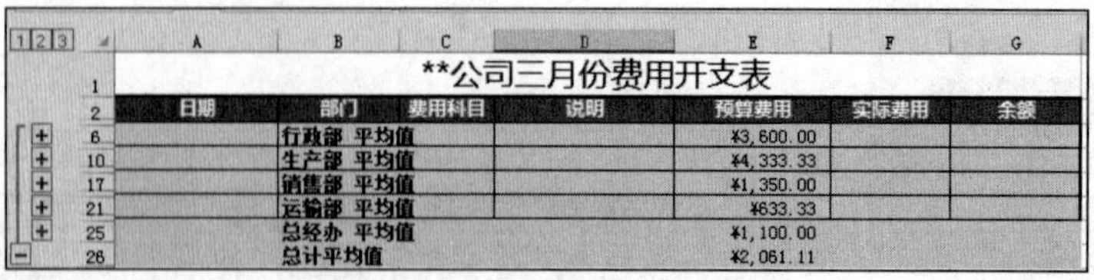

图 3-50 显示第二级汇总数据

（5）重新打开"分类汇总"对话框，在"分类字段"下拉列表中选择"部门"；在"汇总方式"

下拉列表中选择"最大值";在"选定汇总项"列表中选中需要统计的"实际费用"字段前的复选框,取消选中"替换当前分类汇总"前的复选框(如果没有取消选中"替换当前分类汇总"前的复选框,则只保留当前的分类汇总结果,之前的分类汇总结果会被覆盖),单击"确定"按钮后,可在前面的各部门的平均预算费用基础上查看各部门的最高实际费用。嵌套汇总的 3 级汇总结果如图 3-51 所示。

图 3-51　嵌套汇总的 3 级汇总结果

(6)单击"开始"|"编辑"|"查找和选择"|"定位条件"按钮 定位条件(S)... ,打开"定位条件"对话框,如图 3-52 所示。在"定位条件"对话框中,选择"可见单元格"单选按钮,单击"确定"按钮后,选中汇总结果,即"开支表"中的数据区域 A1:G32。

(7)单击"开始"|"剪贴板"|"复制"按钮 复制 ,将选中的数据区域复制到剪贴板。

切换到 Sheet4 工作表,将鼠标指针定位到 A1 单元格,在右键快捷菜单中选择"选择性粘贴"命令 选择性粘贴(S)... ,打开"选择性粘贴"对话框,如图 3-53 所示。

图 3-52　"定位条件"对话框　　　图 3-53　"选择性粘贴"对话框

(8)在"选择性粘贴"对话框中,选择"数值"单选按钮,将各部门的汇总数据结果粘贴到 Sheet4 工作表中,结果如图 3-54 所示。

(9)切换到"开支表"工作表,将光标定位于数据表区域中任意一个单元格,再次单击"数据"|"分级显示"|"分类汇总"按钮 ,打开"分类汇总"对话框。单击"全部删除"按钮,则将删除所有汇总数据,只保留排序过的原始数据。

6. 记录单操作

操作要求:使用"记录单"功能给"开支表"工作表添加一条图 3-55 所示的新记录数据。

记录单是用来管理表格中每一条记录的对话框,使用它可以方便地对表格中的记录执行相应操作,有利于数据的管理。在 Excel 中,向一个数据量较大

数据管理——
记录单

的表单中插入一条新记录时，通常要逐行逐列地输入相应的数据，若使用"记录单"功能则可以帮助用户在一个小窗口中完成添加操作，还可删除、修改、查找记录。由于 Excel 中默认的功能选项中不显示"记录单"的相关命令，因此必须先将其添加到"快速访问工具栏"中。

	A	B	C	D	E	F	G
1	**公司三月份费用开支表						
2	日期	部门	费用科目	说明	预算费用	实际费用	余额
3	2015/3/10	行政部	办公费	购买打印纸	600	300	300
4	2015/3/15	行政部	办公费	购买电脑2台	10000	9500	500
5	2015/3/24	行政部	办公费	购买记事本10本	200	100	100
6		行政部 最大值				9500	
7		行政部 平均值			3600		
8	2015/3/8	生产部	材料费		7000	5000	2000
9	2015/3/19	生产部	服装费	为员工定做服装	2000	1800	200
10	2015/3/22	生产部	材料费		4000	3000	1000
11		生产部 最大值				5000	
12		生产部 平均值			4333.333333		
13	2015/3/11	销售部	宣传费	制作宣传画报	1000	880	120
14	2015/3/12	销售部	交通费		3500	3500	0
15	2015/3/14	销售部	通讯费		300	200	100
16	2015/3/16	销售部	交通费		300	1000	-700
17	2015/3/21	销售部	宣传费	宣传	2000	1290	710
18	2015/3/23	销售部	招待费		1000	1500	-500
19		销售部 最大值				3500	
20		销售部 平均值			1350		
21	2015/3/13	运输部	运输费	为郊区客户送货	1000	680	320
22	2015/3/20	运输部	通讯费	购买电话卡	300	200	100
23	2015/3/25	运输部	运输费	运输材料	600	800	-200
24		运输部 最大值				800	
25		运输部 平均值			633.3333333		
26	2015/3/9	总经办	办公费	购买打印纸、订书机	600	500	100
27	2015/3/17	总经办	招待费		2500	2000	500
28	2015/3/18	总经办	办公费	购买圆珠笔20支	200	50	150
29		总经办 最大值				2000	
30		总经办 平均值			1100		
31		总计最大值				9500	
32		总计平均值			2061.111111		

图 3-54　各部门的汇总数据结果

2015/3/26	生产部	材料费		¥6,000.00	¥4,800.00	1200.00

图 3-55　新记录数据

操作步骤如下。

（1）在"开支表"工作界面中，选择"文件"|"选项"命令，打开"Excel 选项"对话框，如图 3-56 所示。选择"快速访问工具栏"选项卡，在"从下列位置选择命令"下拉列表中选择"不在功能区中的命令"选项，在下面的列表中选择"记录单"选项，单击"添加"按钮将其添加到右侧的列表中，在"自定义快速访问工具栏"下拉列表中选择"用于'开支表.xlsx'"选项。完成后单击"确定"按钮，此时"记录单"按钮便会出现在"快速访问工具栏"中。

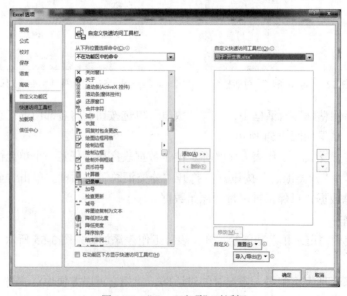

图 3-56　"Excel 选项"对话框

（2）在"开支表"工作表中，选择除标题外的其他含有数据的单元格区域，然后单击"快速访问工具栏"中的"记录单"按钮 ，便会打开图 3-57 所示的"记录单"对话框。

（3）在"记录单"对话框中单击"新建"按钮，在对应的文本框中输入相应的内容，然后单击"新建"按钮即可在原有所有记录的尾部添加新录入的记录。单击"新建"按钮可继续录入，单击"关闭"按钮可退出"记录单"对话框。

图 3-57　"记录单"对话框

【案例 3-5 实现】

1. 建立独立图表

操作要求：根据部门、预算费用、实际费用数据生成簇状柱形图，将图放在新的工作表"独立图表"中。

操作步骤如下。

（1）打开"开支表"后，选中 B2:B20 单元格区域，再按住【Ctrl】键，选中 E2:F20 单元格区域。

（2）单击"插入"|"图表"|"推荐的图表"按钮 ，打开"插入图表"对话框，如图 3-58 所示，在下拉列表中选择"簇状柱形图"，则系统自动生成一个簇状柱形图表。也可直接在图表组中单击某类图表按键后面的下拉按钮，从中选择某子图表类型。

（3）在图表上单击鼠标右键，在快捷菜单中选择"移动图表"命令，或单击"图表工具"|"设计"|"位置"|"移动图表"按钮 ，打开"移动图表"对话框。

（4）在"移动图表"对话框中，选择"新工作表"单选按钮，如图 3-59 所示。系统产生一个新的工作表"Chartn"，用以显示所建的图表，在"新工作表"栏输入新工作表名"独立图表"，单击"确定"按钮。最后结果如图 3-60 所示。

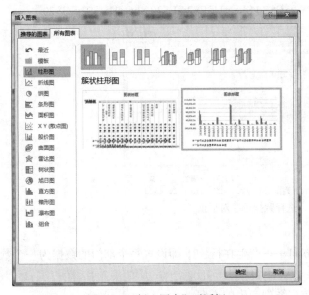

图 3-58　"插入图表"对话框

图 3-59　"移动图表"对话框

2. 编辑图表数据源

操作要求：去掉图表中表示实际费用的列，加入表示余额的列。

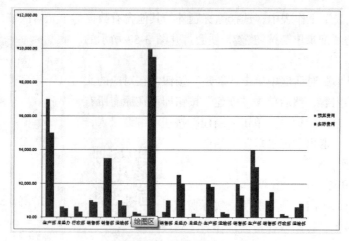

图 3-60　簇状柱形图

操作步骤如下。

（1）在图表中"实际费用"列的任意一点上单击，选中图表中的实际费用数据列。

（2）按【Delete】键，或在"实际费用"数据列上单击鼠标右键，选择快捷菜单中的"删除"命令，删除"实际费用"数据列。

（3）切换到"开支表"工作表，选中 G2:G20 单元格区域（余额），在快捷菜单中选择"复制"命令。

（4）切换到"独立图表"工作表，在图表区的快捷菜单中选择"粘贴"命令，则余额系列出现在图表中。

另一种方法：在图表区单击鼠标右键，在快捷菜单中选择"选择数据"命令，或单击"图表工具"|"设计"|"数据"|"选择数据"按钮，打开"选择数据源"对话框，如图 3-61 所示，重新选择数据或输入图表数据区域"=Sheet1!$B$2:$B$20,Sheet1!$E$2:$E$20,Sheet1!$G$2:$G$20"。

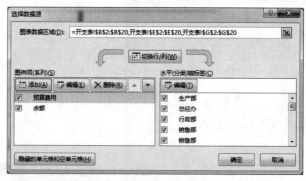

图 3-61　"选择数据源"对话框

3. 设置图表数据系列

操作要求：重新设置数据系列产生的方向——产生在行/列，即设置每个部门的数据为一个数据系列。

操作方法：通过下列两种方法可设置数据系列产生的方向。

（1）单击"图表工具"|"设计"|"数据"|"切换行/列"按钮，则图表按行（部门）来产生数据系列。

（2）单击"图表工具"|"设计"|"数据"|"选择数据"按钮，在"选择源数据"对话框中，

单击"切换行/列"按钮。

当设置系列产生在列时（见图 3-62（a）），工作表的每一列产生一个数据系列，即每种费用数据一个数据系列，在图表中用同一种颜色的图形表示。图表中有预算费用和余额数据系列。

当设置系列产生在行时（见图 3-62（b）），工作表的每一行产生一个数据系列，即每个部门的费用为一个数据系列，在图表中用同一种颜色的图形表示。图表中有生产部、总经办、销售部等数据系列。

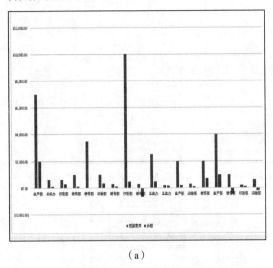
（a）

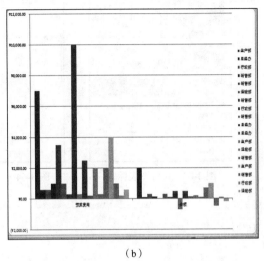
（b）

图 3-62　设置数据系列产生在列、行的图表

4. 编辑图表标题

操作要求：将图 3-62（a）所示的图表标题设为"各部门费用情况图"，并设置其字体为黑体，字号为 20 号，颜色为红色。

操作步骤如下。

（1）单击"图表工具"|"设计"|"图表布局"|"添加图表元素"|"图表标题"|"图表上方"命令 ，如图 3-63 所示，或单击"图表工具"|"设计"|"图表布局"|"快速布局"|"布局 1"命令 ，并将默认文字改为"各部门费用情况图"。

（2）选中标题中的文字，在自动出现的浮动工具栏的"字体"下拉列表中选择"黑体"，在字号下拉列表中选择"20"，单击"字体颜色"按钮，在下拉列表中选择"红色"。也可通过"开始"选项卡的"字体"组来设置标题格式。

5. 设置图例位置

操作要求：设置图例显示在图表下方。

操作步骤：单击"图表工具"|"设计"|"图表布局"|"添加图表元素"|"图例"|"底部"命令 ，如图 3-64 所示，则图表底部将显示图例。

另外，在图例上单击鼠标右键，在快捷菜单中选择"设置图例格式"，打开"设置图例格式"对话框，如图 3-65 所示，也可设置图例的位置。

6. 设置图表纵坐标

操作要求：设置图表纵坐标的最大值为 1 0000，主要刻度单位为 1000。

操作步骤如下。

（1）选择"图表工具"|"设计"|"图表布局"|"添加图表元素"|"坐标轴"|"更多轴选项"

命令，如图 3-66 所示，将打开图 3-67 所示的"设置坐标轴格式"对话框。

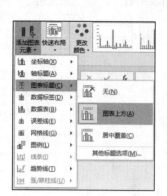
图 3-63　设置图表标题

图 3-64　设置图例位置

图 3-65　"设置图例格式"对话框

图 3-66　设置坐标轴

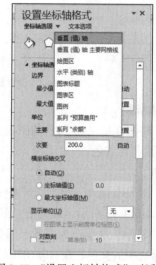
图 3-67　"设置坐标轴格式"对话框

（2）在"设置坐标轴格式"对话框中，首先将"坐标轴选项"设置为"垂直（值）轴"，再将"边界"栏中的"最大值"设置为"1 0000"，将"单位"栏中的"主要"设置为"1000"。

设置完成后的图表如图 3-68 所示。

7. 建立嵌入图表

操作要求：根据"开支表"工作表中各个部门的费用余额产生三维分离型饼图，设置图表标题为"余额分析图"，并设置数据标签显示在各图形之外。

操作步骤如下。

（1）切换到"开支表"工作表，使用排序、分类汇总等方法，统计各部门的费用余额总和，并将结果复制到 Sheet5 工作表中，结果如图 3-69 所示。

（2）在 Sheet5 工作表中选中 A1:B6 单元格区域，单击"插入"|"图表"|"推荐的图表"按钮，打开"插入图表"对话框，如图 3-70 所示，单击"所有图表"|"饼图"|"三维饼图"，

图表操作——嵌入图表

系统将根据选择的数据生成一个三维饼图。选择图表的标题，将文字更改为“余额分析图”，如图 3-71 所示。

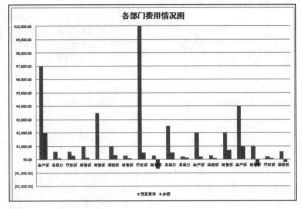

图 3-68　编辑后的图表

	A	B
1	部门	余额
2	行政部	900.00
3	生产部	3200.00
4	销售部	-270.00
5	运输部	220.00
6	总经办	750.00

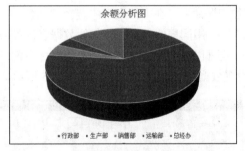

图 3-69　各部门余额总和

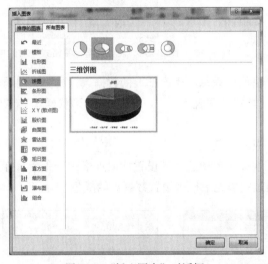

图 3-70　“插入图表”对话框

图 3-71　余额的三维饼图

（3）选择“图表工具”|“设计”|“图表布局”|“添加图表元素”|“数据标签”|“数据标签外”命令 数据标签外(O)，如图 3-72 所示，则数据标签会出现在各图形系列之外。

图 3-72　设置数据标签

8. 调整图表大小及移动图表

操作要求：调整“余额分析图”的大小并移动图表到 A10:E25 单元格区域。

操作步骤如下。

（1）将鼠标指针指向图表的空白处，按住鼠标左键不动，鼠标指针变为✥形状，按下【Alt】键的同时拖曳鼠标，当显示的虚线框移动到左上角对齐 A10 单元格左上角位置时释放鼠标。

（2）选中图表，将鼠标指针指向图表的右下角控制点，鼠标指针变为↘形状，按下【Alt】键的同时拖曳鼠标，当显示的虚

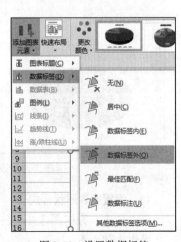

线框移动到右下角对齐 E25 单元格右下角位置时释放鼠标，图表被移动到 A10:E25 单元格区域内。

9. 设置图表数据标签

操作要求：设置在图表外部显示类别名称和百分比数据标签，不显示图例。

操作步骤如下。

（1）选择"图表工具"|"设计"|"图表布局"|"添加图表元素"|"数据标签"|"其他数据标签选项"命令，将打开"设置数据标签格式"对话框，如图 3-73 所示。

（2）在"设置数据标签格式"对话框的"标签包括"栏中选中"类别名称"复选框和"百分比"复选框，在"标签位置"栏中选择"数据标签外"单选按钮。

（3）选择"图表工具"|"设计"|"图表布局"|"添加图表元素"|"图例"|"无"命令，则图例自动隐藏，或者直接选中图表的图例，按【Delete】键将其删除。

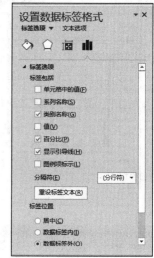

图 3-73 "设置数据标签格式"对话框

10. 设置图表数据点格式

操作要求：设置生产部、行政部、总经办、运输部、销售部 5 个数据点的颜色分别为红、黄、绿、蓝、紫。

操作步骤如下。

（1）首先定位于图表中的饼图区域，再单击饼图中表示"生产部"的数据点，数据点四周出现 3 个控制点，处于选中状态，如图 3-74 所示，选择"图表工具"|"格式"|"形状样式"|"形状填充"命令，在下拉列表中选择"红色"。

（2）用同样的方法，将其他数据点设置为相应的颜色。

也可以在选择数据点后，单击鼠标右键，在快捷菜单中选择"设置数据点格式"命令，打开"设置数据点格式"对话框，如图 3-75 所示，通过"填充"栏来设置数据点的颜色。

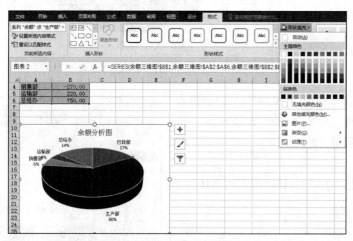

图 3-74 设置数据点格式

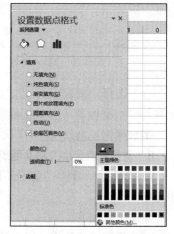

图 3-75 "设置数据点格式"对话框

11. 设置图表形状样式

操作要求：为饼图选择一种形状样式和形状效果进行美化。

操作步骤如下。

（1）选中全部或某个数据点后，单击"图表工具"|"格式"|"形状样式"|组的"形状效果"下

拉按钮，将打开主题样式列表，如图 3-76 所示，可在主题样式列表中选择一种形状样式进行美化。

（2）选中全部或某个数据点后，单击"图表工具"|"格式"|"形状样式"组的"形状效果"下拉按钮，在下拉列表中可进行相应的图表形状效果设置，如图 3-77 所示。

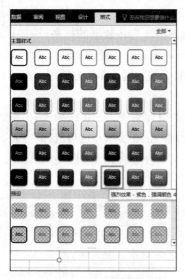

图 3-76　设置图表形状样式

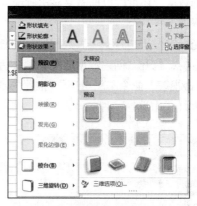

图 3-77　设置图表形状效果

图表的美化，除了形状样式和形状效果的设置，还有形状轮廓的设置等。也可以在图表区右击，在快捷菜单中选择"设置数据区格式"命令，打开"设置图表区格式"对话框，如图 3-78 所示，在其中设置图表的格式。

12. 插入标注

操作要求：在表示"负数"的数据点上添加矩形标注，输入文字"节省开支"。

操作步骤如下。

（1）单击"插入"|"插图"组的"形状"下拉按钮，在下拉列表中选择"矩形标注"命令。

（2）将鼠标指针移到图表的适当位置，拖曳鼠标，绘制标注。

（3）将鼠标指针指向标注的黄色顶点◈，将其拖曳到需要标注的数据点上。

（4）在标注上单击鼠标右键，在快捷菜单中选择"编辑文字"命令，标注中出现插入点，输入文字"节省开支"，并调整其位置及大小。设置完成后的效果如图 3-79 所示。

图 3-78　"设置图表区格式"对话框

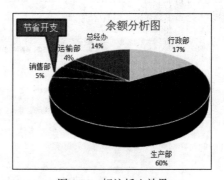

图 3-79　标注插入效果

13. 数据透视表

操作要求：在新的工作表中建立数据透视表，以"日期"为筛选器，"部门"为列标签，"费用科目"为行标签，"实际费用"作为数值，统计出各部门各种实际费用的总和。

数据透视表

数据透视表是一种对数据进行列交叉分析的三维表格。它将数据的排序、筛选和分类汇总 3 个过程结合在一起，可以转换行和列以查看源数据的不同汇总结果，可以显示不同页面以筛选数据，还可以根据需要显示所选区域中的明细数据，非常方便用户组织和统计数据。

操作步骤如下。

（1）将光标定位于"开支表"数据区域中任意一个单元格中，选择"插入"|"表格"|"数据透视表"命令 ，打开"创建数据透视表"对话框，如图 3-80 所示。也可选择"插入"|"表格"|"推荐的数据透视表"命令 ，打开"推荐的数据透视表"对话框，如图 3-81 所示，可以在推荐的数据透视表样式中选择一种。

图 3-80 "创建数据透视表"对话框　　　　图 3-81 "推荐的数据透视表"对话框

（2）在"创建数据透视表"对话框中，指定数据区域，选择"新工作表"单选按钮，单击"确定"按钮。

（3）系统将自动新建一个工作表用以放置产生的空白数据透视表，用户需设置数据透视表的筛选字段、列字段、行字段、值字段。在"数据透视表字段"窗格中，从字段列表中选择所需的字段拖到下部相应的区域中，将"日期"字段拖至"筛选器"区域，将"部门"字段拖至"列"标签区域，将"费用科目"字段拖至"行"标签区域，将"实际费用"字段拖至"值"数据区域，即可统计出各部门各种实际费用的总和，结果如图 3-82 所示。

图 3-82 新建的数据透视表

①用户可以按筛选器中的字段筛选数据透视表。

在数据透视表中，单击"日期"单元格右边的下拉按钮，在下拉列表中选择"2015/3/8"和"2015/3/18"，如图 3-83 所示，则只显示"2015/3/8"和"2015/3/18"的数据。如果要取消筛选，选择下拉列表中的"全部"选项即可。

②用户可以按行、列中的字段筛选数据透视表。

在数据透视表中，单击"行标签"单元格右边的下拉按钮，在下拉列表中取消选中"服装费""交通费""通讯费""宣传费""运输费"复选框，单击"确定"按钮，则汇总结果只统计办公费、材料费和招待费的数据，如图 3-84 所示。

图 3-83　筛选数据

图 3-84　筛选费用类别后的数据

③用户可以添加要统计的数据项，或删除不用统计的数据项。

如果还要统计各部门各种费用的余额之和，在"数据透视表字段"窗格的字段列表中选择"余额"项，将其拖曳到"值"数据区域中即可。汇总结果如图 3-85 所示。

图 3-85　添加数据项后的数据透视表

对于不需要统计的"余额"项，在"数据透视表字段"窗格中，单击"值"数据区域中"求和项：余额"右边的下拉按钮，如图 3-86 所示，在下拉列表中选择"删除字段"命令，则"余额"项被移除。

④用户可以改变数据项的统计方式。

如果要统计的是实际费用的平均值，则在数据透视表的"求和项：实际费用"单元格上单击鼠标右键，在快捷菜单中选择"值汇总依据"|"平均值"命令，则汇总结果将统计出实际费用的平均值，如图 3-87 所示。也可在"数据透视表字段"窗格中，单击"值"数据区域中"求和项：余额"右边的下拉按钮，在下拉列表中选择"值字段设置"命令，在打开的"字段值设置"对话框中，同样可设置"值汇总方式"和"值显示方式"。

另外，用户也可以根据需要灵活地设置筛选、行、列、值的字段，如将原区域的"部门""费用科目"字段删除，将"费用科目"字段拖至"列"标签区域，将"部门"字段拖至"行"标签区域，则汇总结果

图 3-86　删除字段

变为各部门各种费用的总数值。用户还可以生成数据透视图，可选中数据透视表内要生成数据透视图的相关数据，选择"插入"|"图表"组的各类图表命令，则系统将自动生成各类型的数据透

视图，其操作方法与插入图表方法类似。

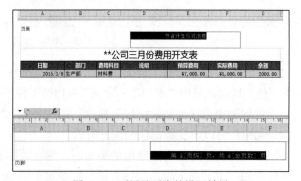

图 3-87　改变汇总方式后的数据透视表

14. 设置纸张方向

操作要求：将"开支表"工作表页面方向设置为横向。

操作步骤：切换至"开支表"工作表，单击"页面布局"|"页面设置"组的"纸张方向"下拉按钮，在下拉列表中选择"横向"命令  。

在默认情况下，打印纸张为 A4（宽 21cm，高 29.7cm）。当工作表中有太多列，在一张纸上无法打印出所有的列时，将打印方向设置为横向，纸张的宽度变为 29.7cm，高度变为 21cm，即可实现在一张纸上打印所有的列。

15. 设置页眉页脚

操作要求：设置页脚显示当前页号和总页数，页眉为"节省开支反对浪费"。

操作步骤如下。

（1）选择"插入"|"文本"|"页眉和页脚"命令，文档进入页眉和页脚的编辑界面。

（2）在页眉处输入"节省开支反对浪费"。单击"设计"|"页眉和页脚"组的"页脚"下拉按钮，在下拉列表中选择"第1页，共?页"命令。设置页眉和页脚后的效果如图 3-88 所示。

16. 打印预览

操作要求：对"开支表"工作表进行打印预览，调整页边距，使工作表显示在页面的中央。

图 3-88　页眉及页脚的设置效果

操作步骤如下。

（1）用户主要可通过下列两种方式进行打印预览。

①选择"文件"|"打印"命令，在其右方自动出现"打印预览"效果。

②单击快速访问工具栏的"打印预览和打印"按钮，或选择"自定义快速访问工具栏"的"打印预览和打印"命令。

（2）选择"页面布局"|"页面设置"|"打印区域"|"设置打印区域"命令，可设置打印的区域，页面上将显示出设置页边距的虚线及标尺。将鼠标指针指向虚线，鼠标指针变为形状。拖曳鼠标，调整边距到合适的位置，使图表显示在页面水平中央位置。

也可单击"页面布局"|"页面设置"组右下方的对话框启动器，打开"页面设置"对话框，在"页边距"选项卡中，直接将"居中方式"栏的"水平"和"垂直"复选框都选中即可，如图 3-89 所示。

另外，在"页面设置"对话框中也可以进行页面方向、纸张大小及方向、页边距及页眉/页脚等相关设置。

17. 保护工作簿和工作表

操作要求：给工作簿和工作表设置密码。

（1）给工作簿设置密码。

为有效防止他人在工作簿中建立、删除、重命名工作表，用户可保护工作簿。操作步骤如下。

①单击"审阅"|"更改"|"保护工作簿"按钮，打开"保护结构和窗口"对话框，如图 3-90 所示。

②在"保护工作簿"对话框中的"保护工作簿"栏下设置要保护的选项"结构"或"窗口"，在"密码"文本框中输入保护密码。

③系统打开"确认密码"对话框后，再次输入密码，单击"确定"按钮即可完成密码设置。

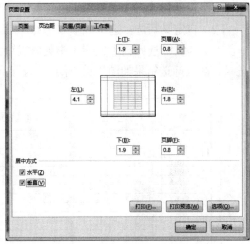

图 3-89 "页面设置"对话框

再次选择"保护工作簿"命令，在打开的"撤销工作簿保护"对话框中输入正确密码，可取消对工作簿的保护。

（2）给工作表设置密码。

为有效地防止他人修改工作表中的数据，用户可保护工作表，操作步骤如下。

①单击"审阅"|"更改"|"保护工作表"按钮，打开"保护工作表"对话框，如图 3-91 所示。

图 3-90 "保护结构和窗口"对话框

图 3-91 "保护工作表"对话框

②在"保护工作表"对话框中，选择允许其他用户进行的操作选项，输入保护密码，单击"确定"按钮。

③系统打开"确认密码"对话框后，再次输入密码，单击"确定"按钮即可完成密码设置。

再次单击"审阅"|"更改"|"撤销工作表保护"命令，在打开的"撤销工作簿保护"对话框中输入正确密码，可取消对工作表的保护。

※课堂练习※

【练习一】

现有"计算机专业学生成绩管理.xlsx"，对其进行以下数据管理操作。

1. 排序

（1）多关键字排序：按总分从高到低排列，总分相同时大学英语成绩由高到低排序。

（2）自定义排序：成绩表按照总分等级——优秀、良好、中等、及格、不及格排序。

2. 筛选

（1）自动筛选：选出成绩表中数学成绩为 80 的学生记录。

（2）自定义筛选：选出成绩表中 C 语言程序设计成绩在平均分以上的学生记录。

（3）高级筛选：选出成绩表中英语成绩大于 85 分的男同学和数学成绩小于 85 分的女同学的记录，高级筛选结果如图 3-92 所示。

	学号	姓名	年龄	性别	大学英语	C语言程序设计	大学数学	数据库基础	总分	名次	总分等级
						**级计算机专业学生成绩管理					
3	01001	张文龙	21	男	91	87	77	66	321	5	优秀
8	01006	杜 图	22	女	67	78	69	91	305	15	良好
9	01007	王 玲	19	女	92	63	78	79	312	11	良好
11	01009	欧阳丹	21	女	82	84	78	91	335	1	优秀
13	01011	李 清	21	女	85	77	67	70	299	19	中等
15	01013	郭 唯	21	男	87	82	73	65	307	14	良好
16	01014	李 惠	22	女	77	73	76	82	308	13	良好
17	01015	胡丽霞	21	女	50	73	80	65	268	29	及格
19	01017	万齐安	19	女	79	80	84	82	325	4	优秀
21	01019	孙彩霞	19	女	70	77	70	41	258	31	不及格
25	01023	甘晓聪	20	女	62	76	76	66	280	25	中等
27	01025	黄小惠	20	女	83	65	65	79	292	22	良好
33	01031	喻 欢	20	男	89	69	77	79	314	7	良好
36				性别	大学英语	大学数学					
37				男	>85						
38				女		<85					

图 3-92　高级筛选结果

3. 分类汇总

（1）简单汇总：统计男女学生各门课程的平均成绩。

（2）嵌套汇总：统计男女学生各门课程的平均成绩，并统计男女生人数，汇总后的 3 级结果如图 3-93 所示。

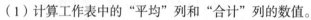

	学号	姓名	年龄	性别	大学英语	C语言程序设计	大学数学	数据库基础	总分	名次	总分等级
						**级计算机专业学生成绩管理					
21	18			男 计数							
22				男 平均值	75	76.83333333	74.611111	74			
37	14			女 计数							
38				女 平均值	75.07142857	72.92857143	76.857143	71.714286			
39	32			总计数							
40				总计平均值	75.03125	75.125	75.59375	73			

图 3-93　嵌套汇总 3 级结果

【练习二】

建立图 3-94 所示的"营业收入"工作表，计算并制作图 3-95 所示的图表。具体操作要求如下。

课堂练习二

（1）计算工作表中的"平均"列和"合计"列的数值。

（2）根据工作表中的数据，建立图表工作表。

①图表分类轴为"收入项目"，数值轴为各收入项目的"合计"。

②图表类型：三维饼图。

③添加标题：营业收入。

④图例：靠右。

⑤数据标志：显示百分比。

⑥图表位置：作为新工作表插入。

⑦工作表名：营业收入图表。

营业收入统计表						
收入项目	第一季度	第二季度	第三季度	第四季度	合计	平均
汽车销售	120000	200000	180000	190000		
保险销售	58000	61000	25000	45000		
汽车维修	60000	50000	15000	32000		
保险索赔	20000	32000	24000	21000		
质量索赔	10000	20000	12000	15000		
会所收入	10000	20000	15000	30000		
其他收入	2500	3600	4800	5100		

图 3-94　营业收入统计表

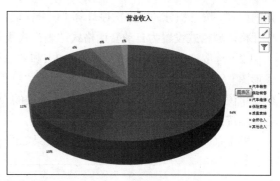

图 3-95　营业收入饼图

习　题

【习题一】

（1）新建一个工作簿，名称为"学历表.xlsx"，重命名 Sheet1 工作表为"学历情况"。

（2）在"学历情况"工作表中输入数据，如图 3-96 所示。

（3）输入公式计算"人数"列的"总计"项及"所占百分比"列的值（所占百分比=人数/总计，其数字格式为"百分比"型，小数点后位数为 2）。

（4）为表格加实线边框。

（5）合并 A1:C1 单元格区域，并设置为宋体、16 磅、居中。

（6）表中数据设置为宋体、14 磅；表中数据垂直方向居中对齐，水平方向上文本型数据居中对齐，数值型数据右对齐。

（7）自动调整各列的宽度。

（8）按学历情况和"人数"列建立"三维饼图"，图表标题为"学历情况分布图"，"图例"位置靠右，数据标签显示值，设置"数据标签外"，并将生成的图表插入 D1:H10 单元格区域。

最终效果如图 3-97 所示。

学历情况调查表		
学历	人数	所占百分比
小学	2	
初中	8	
高中	12	
大专	28	
本科	40	
硕士	12	
博士	6	
博士后	2	
总计		

图 3-96　"学历情况"工作表数据

学历情况调查表		
学历	人数	所占百分比
小学	2	1.82%
初中	8	7.27%
高中	12	10.91%
大专	28	25.45%
本科	40	36.36%
硕士	12	10.91%
博士	6	5.45%
博士后	2	1.82%
总计	110	

图 3-97　习题一最终效果

【习题二】

现有"运动会成绩统计表.xlsx"工作簿，请用公式及函数对其中的相关数据进行统计计算并制作图表。

具体操作要求如下。

（1）将 Sheet1 工作表的 A1:F1 单元格区域合并为一个单元格，内容水平居中；计算"总积分"

列的内容，按总积分的降序次序计算“积分排名”列的内容（利用 RANK 函数，降序）；将 A2:F10 单元格区域格式设置为自动套用格式“表样式浅色 3”。

（2）选取“单位代号”列（A2:A10）和“总积分”列（E2:E10）数据区域的内容建立“簇状条形图”（系列产生在“列”），图表标题为“总积分统计图”，清除图例；设置纵坐标轴格式主要刻度单位为 10，数值为常规型；将图插入表的 A12:D24 单元格区域内，将工作表命名为“运动会成绩统计表”。

操作完成后用原文件名保存。最终效果如图 3-98 所示。

	A	B	C	D	E	F
1	某运动会成绩统计表(单位:项)					
2	单位代号	第一名(8分/项	第二名(5分/项	第三名(3分/项	总积分	积分排名
3	A01	12	10	11	33	3
4	A02	11	14	9	34	2
5	A03	9	11	13	33	3
6	A04	7	4	8	19	8
7	A05	19	5	12	36	1
8	A06	9	16	6	31	5
9	A07	7	13	9	29	7
10	A08	8	9	14	31	5

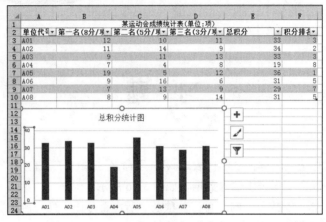

图 3-98 习题二最终效果

【习题三】

现有“停车场计时收费表.xlsx”工作簿，用公式及函数对其中的相关数据进行统计计算。具体操作如下。

（1）用 MINUTE 函数计算停车分钟数。

（2）用 HOUR 函数计算停车小时数。

（3）用 DAY 函数计算停车天数。

（4）用公式计算停车累计小时数，其中，15min 以内不计时，15～30min 算 0.5h，30min 以上算 1h。

（5）用公式计算应收费用，按 5 元/h 计算。

操作完成后用原文件名保存，最终效果如图 3-99 所示。

**商厦地下停车场计时收费表

						时间：	2019年2月11日
车牌号	停车时间	离开时间	累计时间				应收费用
			分钟	小时	天数	累积小时数	
帆A32856	2019/2/11 8:50	2019/2/11 12:35	45	3	0	4.0	¥20.00
帆A8S626	2019/2/11 8:52	2019/2/11 17:20	28	8	0	8.5	¥42.50
帆A381SD	2019/2/11 9:08	2019/2/11 17:56	48	8	0	9.0	¥45.00
帆A377Q1	2019/2/11 11:12	2019/2/11 13:11	59	1	0	2.0	¥10.00
帆A0D000	2019/2/11 11:13	2019/2/11 15:40	27	4	0	4.5	¥22.50
帆A37P11	2019/2/11 11:18	2019/2/11 13:06	48	1	0	2.0	¥10.00
帆B62530	2019/2/11 11:58	2019/2/11 17:32	34	5	0	6.0	¥30.00
帆F37763	2019/2/11 12:00	2019/2/11 15:03	3	3	0	3.0	¥15.00
帆A474Y1	2019/2/11 12:32	2019/2/11 14:21	49	1	0	2.0	¥10.00
帆AAW001	2019/2/11 13:50	2019/2/11 18:09	19	4	0	4.5	¥22.50
帆A695S6	2019/2/11 14:11	2019/2/11 15:23	12	1	0	1.0	¥5.00
帆A56DE4	2019/2/11 15:52	2019/2/11 19:47	55	3	0	4.0	¥20.00
帆A2E356	2019/2/11 16:00	2019/2/11 17:30	30	1	0	2.0	¥10.00
帆A9785D	2019/2/11 16:00	2019/2/11 20:16	16	4	0	4.5	¥22.50
帆A06680	2019/2/11 16:16	2019/2/11 16:37	21	0	0	0.5	¥2.50
				停车总计		总计	¥287.50
员工签名						日期	
经理签名						日期	

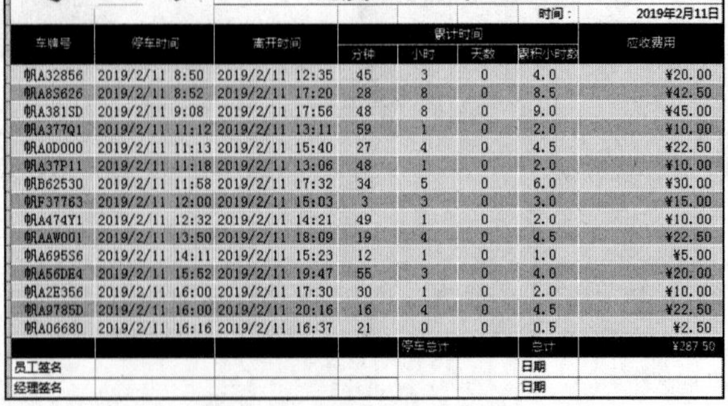

图 3-99 习题三最终效果

第4章
Excel 2016 综合案例实践

本章以制作图书产品销售情况表和员工档案个人简历表为例，结合第 3 章所讲的 Excel 数据处理与分析的知识，进一步讲解如何利用 Excel 的高级编辑技术和应用技巧来进行数据处理与数据分析。掌握了本章的内容，读者就可以熟练制作各种数据表格，利用表格进行数据分析与数据处理，并将相关数据转换成图表。

4.1 综合案例一

4.1.1 案例分析

设计要求：销售部的助理小王需要根据 2018 年和 2019 年的图书产品销售情况进行统计分析，以便制订新一年的销售计划和工作任务。请按照以下要求，在文档"图书产品销售情况.xlsx"中完成相关操作并保存。

（1）在"销售订单"工作表的"图书编号"列中，使用 VLOOKUP 函数填充与"图书名称"相对应的"图书编号"，"图书名称"和"图书编号"的对照关系请参考"图书编目表"工作表。

（2）将"销售订单"工作表的"订单编号"列按数值升序方式排序，并将所有重复的订单编号数值标记为紫色（标准色）字体，然后将其排列在销售订单列表区域的顶端。

（3）在"2019 年图书销售分析"工作表中，统计 2019 年各类图书在每月的销售量，并将统计结果填充在所对应的单元格中。为该表添加汇总行，在汇总行单元格中分别计算每月图书的总销量。

（4）在"2019 年图书销售分析"工作表中的 N4:N11 单元格区域中，插入用于统计销售趋势的迷你折线图，各单元格中迷你折线图的数据范围为所对应图书 1 月～12 月的销售数据，并为各迷你折线图标记销量的最高点和最低点。

（5）根据"订单销售"工作表的销售列表创建数据透视表，并将创建完成的数据透视表放置在新的工作表中，以 A1 单元格为数据透视表的起点位置。将工作表重命名为"2018 年书店销量"。

（6）在"2018 年书店销量"工作表的数据透视表中，设置"年"为筛选器，"季度"字段为列标签，"书店名称"字段为行标签，"销量（本）"字段为求和汇总项，在数据透视表中显示 2018 年各书店每季度的销量情况。

为了统计方便，请勿对完成的数据透视表进行额外的排序操作。

本电子表格共有 3 个工作表：一个工作表为销售订单表，如图 4-1 所示；一个工作表为 2019
年图书销售分析表，如图 4-2 所示；一个工作表为图书编目表，如图 4-3 所示。

2018年至2019年度图书销售订单记录						
订单编号	日期	书店名称	图书名称	图书编号	图书作者	销量（本）
BY-08001	2018年1月2日	鼎盛书店	《Office商务办公好帮手》		孟天祥	12
BY-08002	2018年1月4日	博达书店	《Excel办公高手应用案例》		陈祥通	5
BY-08003	2018年1月4日	博达书店	《Word办公高手应用案例》		王天宇	41
BY-08004	2018年1月5日	博达书店	《PowerPoint办公高手应用案例》		方文成	21
BY-08005	2018年1月6日	鼎盛书店	《OneNote万用电子笔记本》		钱顺卓	32
BY-08006	2018年1月9日	鼎盛书店	《Outlook电子邮件应用技巧》		王崇江	3
BY-08007	2018年1月9日	博达书店	《Office商务办公好帮手》		黎浩然	1
BY-08008	2018年1月10日	鼎盛书店	《SharePoint Server安装、部署与开发》		刘露霏	3
BY-08009	2018年1月10日	鼎盛书店	《Excel办公高手应用案例》		陈祥通	43
BY-08010	2018年1月11日	隆华书店	《SharePoint Server安装、部署与开发》		徐志晨	22
BY-08011	2018年1月11日	鼎盛书店	《OneNote万用电子笔记本》		张哲宇	31
BY-08012	2018年1月12日	隆华书店	《Excel办公高手应用案例》		王炫晓	19
BY-08013	2018年1月12日	鼎盛书店	《Exchange Server安装、部署与开发》		王海德	43
BY-08014	2018年1月13日	隆华书店	《Office商务办公好帮手》		谢丽秋	39
BY-08015	2018年1月15日	鼎盛书店	《Outlook电子邮件应用技巧》		王崇江	30
BY-08016	2018年1月16日	鼎盛书店	《PowerPoint办公高手应用案例》		关天胜	43
BY-08017	2018年1月16日	鼎盛书店	《PowerPoint办公高手应用案例》		唐小姐	40

图 4-1　销售订单表

2019年 图书销售分析													
单位：本													
图书名称	1月	2月	3月	4月	5月	6月	7月	8月	9月	10月	11月	12月	销售趋势
《Office商务办公好帮手》													
《Word办公高手应用案例》													
《Excel办公高手应用案例》													
《PowerPoint办公高手应用案例》													
《Outlook电子邮件应用技巧》													
《OneNote万用电子笔记本》													
《SharePoint Server安装、部署与开发》													
《Exchange Server安装、部署与开发》													

图 4-2　2019 年图书销售分析表

图书名称	图书编号
《Office商务办公好帮手》	BKC-001
《Word办公高手应用案例》	BKC-002
《Excel办公高手应用案例》	BKC-003
《PowerPoint办公高手应用案例》	BKC-004
《Outlook电子邮件应用技巧》	BKC-005
《OneNote万用电子笔记本》	BKC-006
《SharePoint Server安装、部署与开发》	BKS-001
《Exchange Server安装、部署与开发》	BKS-002

图 4-3　图书编目表

4.1.2　知识储备

Excel 中所提供的函数其实是一些预定义的公式，它们使用一些称为参数的
特定数值按特定的顺序或结构进行计算。Excel 自带函数一共有 11 类，分别是
数据库函数、日期与时间函数、工程函数、财务函数、信息函数、逻辑函数、
查询和引用函数、数学和三角函数、统计函数、文本函数以及用户自定义函数。

知识储备

1. 数据库函数

当需要分析数据清单中的数值是否符合特定条件时，可以使用数据库函数。例如，在一个包
含销售信息的数据清单中，可以计算出所有销售数值大于 1000 且小于 2500 的行或记录的总数。
Excel 中有 12 个工作表函数用于对存储在数据清单或数据库中的数据进行分析。这些函数的统一
名称为 Dfunctions，也称为 D 函数；每个函数均有 3 个相同的参数：database、field 和 criteria。
这些参数指向数据库函数所使用的工作表区域。其中，参数 database 为工作表上包含数据清单的

区域，参数 field 为需要汇总的列的标志，参数 criteria 为工作表上包含指定条件的区域。

2. 日期与时间函数

通过日期与时间函数，可以在公式中分析和处理日期值和时间值。

3. 工程函数

工程函数用于工程分析。这类函数中的大多数可分为 3 种类型：对复数进行处理的函数；在不同的数制（如十进制、十六进制、八进制和二进制）间进行数值转换的函数；在不同的度量系统中进行数值转换的函数。

4. 财务函数

财务函数可以进行一般的财务计算，如确定贷款的支付额、投资的未来值或净现值，以及债券或股票的价值。财务函数中常见的参数如下。

未来值（fv）——在所有付款发生后的投资或贷款的价值。

期间数（nper）——投资的总支付期间数。

付款（pmt）——对于一项投资或贷款的定期支付数额。

现值（pv）——在投资期初的投资或贷款的价值。例如，贷款的现值为所借入的本金数额。

利率（rate）——投资或贷款的利率或贴现率。

类型（type）——付款期间内进行支付的间隔，如在月初或月末。

5. 信息函数

信息函数用于确定存储在单元格中的数据类型。信息函数包含一组称为 IS 的工作表函数，在单元格满足条件时返回 True。例如，如果单元格包含一个偶数值，ISEVEN 工作表函数返回 True。如果需要确定某个单元格区域中是否存在空白单元格，可以使用 COUNTBLANK 工作表函数对单元格区域中的空白单元格进行计数，或者使用 ISBLANK 工作表函数确定区域中的某个单元格是否为空。

6. 逻辑函数

使用逻辑函数可以进行真假值判断，或者进行复合检验。例如，可以使用 IF 函数确定条件为真还是假，并由此返回不同的数值。

7. 查询和引用函数

当需要在数据清单或表格中查找特定数值，或者需要查找某一单元格的引用时，可以使用查询和引用函数。例如，如果需要在表格中查找与第一列中的值相匹配的数值，可以使用 VLOOKUP 工作表函数。如果需要确定数据清单中数值的位置，可以使用 MATCH 工作表函数。

8. 数学和三角函数

数学和三角函数用于处理简单的计算，例如对数字取整、计算单元格区域中的数值总和等。

9. 统计函数

统计函数用于对数据区域进行统计分析。例如，统计函数可以提供由一组给定值绘制出的直线的相关信息，如直线的斜率和 y 轴截距，或构成直线的点的实际数值。

10. 文本函数

文本函数用于在公式中处理字符串。

例如，可以改变大小写或确定字符串的长度；可以将日期插入字符串或连接在字符串上。下面的公式为一个示例，借以说明如何使用函数 TODAY 和函数 TEXT 来创建一条信息。该信息包含当前日期并将日期以 "dd-mm-yy" 的格式表示。

```
=TEXT(TODAY(),"dd-mm-yy")
```

11. 用户自定义函数

如果要进行特别复杂的计算，而工作表函数又无法满足需要，则需要创建自定义函数。这些函数称为用户自定义函数，可以通过使用 Visual Basic for Applications 来创建。

以上对 Excel 函数的种类及有关知识做了简要的介绍，在下面的实例中将介绍一些重要函数的使用方法及应用技巧。

4.1.3 案例实现

具体操作步骤如下。

（1）打开电子表格文件"图书产品销售情况.xlsx"，在"销售订单"工作表的 E3 单元格中输入"=VLOOKUP(D3,图书编目表!$A$2:$B$9,2,FALSE)"，按【Enter】键，E3 单元格中图书编号将被自动计算出来。

案例实现1　　案例实现2

（2）将公式填充至 E4:E678 单元格区域中。

此处公式"=VLOOKUP(D3,图书编目表!$A$2:$B$9,2,FALSE)"的含义：返回 D3 单元格数据与图书编目表中$A$2:B$9 单元格区域数据精确匹配后所对应的 B 列的值。

VLOOKUP 函数的使用方法："Lookup"的汉语意思是"查找"，在 Excel 中与"Lookup"相关的函数有 3 个，即 VLOOKUP、HLOOKUP 和 LOOKUP。VLOOKUP 函数的作用为在表格的首列查找指定的数据，并返回指定的数据所在行中的指定列处的数据。其语法格式为"VLOOKUP(lookup_value, table_array,col_index_num, range_lookup)"。

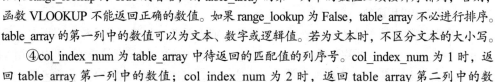

说明

①VLOOKUP(lookup_value,table_array,col_index_num,range_lookup)可以表示为 VLOOKUP(需在第一列中查找的数据,需要在其中查找数据的数据表,需返回某列值的列号,逻辑值 True 或 False)。

②lookup_value 为"需在数据表第一列中查找的数据"，可以是数值、文本字符串或引用。

③table_array 为"需要在其中查找数据的数据表"，可以使用单元格区域或区域名称等。如果 range_lookup 为 True 或省略，则 table_array 的第一列中的数值必须按升序排列，否则，函数 VLOOKUP 不能返回正确的数值。如果 range_lookup 为 False，table_array 不必进行排序。table_array 的第一列中的数值可以为文本、数字或逻辑值。若为文本时，不区分文本的大小写。

④col_index_num 为 table_array 中待返回的匹配值的列序号。col_index_num 为 1 时，返回 table_array 第一列中的数值；col_index_num 为 2 时，返回 table_array 第二列中的数值，依此类推。如果 col_index_num 小于 1，函数 VLOOKUP 返回错误值#VALUE!；如果 col_index_num 大于 table_array 的列数，函数 VLOOKUP 返回错误值#REF!。

⑤range_lookup 为一逻辑值，指明函数 VLOOKUP 返回时是精确匹配还是近似匹配。如果为 True 或省略，则返回近似匹配值，也就是说，如果找不到精确匹配值，则返回小于 lookup_value 的最大数值；如果 range_value 为 False，函数 VLOOKUP 将返回精确匹配值。如果找不到，则返回错误值 #N/A。

（3）将光标定位于数据范围内，单击"开始"|"编辑"|"排序和筛选"下拉按钮，在下拉列表中选择"自定义"排序，在打开的对话框中将"列"设置为订单编号，"排序依据"设置为数值，"次序"设置为升序，单击"确定"按钮。

（4）选中 A3:A678 单元格区域，单击"开始"|"样式"|"条件格式"下拉按钮，选择"突出显示单元格规则"|"重复值"命令，弹出"重复值"对话框。单击"设置为"右侧的下拉按钮，

在下拉列表中选择"自定义格式"命令即可弹出"设置单元格格式"对话框，单击"字体"选项卡中"颜色"命令的下拉按钮，在下拉列表中选择标准色中的"紫色"项，单击"确定"按钮。返回"重复值"对话框中再次单击"确定"按钮。

（5）单击"开始"|"编辑"|"排序和筛选"下拉按钮，在下拉列表中选择"自定义排序"命令，在打开的对话框中将"列"设置为"订单编号"，"排序依据"设置为"字体颜色"，"次序"设置为紫色、在顶端，单击"确定"按钮。

（6）在"销售订单"工作表中选中"书店名称"单元格，右击，在快捷菜单中选择"插入"|"在左侧插入表列"命令，插入两列单元格，列名分别分"年"和"月"，然后在 C3 单元格中输入公式"=year(B3)"，按【Enter】键确定后将公式填充至 C4:C678 单元格区域；在 D3 单元格中输入公式"=month(B3)"，按【Enter】键确定后，将公式填充至 D4:D678 单元格区域中。

year 函数、month 函数为日期函数，此处公式"=year (B3)"的返回值是 B3 单元格中日期数据的年份数值"2018"，公式"=month(B3)"的返回值是 B3 单元格中日期数据的月份数值"3"。注意，此处 C、D 两列的数据类型应为常规型数据类型。其他日期函数如图 4-4 所示。

常用日期函数列表			
函数	描述	公式	计算结果
today	无需填参数，直接返回当天日期	=TODAY()	2013-9-23
now	无需填参数，直接返回当天日期+时间	=NOW()	2013-9-23 13:32
date	参数为分开的数字（年、月、日），返回日期格式	=DATE(2012,11,12)	2012-11-12
day	参数为日期，返回日期的天/月/年	=DAY("2012-11-12")	12
month		=MONTH("2012-11-12")	11
year		=YEAR("2012-11-12")	2012
weeknum	参数为日期，返回日期是一年中的第几周，Office 2003版及之前的版本没有此函数	=WEEKNUM("2012-11-12")	46
weekday	参数为日期，返回日期是一周中的第几天，可设置从周日(return type 1)还是周一(return type 2)	=WEEKDAY("2012-11-12",2)	1
datevalue	参数为日期，用于返回日期的序列数	=DATEVALUE("2012-11-12")	41225
workday	用于计算多少个工作日之前或之后的日期，需填参数日期、天数，可在其中扣除假期	=WORKDAY("2012-10-8",-10,"2012-10-1")	2012-9-21
networkdays	用于计算两个日期间间隔多少个工作日，可在其中扣除假期	=NETWORKDAYS("2012-10-8","2012-9-21","2012-10-1")	-11
eomonth	返回当月/前几月/后几月的最后一天	=EOMONTH("2012-11-12",-1)	2012-10-31
edate	用于计算指定日期的前/后几个月的日期	=EDATE("2012-11-12",-2)	2012-9-12

图 4-4　常用日期函数

（7）切换至"2019 年图书销售分析"工作表，选择 B4 单元格，并输入"=SUMIFS(销售订单!$I$3:$I$678,销售订单!$F$3:$F$678,A4,销售订单! $C$3:$C$678,2019,销售订单!$D$3:$D$678,1)"，按【Enter】键确定。

此处 B4 单元格中的公式"=SUMIFS(销售订单!$I$3:$I$678,销售订单!$F$3:$F$678,A4, 销售订单! $C$3:$C$678,2019,销售订单!$D$3:$D$678,1)"用来对"销售订单"工作表中 I3:I678 单元格区域数据进行求和，但条件是 2019 年 1 月（条件：销售订单! 销售订单! $C$3:$C$678,2019,$D$3:$D$678,1）的《Office 商务办公好帮手》（条件：销售订单!$F$3:$F$678,A4）这本书。

SUMIFS 函数是多条件求和函数，用于对某一区域内满足多重条件（两个条件以上）的单元格求和。SUMIFS 函数的语法格式为"SUMIFS(sum_range, criteria_range1, criteria1, [criteria_range2, criteria2], …)"。

①SUMIFS(实际求和区域,第一个条件区域,第一个对应的求和条件,第二个条件区域，第二个对应的求和条件,…)。

②sum_range：指进行求和的单元格或单元格区域。

③criteral_range：条件区域，通常是指与求和单元格或单元格式处于同一行的条件区域，在求和时，该区域将参与条件的判断。

④criteria1：对应的求和条件，通常是参与判断的具体的一个值。条件区域及条件可以有多个。

（8）选择"2019 年图书销售分析"工作表中的 C4 单元格，并输入"=SUMIFS(销售订单!$I$3:$I$678,销售订单!$F$3:$F$678,A4, 销售订单! $C$3:$C$678,2019,销售订单!$D$3:$D$678,2)"，按【Enter】键确定。选中 D4 单元格并输入"=SUMIFS(销售订单!$I$3:$I$678,销售订单!$F$3:$F$678,A4, 销售订单! $C$3:$C$678,2019,销售订单!$D$3:$D$678,3)"，按【Enter】键确定。使用同样方法在其他单元格中输入相应的计算公式。

（9）在 A12 单元格中输入"每月图书总销量"字样，然后选中 B12 单元格，输入公式"=SUM(B4:B11)"，按【Enter】键确定后，将此公式填充至 C12:M12 单元格区域中。

（10）选择"2019 年图书销售分析"工作表中的 N4 单元格，选择"插入"|"迷你图"|"折线图"命令，在打开的对话框中，在"数据范围"处输入"B4:M4"，确定"位置范围"文本框为 $N$4，单击"确定"按钮。

（11）确定选中"迷你图工具"|"设计"|"显示"组中的"高点""低点"复选框后，将 N4 单元格内容填充至 N5:N11 单元格区域内。完成后结果如图 4-5 所示。

图 4-5　销售量统计及迷你图

（12）切换至"销售订单"工作表中，单击"插入"|"表格"|"数据透视表"下拉按钮，在弹出的下拉列表中选择"数据透视表"命令，在弹出的"创建数据透视表"对话框中将"请选择要分析的数据"项设置为表 1，"选择放置透视表的位置"项选择"新工作表"，单击"确定"按钮。

（13）选择"数据透视表工具"|"分析"|"操作"|"移动数据透视表"命令，在打开的"移动数据透视表"对话框中选中"现有工作表"，将"位置"设置为"Sheet1!A1"，单击"确定"按钮。

（14）在新插入的工作表名称上单击鼠标右键，在弹出的快捷菜单中选择"重命名"命令，将工作表重命名为"2018 年书店销量"。

（15）根据题意要求，在"2018 年书店销量"工作表的"数据透视表字段列表"窗格中，将"年"字段拖至"筛选器"，将"季度"字段（如果没有此字段，可以事先在"销售订单"表后插入"季度"列，并通过计算得到该列中的具体数值）拖至"列标签"，将"书店名称"拖至"行标签"，将"销量（本）"字段拖至"数值"中。

（16）创建好数据透视表后，将"年"筛选器后的筛选条件"全部"设置为"2018"，即可显示出 2018 年各书店每季度的销量情况。结果如图 4-6 所示。

年	2018

求和项:销量（本）	列标签				
行标签	第一季	第二季	第三季	第四季	总计
博达书店	439	761	711	685	2596
鼎盛书店	1098	836	844	1038	3816
隆华书店	571	772	889	626	2858
总计	2108	2369	2444	2349	9270

图 4-6　数据透视表及统计结果

操作完成后，保存文档"图书产品销售情况.xlsx"。

课堂练习1　课堂练习2

※课堂练习※

期末考试结束了，初三（1）班的班主任助理王老师需要对本班学生的各科考试成绩进行统计分析，并为每个学生制作一份成绩通知单发送给家长。按照下列要求完成该班的成绩统计工作并按原文件名进行保存。

（1）打开工作簿"学生成绩.xlsx"，在最左侧插入一个空白工作表，重命名为"初三学生档案"，并将该工作表标签颜色设为"紫色（标准色）"。

（2）将以制表符分隔的文本文件"学生档案.txt"自 A1 单元格开始导入工作表"初三学生档案"中，注意不得改变原始数据的排列顺序。将第一列数据从左到右依次分成"学号"和"姓名"两列显示。最后创建好的名为"初三学生档案"表，应包含在数据区域 A1:G56 内，并含有标题。最后删除外部链接。

（3）在工作表"初三学生档案"中，利用公式及函数依次输入每个学生的性别（"男"或"女"）、出生日期（****年**月**日）和年龄。其中，身份证号的倒数第 2 位用于判断性别，奇数为男性，偶数为女性；身份证号的第 7～14 位代表出生年月日；年龄需要按周岁计算，满 1 年才计 1 岁。最后适当调整工作表的行高和列宽、对齐方式等，以方便阅读。

（4）参考工作表"初三学生档案"，在工作表"语文"中输入与学号对应的"姓名"；按照平时、期中、期末成绩各占 30%、30%、40% 的比例计算每个学生的"学期成绩"并填入相应单元格；按成绩由高到低的顺序统计每个学生的"学期成绩"排名并按"第 n 名"的形式填入"班级名次"列中；按照表 4-1 所示标准填写"期末总评"。

表 4-1　　期末总评标准

语文、数学的学期成绩	其他科目的学期成绩	期末总评
≥102	≥90	优秀
≥84	≥75	良好
≥72	≥60	及格
<72	<60	不及格

（5）将工作表"语文"的格式全部应用到其他科目工作表中，包括行高【各行行高均为"22"（默认单位）】和列宽【各列列宽均为"14"（默认单位）】。按上述（4）中的要求依次输入或统计其他科目的"姓名""学期成绩""班级名次""期末总评"。

（6）分别将各科的"学期成绩"引入工作表"期末总成绩"的相应列中，在工作表"期末总成绩"中依次引入姓名、各科的平均分、每个学生的总分，并按成绩由高到低的顺序统计每个学生的总分排名，并以 1,2,3,… 形式标识名次，最后将所有成绩的数字格式设为数值、保留两位小数。

（7）在工作表"期末总成绩"中用红色（标准色）、加粗格式标出各科第一名成绩。同时将"总分排名前十的单元格用浅蓝色填充。

（8）调整工作表"期末总成绩"的页面布局以便打印：纸张方向为横向，缩减打印输出使所有列只占一个页面宽（但不得缩小列宽），水平居中打印在纸上。

操作完成后的部分表结果，如"初三学生档案"表、"语文"表、"期末总成绩"表，分别如图 4-7、图 4-8 和图 4-9 所示。

	A	B	C	D	E	F	G
1	学号	姓名	身份证号码	性别	出生日期	年龄	籍贯
2	C121417	马小军	110101200001051054	男	2000-01-05	20	湖北
3	C121301	曾令铨	110102199812191513	男	1998-12-19	21	北京
4	C121201	张国强	110102199903292713	男	1999-03-29	21	北京
5	C121424	孙令煊	110102199904271532	男	1999-04-27	21	北京
6	C121404	江晓勇	110102199905240451	男	1999-05-24	21	山西
7	C121001	吴小飞	110102199905281913	男	1999-05-28	21	北京
8	C121422	姚南	110103199903040920	女	1999-03-04	21	北京
9	C121425	杜学江	110103199903270623	女	1999-03-27	21	北京
10	C121401	宋子丹	110103199904290936	男	1999-04-29	21	北京
11	C121439	吕文伟	110103199908171548	女	1999-08-17	21	湖南
12	C120802	符坚	110104199810261737	男	1998-10-26	21	山西
13	C121411	张杰	110104199903051216	男	1999-03-05	21	北京
14	C120901	谢如雪	110105199807142140	女	1998-07-14	22	北京
15	C121440	方天宇	110105199810054517	男	1998-10-05	21	河北
16	C121413	莫一明	110105199810212519	男	1998-10-21	21	北京
17	C121423	徐霞客	110105199811111135	男	1998-11-11	21	北京
18	C121432	孙玉敏	110105199906036123	女	1999-06-03	21	山东
19	C121101	徐鹏飞	110106199903293913	男	1999-03-29	21	陕西
20	C121403	张雄杰	110106199905133052	男	1999-05-13	21	北京
21	C121437	康秋林	110106199905174819	男	1999-05-17	21	河北
22	C121420	陈家洛	110106199907250970	男	1999-07-25	21	吉林
23	C121003	苏三强	110107199904230930	男	1999-04-23	21	河南
24	C121428	陈万地	110108199811063791	男	1998-11-06	21	河北
25	C121410	苏国强	110108199812284251	男	1998-12-28	21	山东

图 4-7 "初三学生档案" 表结果

	A	B	C	D	E	F	G	H
1	学号	姓名	平时成绩	期中成绩	期末成绩	学期成绩	班级名次	期末总评
2	C121401	宋子丹	97.00	96.00	102.00	98.7	第13名	良好
3	C121402	郑菁华	99.00	94.00	101.00	98.3	第14名	良好
4	C121403	张雄杰	98.00	82.00	91.00	90.4	第28名	良好
5	C121404	江晓勇	87.00	81.00	90.00	86.4	第33名	良好
6	C121405	齐小娟	103.00	98.00	96.00	98.7	第11名	良好
7	C121406	孙如红	96.00	86.00	91.00	91	第26名	良好
8	C121407	甄士隐	109.00	112.00	104.00	107.9	第1名	优秀
9	C121408	周梦飞	81.00	71.00	88.00	80.8	第42名	及格
10	C121409	杜春兰	103.00	108.00	106.00	105.7	第2名	优秀
11	C121410	苏国强	95.00	85.00	89.00	89.6	第30名	良好
12	C121411	张杰	90.00	94.00	93.00	92.4	第23名	良好
13	C121412	吉莉莉	83.00	96.00	99.00	93.3	第21名	良好
14	C121413	莫一明	101.00	100.00	96.00	98.7	第11名	良好
15	C121414	郭晶晶	77.00	87.00	93.00	86.4	第33名	良好
16	C121415	侯登科	95.00	88.00	98.00	94.1	第20名	良好

图 4-8 "语文" 表结果

	B	C	D	E	F	G	H	I	J	K
1				初三（14）班第一学期期末成绩表						
2	姓名	语文	数学	英语	物理	化学	品德	历史	总分	总分排名
3	刘小红	99.30	108.90	91.40	97.60	91.00	91.90	85.30	665.40	1
4	陈万地	104.50	114.20	92.30	92.60	74.50	95.00	90.90	664.00	2
5	郑菁华	98.30	112.20	88.00	96.60	78.60	90.00	93.20	656.90	3
6	甄士隐	107.90	95.90	90.90	95.60	89.60	90.50	84.40	654.80	4
7	姚南	101.30	91.20	89.00	95.10	90.10	90.10	91.80	653.00	5
8	倪冬声	90.90	105.80	94.10	81.20	87.00	93.70	93.50	646.20	6
9	习志敬	92.50	101.80	98.20	90.20	73.00	93.60	94.60	643.90	7
10	张杰	92.40	104.30	91.80	94.10	75.30	89.30	94.00	641.20	8
11	齐小娟	98.70	108.90	87.90	96.70	75.80	78.00	88.30	634.20	9
12	江晓勇	86.40	94.80	94.70	93.50	84.50	93.60	86.60	634.10	10
13	康秋林	84.80	105.50	89.00	92.20	82.60	83.90	92.50	630.50	11
14	钱飞虎	85.50	97.20	84.50	96.70	81.10	88.70	94.30	628.00	12
15	孙如红	91.00	105.00	94.00	75.90	77.90	94.10	88.40	626.30	13
16	莫一明	98.70	91.90	91.20	78.80	81.60	94.00	88.90	625.10	14
17	吕文伟	83.80	104.60	92.70	90.40	78.30	84.50	90.70	625.00	15

图 4-9 "期末总成绩" 表结果

4.2　综合案例二

4.2.1　案例分析

设计要求：

现有员工个人资料档案工作簿"员工档案.xlsx"，其中有两个工作表："员工个人资料档案"表（见图 4-10）和空的"个人简历"表（见图 4-11）。请利用 IF 函数、VLOODUP 函数和 ISERROR 函数调用"员工个人资料档案"工作表中的相关数据，制作完成 4 个员工的"个人简历"表。

姓名	部门	性别	年龄	工号	籍贯	毕业院校	专业	学历	入职时间	联系电话
李波	销售部	男	28	YF324	四川	上海财经大学	工商管理	本科	2008年6月	139******23
蔡云帆	人事部	男	21	YF227	上海	复旦大学	人力资源管理	硕士	2009年11月	158******42
胡珀	销售部	男	24	YF366	北京	北京物资学院	工商管理	本科	2011年7月	139******00
曹玲	后勤部	女	28	YF587	四川	西南财经大学	会计	本科	2008年5月	188******98
姚妮	总经办	女	24	YF112	四川	四川大学	工商管理	硕士	2008年3月	155******50
刘松	技术部	男	28	YF587	重庆	电子科技大学	软件开发	博士	2010年5月	138******79
卫利	售后部	男	28	YF112	湖南	电子科技大学	软件开发	硕士	2010年5月	177******37

图 4-10　"员工个人资料档案"表

个人简历					
姓名		性别		年龄	
籍贯		工号		部门	
毕业院校			学历		
专业			入职时间		
联系电话					

图 4-11　员工"个人简历"空表

4.2.2　知识储备

在 Excel 中使用公式或函数时，经常要引用其他单元格中的数据。被引用的单元格可能是当前工作表的，也可能是非当前工作表或另一工作簿里的，那么在引用时，就要使用正确的引用格式。

知识储备

1. 引用当前工作表的单元格

Excel 中引用单元格的方式包括"相对引用""绝对引用"两种，"绝对引用"又包括绝对行引用、绝对列引用和通过名称来引用。单元格的引用在利用公式的场合具有十分重要的地位和作用。

相对引用：引用格式形如"A1"。这种对单元格的引用是完全相对的，当引用单元格的公式被复制时，新公式引用的单元格的位置将会发生改变。

绝对引用：引用格式形如"$A$1"。这种对单元格引用的方式是完全绝对的，即一旦成为绝对引用，无论公式如何被复制，采用绝对引用的单元格的引用位置是不会改变的。

绝对行引用：引用格式形如"A$1"。这种对单元格的引用位置不是完全绝对的，当引用该单元格的公式被复制时，新公式对列的引用将会发生变化，而对行的引用则固定不变。

绝对列引用：引用格式形如"$A1"。这种对单元格的引用位置不是完全绝对的，当引用该单元格的公式被复制时，新公式对行的引用将会发生变化，而对列的引用则固定不变。

通过名称来引用：该引用方式通过名称来实现对特定单元格的引用，实质仍然是绝对引用。通过名称引用既可以对单个单元格进行引用，也可以对单元格区域进行引用。例如，我们在单元格 A1 中输入数值"5"，然后选中单元格 A1，在文档左上角输入"area"并按【Enter】键，在单元格 B1 中输入公式"=area*2"并按【Enter】键，则结果为 10，即实现了对 A1 单元格的引用；最后把 B1 单元格中的公式复制到 B2，则 B2 单元格中的数值也为 10，即实现了对名称单元格的绝对引用。所以利用名称来引用单元格的方式为绝对引用。通过名称来引用如图 4-12 所示。

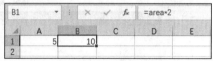

图 4-12 通过名称来引用

2. 引用非当前工作表的单元格

同工作簿不同工作表间相互引用，在引用单元格前加 Sheet*n*!(Sheet*n* 为被引用工作表的名称)。举例：若工作表 Sheet1 中 A1 单元格的内容等于 Sheet2 中单元格 B2 乘以 5，则在 Sheet1 的 A1 单元格中输入公式"=Sheet2!B2*5"。

不同工作簿间互相引用，在引用单元格前加[Book.xlsx]Sheet*n*!（ Book 为被引用工作簿名，Sheet*n* 为被引用工作表名)。举例：若工作簿"Book1"中 Sheet1 的 A1 单元格内容等于工作簿"Book2"中 Sheet1 的单元格 B2 乘以 5，则在工作簿"Book1"中 Sheet1 的 A1 单元格中输入公式"=[Book2.xlsx]Sheet1!$B$2*5"。

4.2.3 案例实现

下面是李波的"个人简历"制作过程，即假设在 B2 单元格中输入姓名"李波"。具体操作步骤如下。

案例实现

（1）根据题意要求，打开工作簿"员工档案.xlsx"，选择"个人简历"工作表，在 D2 单元格中输入公式"=IF(ISERROR(VLOOKUP(B2,员工个人资料档案!A3:K9,3,FALSE))," ",VLOOKUP(B2,员工个人资料档案!A3:K9,3,FALSE))"，按【Enter】键，显示结果"男"。

①公式 "=IF(ISERROR(VLOOKUP(B2,员工个人资料档案!A3:K9,3,FALSE)),"",VLOOKUP(B2,员工个人资料档案!A3:K9,3,FALSE))"表示：如果 VLOOKUP(B2,员工个人资料档案!A3:K9,3,FALSE)返回的值错误，则返回空文本，否则返回 VLOOKUP(B2,员工个人资料档案!A3:K9,3,FALSE)的值。公式"VLOOKUP(B2,员工个人资料档案!A3:K9,3,FALSE)"表示：在"员工个人资料档案"工作表的 A3:K9 单元格区域中查找与个人简历中单元格 B2 对应的数据。

②ISERROR 函数用来判断正确性，其语法格式为"ISERROR(value)"，其中，value 表示要判断的值或者单元格信息。如果 value 是错误的，那么 ISERROR 的结果是 True；如果 value 没有错误，那么 ISERROR 的结果是 False。

（2）在 F2 单元格中输入公式 "=IF(ISERROR(VLOOKUP($B$2,员工个人资料档案!$A$3:$K$9, 4,FALSE)),"",VLOOKUP($B$2,员工个人资料档案!$A$3:$K$9,4,FALSE))"，按【Enter】键，显示结果 "28"。

（3）在 B3 单元格中输入公式 "=IF(ISERROR(VLOOKUP($B$2,员工个人资料档案!$A$3:$K$9, 6,FALSE)),"",VLOOKUP($B$2,员工个人资料档案!$A$3:$K$9,6,FALSE))"，按【Enter】键，显示结果 "四川"。

（4）在 D3 单元格中输入公式 "=IF(ISERROR(VLOOKUP($B$2,员工个人资料档案!$A$3:$K$9, 5,FALSE)),"",VLOOKUP($B$2,员工个人资料档案!$A$3:$K$9,5,FALSE))"，按【Enter】键，显示结果 "YF324"。

（5）在 F3 单元格中输入公式 "=IF(ISERROR(VLOOKUP($B$2,员工个人资料档案!$A$3:$K$9, 2,FALSE)),"",VLOOKUP($B$2,员工个人资料档案!$A$3:$K$9,2,FALSE))"，按【Enter】键，显示结果 "销售部"。

（6）在 B4 单元格中输入公式 "=IF(ISERROR(VLOOKUP($B$2,员工个人资料档案!$A$3:$K$9, 7,FALSE)),"",VLOOKUP($B$2,员工个人资料档案!$A$3:$K$9,7,FALSE))"，按【Enter】键，显示结果 "上海财经大学"。

（7）在 B5 单元格中输入公式 "=IF(ISERROR(VLOOKUP($B$2,员工个人资料档案!$A$3:$K$9, 8,FALSE)),"",VLOOKUP($B$2,员工个人资料档案!$A$3:$K$9,8,FALSE))"，按【Enter】键，显示结果 "工商管理"。

（8）在 B6 单元格中输入公式 "=IF(ISERROR(VLOOKUP($B$2,员工个人资料档案!$A$3:$K$9, 11,FALSE)),"",VLOOKUP($B$2,员工个人资料档案!$A$3:$K$9,11,FALSE))"，按【Enter】键，显示结果 "139******23"。

（9）在 E4 单元格中输入公式 "=IF(ISERROR(VLOOKUP($B$2,员工个人资料档案!$A$3:$K$9, 9,FALSE)),"",VLOOKUP($B$2,员工个人资料档案!$A$3:$K$9,9,FALSE))"，按【Enter】键，显示结果 "本科"。

（10）在 E5 单元格中输入公式 "=IF(ISERROR(VLOOKUP($B$2,员工个人资料档案!$A$3:$K$9, 10,FALSE)),"",VLOOKUP($B$2,员工个人资料档案!$A$3:$K$9,10,FALSE))"，按【Enter】键，显示结果 "2008/6/1"。

以上单元格公式编辑完成后，只要在 B2 单元格中输入正确的员工姓名（必须是 "员工个人资料档案" 工作表中的姓名），其他单元格将会显示对应的信息。

选择 A1:F6 单元格区域，将其复制到 A9、I1 和 I9 单元格，并设置第 10～14 行的行高为 "25"。第一个表格 A1:F6 单元格区域中用于定位的参数数值是单元格 B2 和$B$2，所以最后还要修改新建的 3 个简历表格的公式中的函数参数：A9:F14 单元格区域中用于定位的参数数值是单元格 B10 和$B$10；I1:N6 单元格区域中用于定位的参数数值是单元格 J2 和$J$2；I9:N14 单元格区域中用于定位的参数数值是单元格 J10 和$J$10。

操作完成后，以原文件名保存文档。操作结果如图 4-13 所示。

※课堂练习※

现有某单位的各季度考核情况表。为了解所有员工的全年工作情况，评出各员工优良等级，以发放年终奖金，现对各季度考核表进行统计分析，年度考核的绩效总分根据 "各季度总分 + 奖惩记录" 来评定，总分为 120 分。

优良评定标准为 "≥105 分为优，≥100 分为良，其余为差"。

课堂练习1　　课堂练习2

年终奖金发放标准为“优等为 3500 元，良为 2500 元，差为 2000 元”。

个人简历

姓名	李波	性别	男	年龄	28
籍贯	四川	工号	YF324	部门	销售部
毕业院校	上海财经大学		学历	本科	
专业	工商管理		入职时间	2008/6/1	
联系电话			139******23		

个人简历

姓名	曹玲	性别	女	年龄	28
籍贯	四川	工号	YF587	部门	后勤部
毕业院校	西南财经大学		学历	本科	
专业	会计		入职时间	2008/5/1	
联系电话			188******98		

个人简历

姓名	胡珀	性别	男	年龄	24
籍贯	北京	工号	YF366	部门	销售部
毕业院校	北京物资学院		学历	本科	
专业	工商管理		入职时间	2011/7/1	
联系电话			139******00		

个人简历

姓名	卫利	性别	男	年龄	28
籍贯	湖南	工号	YF112	部门	售后部
毕业院校	上海财经大学		学历	硕士	
专业	软件开发		入职时间	2010/5/1	
联系电话			177******37		

图 4-13　部分员工的“个人简历”表

具体操作要求如下。

（1）打开文件“年度绩效考核表.xlsx”，将 Sheet1 工作表重命名为“年度绩效考核”，并从其他工作表中引用“员工编号”“姓名”列数据。

（2）合并 A3:B3 单元格区域。合并 A1:J1 单元格区域，并设置为微软雅黑、24 号、居中对齐。合并 A4:J4 单元格区域，并设置为文本右对齐。将第 1、第 4、第 6 行的行高分别设为“33”“48”“30”，调整各列的列宽。

（3）为单元格区域 A2:J2、单元格 A3、单元格区域 A6:J6 用绿色底纹进行填充。将单元格区域 A2:J2、单元格 A3 的字体设置为宋体、10 号、加粗、白色、居中对齐，单元格区域 A6:J6 的字体设置为宋体、11 号、加粗、白色、居中对齐。

（4）为表格添加图 4-14 所示的黑色细框线。

（5）为“奖惩记录”列中数据设置条件格式：奖惩记录为负数的用红色文本填充。

（6）使用 AVERAGE、INDEX 和 ROW 函数从其他工作表中引用员工各季度假勤考评、工作能力、工作表现等相关数据，最后用 SUM 函数计算员工的绩效总分。

（7）用公式及函数评定员工等级：根据绩效总分的值，用 IF 函数计算员工的绩效等级，并根据绩效等级评定员工的年终奖金。

操作完成后用原文件名保存。最终效果如图 4-14 所示。

年度绩效考核表

		嘉奖	晋级	记大功	记功	无	记过	记大过	降级
基数:		9	8	7	6	5	-3	-4	-5

备注：年度考核的绩效总分根据“各季度总分＋奖惩记录”来评定，总分为120分。
优良评定标准为“>=105为优，>=100为良，其余为差”；
年终奖金发放标准为“优等为3500元，良为2500元，差为2000元”。

员工编号	姓名	假勤考评	工作能力	工作表现	奖惩记录	绩效总分	优良评定	年终奖金（元）	核定人
1101	刘松	29.52	32.64	33.79	5.00	100.94	良	2500	杨乐乐
1102	李波	28.85	33.23	33.71	6.00	101.79	良	2500	杨乐乐
1103	王慧	29.41	33.59	36.15	3.00	102.14	良	2500	杨乐乐
1104	蒋伟	29.50	33.67	33.14	2.00	98.31	差	2000	杨乐乐
1105	杜泽平	29.35	35.96	33.70	1.00	100.01	良	2500	杨乐乐
1106	禁云帆	29.68	35.18	34.95	6.00	105.81	优	3500	杨乐乐
1107	侯向明	29.60	31.99	33.55	7.00	102.14	良	2500	杨乐乐
1108	魏丽	29.18	33.79	32.71	-2.00	93.68	差	2000	杨乐乐
1109	袁晓东	29.53	34.25	34.17	5.00	102.94	良	2500	杨乐乐
1110	程旭	29.26	33.17	33.65	6.00	102.08	良	2500	杨乐乐
1111	朱建兵	29.37	34.15	35.05	2.00	100.57	良	2500	杨乐乐
1112	郭永新	29.18	35.90	33.95	6.00	105.03	优	3500	杨乐乐
1113	任建刚	29.20	33.81	35.08	5.00	103.09	良	2500	杨乐乐
1114	黄慧佳	28.98	35.31	34.00	5.00	103.28	良	2500	杨乐乐
1115	胡珀	29.30	33.94	34.08	6.00	103.32	良	2500	杨乐乐
1116	姚妮	29.61	34.40	33.00	5.00	102.00	良	2500	杨乐乐

图 4-14　年度绩效考核表最终效果

如刘松的假勤考评、工作能力、工作表现对应单元格数据计算公式如下。

假勤考评：=AVERAGE(INDEX(第一季度绩效!\$A\$1:\$E\$18,ROW(A3),3),INDEX(第二季度绩效!\$A\$1:\$E\$18,ROW(A3),3),INDEX(第三季度绩效!\$A\$1:\$E\$18,ROW(A3),3),INDEX(第四季度绩效!\$A\$1:\$E\$18,ROW(A3),3))。

工作能力：=AVERAGE(INDEX(第一季度绩效!\$A\$1:\$E\$18,ROW(A3),4),INDEX(第二季度绩效!\$A\$1:\$E\$18,ROW(A3),4),INDEX(第三季度绩效!\$A\$1:\$E\$18,ROW(A3),4),INDEX(第四季度绩效!\$A\$1:\$E\$18,ROW(A3),4))。

工作表现：=AVERAGE(INDEX(第一季度绩效!\$A\$1:\$E\$18,ROW(A3),5),INDEX(第二季度绩效!\$A\$1:\$E\$18,ROW(A3),5),INDEX(第三季度绩效!\$A\$1:\$E\$18,ROW(A3),5),INDEX(第四季度绩效!\$A\$1:\$E\$18,ROW(A3),5))。

习　题

【习题一】

现有"成绩表.xlsx"，请按下列要求完成操作。

（1）打开"成绩表.xlsx"，在 Sheet1 工作表中有图 4-15 所示的数据，在 Sheet2 工作表中有如图 4-16 所示的数据。

	A	B	C	D	E	F	G	H	I
1		成绩表							
2			高等数学	大学英语	计算机	马哲	总成绩	平均分	评语
3		张明	80	87	82	77			
4		刘星	85	80	79	75			
5		李纹	65	66	60	54			
6		黄天	56	69	65	63			
7		朱可	68	78	79	74			
8		赵兰	89	87	85	85			
9		陈雅	99	98	96	92			
10		林霖	75	74	71	71			
11		张小芬	65	65	64	62			
12		梁伟	88	87	85	80			
13		叶雨	78	79	75	76			
14		陈心	54	56	52	51			
15		徐志	89	95	94	93			
16		赵月	80	85	89	82			
17									

图 4-15　Sheet1 工作表中数据

	A	B	C	D	E
1					
2		高等数学	大学英语	计算机	马哲
3	各科最高分				
4	各科最低分				
5	各科平均分				
6	各科及格率				
7	各科优秀率				

图 4-16　Sheet2 工作表中数据

（2）将 Sheet1 工作表改名为"成绩表"，Sheet2 工作表改名为"成绩分析表"。

（3）合并 B1 到 I1 单元格区域，并设置为黑体、20 号、居中。

（4）将第二行的行高设为 26，第 B 列的列宽设为 12，在 B2 单元格输入"姓名 成绩"。

（5）对 C3 到 F16 单元格区域设置数据验证，规则为"整数，值介于 0～100 之间"，并设置输入信息为"请输入 0～100 之间的值！"。

（6）将总成绩、平均分通过公式计算出来，要求平均分的小数位数显示为两位。

（7）将所有同学按平均分从高到低的顺序排列。

（8）将每位同学的评语通过 IF 函数计算出来，规则为"平均分 60 分以下显示不及格，60～79 分显示及格，80～100 分显示优秀"。

（9）对 C3:F16 和 H3:H16 单元格区域设置条件格式为小于 60 分，以红色加粗的格式显示。

（10）将成绩表的 B2:I16 单元格区域加上粗线样式的外部边框和细线样式的内部线条，不改变颜色。

（11）将 B2:B16 及 C2:I2 单元格区域设置填充颜色为"白色，背景 1，深色 15%"。

（12）将成绩表的 B2:F16 单元格区域的数据生成簇状柱形图，将图表移到表格的下方。再将 H2:H16 的数据也添加到图表中，图表标题为"成绩分布图"。

（13）将图表区字体设置为宋体、10 号。

（14）将成绩分析表的各科最高分、各科最低分、各科平均分通过函数计算出来，要求平均分的小数位数显示为两位。

（15）将各科及格率（60 分以上的人数/总人数）、各科优秀率（80 分以上的人数/总人数）通过 COUNTIF 函数计算出来，并以百分比的形式显示。

（16）合并成绩分析表的 A1:E1 单元格区域，设置其行高为 40，输入艺术字"成绩分析"（4 行 1 列样式），设为华文行楷、24 号字、加粗，并移至 A1 中适当位置。

（17）对 A2:A7 及 B2:E2 单元格区域设置填充颜色为"深蓝，文字 2"，字体颜色为白色，加粗。

（18）各科平均分生成堆积柱形图，放于数据区域 A12:F28 内。将数据系列的填充效果设为软木塞，双轴文字内容字体设置为加粗、倾斜、宋体 10 号，不显示图例，显示数据标签，并将其拖至数据系列柱形图上方。

（19）设置图表标题为"各科平均分"，字体设置为加粗、宋体、14 号字、红色，调整至适当位置。

（20）插入文本框用以提示"各科成绩接近"，字体设置为加粗、宋体、14 号字、紫色，调整至适当位置并为各数据系列加连接线。

操作完成后用原文件名保存，最终效果如图 4-17、图 4-18 所示。

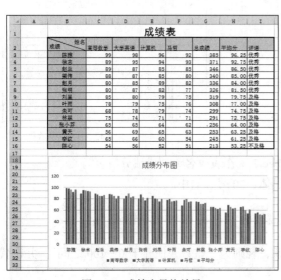

图 4-17　成绩表最终效果

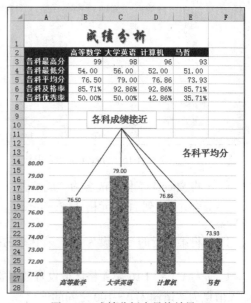

图 4-18　成绩分析表最终效果

【习题二】

财务部助理肖某，每年年底需要向主管汇报本年度公司差旅报销情况，现他对 2019 年度"公司差旅费用报销管理.xlsx"进行数据管理与分析。具体操作要求如下。

（1）在"费用报销管理"工作表"日期"列的所有单元格中，标注每个报销日期属于星期几，例如日期为"2019 年 1 月 20 日"的单元格应显示为"2019 年 1 月 20 日星期日"，日期为"2019

年 1 月 21 日"的单元格应显示为"2019 年 1 月 21 日星期一"。

（2）如果"日期"列中的日期为星期六或星期日，则在"是否加班"列的单元格中显示"是"，否则显示"否"（必须使用公式）。

（3）使用公式统计每个活动地点所在的省份或直辖市，并将其填写在"地区"列所对应的单元格中，例如"北京市""浙江省"。

（4）依据"费用类别编号"列内容，使用 VLOOKUP 函数，生成"费用类别"列内容。对照关系参考"费用类别"工作表。

（5）在"差旅成本分析报告"工作表 B3 单元格中，统计 2019 年发生在北京市的差旅费用总金额。

（6）在"差旅成本分析报告"工作表 B4 单元格中，统计 2019 年员工钱顺卓报销的火车票费用总额。

（7）在"差旅成本分析报告"工作表 B5 单元格中，统计 2019 年差旅费用中，飞机票费用占所有报销费用的百分比，并保留 2 位小数。

（8）在"差旅成本分析报告"工作表 B6 单元格中，统计 2019 年发生在周末（星期六和星期日）的通信补助总金额。

操作完成后用原文件名保存。最终效果如图 4-19、图 4-20 所示。

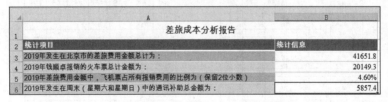

图 4-19　费用报销管理表最终效果

	A	B
1	差旅成本分析报告	
2	统计项目	统计信息
3	2019年发生在北京市的差旅费用金额总计为：	41651.8
4	2019年钱顺卓报销的火车票总计金额为：	20149.3
5	2019年差旅费用金额中，飞机票占所有报销费用的比例为（保留2位小数）	4.60%
6	2019年发生在周末（星期六和星期日）中的通讯补助总金额为：	5857.4

图 4-20　差旅成本分析报告表最终效果

【习题三】

现有"成绩分析表.xlsx"文件，Sheet1 工作表中有图 4-21 所示原始数据，请按下列要求完成操作。

（1）编辑 Sheet1 工作表。

① 分别合并后居中 A1:F1 单元格区域、I1:O1 单元格区域，且均设置为宋体、25 磅、加粗，填充黄色（标准色）底纹。

② 将 J3:O35 单元格区域的对齐方式设置为水平居中。

（2）数据填充。

① 根据"成绩单"（A 至 F 列）中的各科成绩，公式填充"绩点表"中各科的绩点（即 J3:N35

单元格区域）：90～100 分=4.0，85～89 分=3.6，80～84 分=3.0，70～79 分=2.0，60～69 分=1.0，60 分以下=0。

成绩单

姓名	高数	计算机	思想品德	体育	英语
王丽	84	71	76	65	83
陈强	92	82	85	81	86
张晓晓	78	80	93	81	79
刘磊	79	80	91	80	88
冯燕	82	87	89	72	72
王晓	79	75	86	75	90
陈白	78	76	89	75	74
刘萌萌	54	81	94	85	67
刘艾嘉	82	82	90	80	90
李金	56	74	83	70	72
潘纯	83	80	93	75	84
沈林军	23	60	75	45	79
汪聪	57	77	86	67	74

绩点表

姓名	高数	计算机	思想品德	体育	英语	总绩点
王丽						
陈强						
张晓晓						
刘磊						
冯燕						
王晓						
陈白						
刘萌萌						
刘艾嘉						
李金						
潘纯						
沈林军						
汪聪						

各分数段人数统计表

分数段	高数	计算机	思想品德	体育	英语
60以下					
60~69					
70~79					
80~89					
90~100					

图 4-21 Sheet1 工作表原始数据（部分）

② 公式计算“总绩点”列（O 列），总绩点为各科绩点之和。

③ 根据“成绩单”（A 至 F 列）中的各科成绩，分别统计出各科各分数段的人数，结果放在 B41:F45 单元格区域。分数段的分割：60 分以下、60～69 分、70～79 分、80～89 分、90 分及以上。

（3）插入两个新工作表，分别重命名为“排序”“筛选”，并复制 Sheet1 工作表中 A2:F35 单元格区域到两个新工作表的 A1 单元格开始处。

（4）数据处理。

① 对“排序”工作表中的数据按“高数”降序、“英语”升序、“计算机”降序排序。

② 对“筛选”工作表中的数据进行自动筛选，筛选出“高数”“英语“计算机”均大于等于 80 分的记录。

操作完成后以原文件名保存，部分结果如图 4-22、图 4-23 所示。

成绩单

姓名	高数	计算机	思想品德	体育	英语
王丽	84	71	76	65	83
陈强	92	82	85	81	86
张晓晓	78	80	93	81	79
刘磊	79	80	91	80	88
冯燕	82	87	89	72	72
王晓	79	75	86	75	90
陈白	78	76	89	75	74
刘萌萌	54	81	94	85	67
刘艾嘉	82	82	90	80	90
李金	56	74	83	70	72
潘纯	83	80	93	75	84
沈林军	23	60	75	45	79
汪聪	57	77	86	67	74

绩点表

姓名	高数	计算机	思想品德	体育	英语	总绩点
王丽	3	2	2	1	3	11
陈强	4	3	3.6	3	3.6	17.2
张晓晓	2	3	4	3	2	14
刘磊	2	3	4	3	3.6	15.6
冯燕	3	3.6	3.6	2	2	14.2
王晓	2	2	3.6	2	4	13.6
陈白	2	2	3.6	2	2	11.6
刘萌萌	0	3	4	3.6	1	11.6
刘艾嘉	3	3	4	3	4	17
李金	0	2	3	2	2	9
潘纯	3	3	4	2	3	15
沈林军	0	1	2	0	2	5
汪聪	0	2	3.6	1	2	8.6

各分数段人数统计表

分数段	高数	计算机	思想品德	体育	英语
60以下	9	1	0	5	0
60~69	5	8	0	5	2
70~79	5	14	7	13	22
80~89	8	10	18	10	6
90~100	6	0	8	0	3

图 4-22 “Sheet1”工作表结果（部分）

姓名	高数	计算机	思想品德	体育	英语
陈强	92	82	85	81	86
刘艾嘉	82	82	90	80	90
潘纯	83	80	93	75	84

图 4-23 “筛选”工作表结果

第5章
PowerPoint 2016 演示文稿设计

PowerPoint 2016 是微软公司开发的 Office 2016 办公组件之一，是 Office 软件中专门用于制作演示文档的组件。它集文字、表格、公式、图表、图片、声音、视频、动态 SmartArt 图形、艺术字等多种媒体元素于一身，配合母版、版式、超链接、动作按钮、主题模板、动画设置、幻灯片切换、幻灯片放映等丰富便捷的编辑技术，将用户所表达的信息以图文并茂的形式展示出来，可以快速地创建极具感染力和视觉冲击力的动态演示文稿，从而达到最佳的演示效果。它可在投影仪或计算机上进行演示。在日常工作、会议、课程培训或教学中经常会用到 PowetPoint 演示文稿。

本章以设计和制作毕业论文答辩演示文稿为案例，按演示文稿的实际设计制作流程，循序渐进地介绍 PowerPoint 2016 的高级制作技术和应用技巧。通过本章的学习，读者可以了解演示文稿的设计原则、设计思路、制作流程，并掌握主题应用、母版的使用、交互设置、美化与修饰、效果设计及文档保护与输出等 PowerPoint 演示文稿设计和制作的高级编辑技术与应用技巧。

5.1 演示文稿的设计原则和制作流程

5.1.1 案例分析

小李是大四的学生，通过努力，他终于完成了毕业论文的写作与编排。其论文格式规范、内容丰富、思路清晰、有条理，较好地体现了创新能力，获得了指导老师的赞赏。现在，小李要准备毕业论文的最后一关——毕业论文答辩。毕业论文答辩需要将毕业论文的撰写思路、内容、所获得的研究成果等内容向评委老师进行汇报，虽然答辩的好坏与自己对论文的熟悉程度、答辩内容的组织及口才有很大的关系，但答辩演示文稿的好坏也是至关重要的。因此，小李的首要任务是制作一份美观的毕业论文答辩演示文稿。

当前，有很多专业的演示文稿制作软件或辅助软件，例如 Authorware、iSpring、Flash、PowerPoint 等，均可制作出精美的演示文稿。小李已学习过 PowerPoint 的一些基本操作，对其他的软件不甚了解。由于时间紧，小李并没有足够的时间和精力再学一门专业软件。实际上，PowerPoint 2016 提供了强大的演示文稿制作和设计功能，可以非常方便地应用文字、图形、音频、视频等对象设计出丰富多彩、声色具备的演示文稿。

5.1.2 知识储备

1. 演示文稿设计的一般原则
一份优秀的演示文稿，能够缩短会议时间、增强报告说服力、取得良好的教学效果、提高订单成交率。一份成功的演示文稿必须满足内容精炼、结构清晰、页面整洁 3 个准则，因此，制作演示文稿一般应当遵循以下原则。

（1）一个目标、一个灵魂、两个中心。

一份演示文稿只为一类人服务，针对不同听众制作不同层次内容的演示文稿，每一份演示文稿只说明一个重点。逻辑是演示文稿的灵魂，通过结构和布局把主题表达清楚。做提纲时，用逻辑树将大问题分解成小问题，小问题用图表现。演讲时演示文稿为辅，演讲者和观众才是中心，演示文稿更依赖于演讲来表述更多的细节去说服观众，这也是演示文稿与其他文档的区别。

（2）简洁、鲜明的风格。

演示文稿不是用效果堆砌的，风格应简洁而鲜明。一般来说，一份演示文稿中不超过 3 种字体、不超过 3 种色系、不超过 3 种动画（包括幻灯片的切换）。演示文稿应干净、简洁、有序。

（3）7 个概念、8 字真言。

每份演示文稿传达 5 个概念效果最好。7 个概念人脑恰好可以处理，超过 9 个概念负担太重，需要重新组织。"文不如表，表不如图！"能用图时不用表，能用表时不用字。人先看图表，再看文字，杜绝长篇大论。人看图表时，第一眼就是找最高的和最低的，然后找跟自己相关的，标出这 3 点，观众很省事。

（4）10-20-30 原则。

任何一个单一的话题，一定不要超过 10 张幻灯片，单张页面最好不要超过 10 行。标题或关键字用 20 磅以上的字标出，演讲时间不超过 20min。任何辅助性文字说明不要超过 30 个字，整个演示文稿不要超过 30 张幻灯片。

（5）统一原则。

整套演示文稿的设计格式应该一致，即结构清晰、风格一致，包括统一的配色、文字格式、图形使用的方式和位置等，在演示文稿中形成一致的风格。

（6）艺术性原则。

美的形式能激发观众的兴趣，优秀的演示文稿应是内容与美的形式的统一，展示的对象结构对称、色彩柔和、搭配合理、协调、有审美性。

（7）可操作性原则。

演示文稿的操作要尽量简便、灵活，便于控制。在演示文稿的操作界面上设置简洁的菜单、按钮和图标，切忌不停地来回倒腾幻灯片，使演讲者自己和听众都陷入混乱。

2. 演示文稿制作的一般流程

（1）准备素材。

主要是搜集和整理演示文稿中所需要的一些文字、图片、声音、动画等文件。

（2）构思。

首先，明确制作这个演示文稿的目的及要表达的中心思想是什么，了解演讲的对象。其次，要梳理结构，确定先展示什么、后展示什么、如何展示演示文稿的素材、是否需要用到多媒体元素或超链接等。最后，要弄明白采用什么样的方式放映更合适，以及如何展示才会更生动、更吸引人。

（3）设计。

先对自己掌握的资料进行分析和归纳，找到一条清晰的逻辑主线，构建演示文稿的主体框架，然后根据演示文稿使用的场合确定整个演示文稿的风格及主题配色、主题字体等，完成模板和导航系统的设计。在设计的过程中，筛选出比较简单的实现方法，体现"简洁即美"的演示文稿设计原则。

（4）制作。

制作阶段的任务是将演示文稿的内容视觉化，将文字进行提炼，按层次逻辑进行组织，将复杂的原理通过进程图和示意图等表达出来，将表格中的数据转化为直观的图表。制作过程可分以下两步进行。

①添加对象。将文本、表格、图形、图像、视频、音频等对象输入或插入相应的幻灯片中。

②美化修饰。为了达到更好的表达效果，还要对幻灯片中各个对象元素进行排版、美化，添加必要的动画和超链接或动作按钮等。排版与美化是对信息进一步组织与制作，区分出信息的层次和要点，提高页面的展示效果。动画是引导观众思维的一种重要手段，应当根据演示场合的实际情况决定是否需要添加动画及确定添加何种类型的动画。如果需要添加动画，除了完成为对象元素添加合适的动画，还要根据实际需要设计自然、无缝的页面切换，提高演示文稿的动感。

（5）预演。

预演是最后一个环节，也是非常重要的一个环节。演示文稿制作完成之后，在开始正式演讲之前，应该花足够的时间进行排练和计时，熟悉讲稿的内容，并且适当修改讲稿，直到能够熟练而自然地背诵出讲稿，这样正式演讲时才会得心应手、连贯流畅。

5.1.3 案例实现

根据演示文稿制作的一般流程，小李开始对毕业论文答辩演示文稿进行素材的整理和构思（假定小李学的是工科，以工科为例）。制作毕业论文答辩演示文稿的目的是将自己撰写的毕业论文展示给评委老师和同学们，演示文稿传达的是毕业论文的设计需求、设计思想、研究内容、创新点、实现及实验结果与分析、结论等。要让评委老师认为论文的选题是有意义的，研究思路是可行的，研究内容是创新的并有一定的实用价值，实验结果表明设计思路是正确的、方法是有效的、结论是正确的。这样演示文稿的目的就达到了，答辩自然也会通过。

由于毕业论文答辩的场合是非正式的学术性场合，观众是评委老师和同学，因此设计的主体风格应该保持庄重，文字与背景设计应反差较大，结构清晰，逻辑性强，动画不宜过多，文字尽量少，并且要添加适量的图和图表，采用手动翻页。

因为读者已具备 PowerPoint 的基本操作技能，所以本章后续内容将逐步介绍毕业论文答辩演示文稿的设计思路和高级应用技术，而一些基本的制作方法，例如文本框、图表的插入，字体字号的设置等，将不再过多叙述。

5.2 演示文稿的外观设计

5.2.1 案例分析

小李的毕业论文答辩演示文稿设计的主体风格应该保持庄重，并且希望在每张幻灯片上加上母校的校徽或校名，以示对母校的尊重。小李首先对答辩演示文稿的外观进行设计。演示文稿的外观设计包括设置幻灯片的主题、制作幻灯片的母版、设置幻灯片的背景及页眉和页脚。

设计要求如下。

（1）新建一个演示文稿。

（2）应用主题。

（3）设置母版标题和文本的字体格式。

（4）在母版上添加母校的校徽和校名。

（5）在母版视图中设置所有幻灯片的背景。

（6）设计幻灯片的版式。

（7）改变部分幻灯片的背景。

美化后的演示文稿如图 5-1 所示。

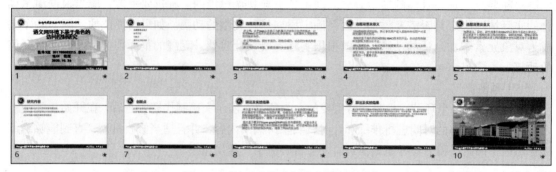

图 5-1　对演示文稿进行外观设计的效果

5.2.2　知识储备

外观设计应从全局考虑整个演示文稿的布局、背景、颜色、字体、页眉、页脚等界面元素的设计。PowerPoint 提供了多种演示文稿的外观设计功能，用户可以采用多种方式修饰和美化演示文稿，制作出精美的幻灯片，更好地展示要表达的内容。为提高效率，外观设计一般按主题设置、母版设计、背景设置等顺序进行组织。

1. 主题设置

启动 PowerPoint 2016，新建一个名为"演示文稿 1.pptx"的空白演示文稿。该演示文稿包含一张"标题幻灯片"版式的幻灯片，应用默认主题"Office 主题"，如图 5-2 所示。

幻灯片主题
设置

图 5-2　新建空白演示文稿

PowerPoint 中幻灯片的主题是指对幻灯片背景、版式、字符格式及颜色搭配方案的预先定义。每个主题使用唯一的一组颜色、字体、效果和背景样式来创建幻灯片的整体外观。PowerPoint 包含大量主题可供选择使用，右击任何主题可以查看应用它的更多方法。

（1）应用主题。

要快速美化演示文稿，可以为文稿应用内置的主题，PowerPoint 2016 内置主题的样式十分丰富，用户可以根据文稿的用途来选择合适的主题样式。

打开演示文稿，在"设计"选项卡的"主题"组内显示了部分内置主题列表，单击主题列表右下角的"其他"按钮▼，就可以显示全部内置主题。将鼠标指针移到某主题，会显示主题的名称，并且在幻灯片上会显示预览效果。例如，将鼠标指针移到主题"水汽尾迹"上，预览效果如图 5-3 所示。单击该主题，会按所选主题的颜色、字体和图形外观效果修饰演示文稿。为演示文稿更改主题样式时，默认情况下会同时更改所有幻灯片的主题。

图 5-3　内置主题的设置

若只需要设置部分幻灯片的主题，可选择要设置主题的幻灯片，右击该主题，则弹出快捷菜单，选择快捷菜单中的"应用于选定幻灯片"命令即可。例如，只设置第 2、第 4 张幻灯片的主题为"徽章"，保持其他幻灯片的主题不变。首先选定第 2、第 4 张幻灯片，右击"徽章"主题，在弹出的快捷菜单中选择"应用于选定幻灯片"，则第 2、第 4 张幻灯片按该主题效果更新，其他幻灯片不变，如图 5-4 所示。如果选择快捷菜单中的"应用于相应幻灯片"命令，那么原本与当前幻灯片相同主题的所有幻灯片将应用该主题。

如果可选的内置主题不能满足用户的需求，可单击主题列表右侧的"其他"按钮▼，在弹出的下拉列表中选择"浏览主题"命令，并在"选择主题或主题文档"对话框中选取所需主题。

提示

①制作幻灯片过程中用户可以根据幻灯片的制作内容及演示效果随时更改幻灯片的主题。

②如果选择快捷菜单中的"设置为默认主题"命令，则当用户新建演示文稿时，幻灯片自动应用该主题。

（2）应用变体效果。

PowerPoint 为用户提供了"变体"样式，该样式会随着主题的更改而自动更换。在"设计"选项卡"变体"组中，系统会自动提供 4 种不同背景颜色的变体效果，用户只需要选择一种样式进行应用。右击任何变体可查看更多应用方法。例如，应用"徽章"主题时，变体效果如图 5-5 所示。

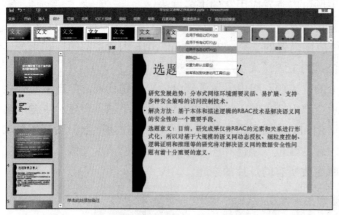

图 5-4　内置主题应用于选定的幻灯片　　　　图 5-5　主题"徽章"的变体效果

右击变体效果，执行"应用于选定幻灯片"命令，则变体效果将应用到当前所选幻灯片。

（3）保存自定义主题。

对主题的颜色、字体、效果等做出适当的调整后，若希望设计的主题能够再次被应用，则可以单击"保存当前主题"命令，将其另存为"*.thmx"文件格式的自定义主题，保存到 Office 主题文件夹中。这样在下次使用时只需在图 5-3 所示的菜单中选择"浏览主题"命令，定位到该自定义主题文件即可。

（4）设置主题颜色。

主题颜色是指一组可以预设背景、文本、线条、阴影、标题文本、填充、强调和超链接的色彩组合。PowerPoint 2016 准备了 23 种主题颜色，可以为指定的幻灯片选取一个主题颜色方案，也可以为整个演示文稿的所有幻灯片应用同一种主题颜色方案。默认情况下，演示文稿的主题颜色是由用户使用的主题决定的，用户也可根据需要更改颜色方案。

单击"设计"选项卡"变体"组的"其他"按钮▼，选择"颜色"命令，打开图 5-6 所示的主题颜色列表。"Office"栏显示 Office 内置的可选颜色组，鼠标指针经过某一颜色组时，当前幻灯片显示应用该主题颜色组的效果。单击某个颜色组，即可将其应用于与当前幻灯片同主题的所有幻灯片。在颜色组上单击鼠标右键，在弹出的快捷菜单中，用户可根据需要选择只将该颜色组应用于所选幻灯片或全部幻灯片等。如果用户对内置的颜色组不满意，可单击主题颜色列表下方的"自定义颜色"命令，打开图 5-7 所示的"新建主题颜色"对话框。设置完各部分颜色后，若对"示例"栏显示的效果不满意，单击"重置"按钮即可将所有颜色还原到原始状态；若对效果满意，可在"名称"文本框中输入新建主题颜色的名称，如"自定义 1"，单击"保存"按钮保存且自动应用该主题颜色。保存后的自定义主题颜色将出现在颜色列表的最上方。若要删除或再次编辑该主题颜色，可在其上单击鼠标右键，在弹出的快捷菜单中选择"编辑"或"删除"命令。

（5）设置主题字体。

单击"设计"选项卡"变体"组的"其他"按钮▼，选择"字体"命令，打开主题字体列表，如图 5-8 所示。"Office"栏显示 Office 内置的 25 种主题字体，鼠标指针经过某一主题字体时，当前幻灯片预览显示应用该字体的效果。单击某个字体，即可将其应用于与当前幻灯片同主题的所有幻灯片。在某一主题字体上单击鼠标右键，将弹出快捷菜单，用户可根据需要选择将该主题字体应用于相应幻灯片或全部幻灯片等。

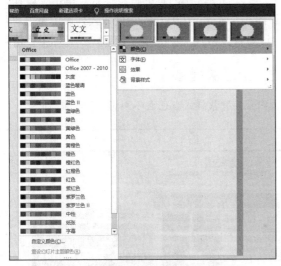

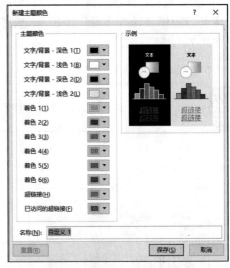

图 5-6　主题颜色列表 　　　　　　　　　　　　　图 5-7　"新建主题颜色"对话框

如果用户对内置字体不满意，可单击列表下方的"自定义字体"命令，弹出图 5-9 所示的"新建主题字体"对话框。用户可在对话框中设置标题和正文的中、西文字体。在"名称"文本框中输入新建主题字体的名称，如"自定义 1"，单击"保存"按钮即可保存该主题字体，并自动应用到当前文档。保存后的自定义主题字体将出现在字体列表的最上边。若要删除或再次编辑该主题字体，可在其上右击，在弹出的快捷菜单中选择"编辑"或"删除"命令。

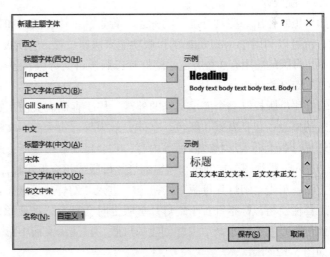

图 5-8　主题字体列表 　　　　　　　　　　图 5-9　"新建主题字体"对话框

（6）设置主题效果。

单击"设计"选项卡"变体"组的"其他"按钮，选择"效果"命令，打开主题效果列表，如图 5-10 所示。"Office" 栏显示 Office 内置的 15 种主题效果，单击某个效果图标即可将其应用于当前演示文稿。

（7）更改主题背景样式。

若要快速更改演示文稿中所有幻灯片的背景，可以直接套用内置的背景样式。单击"设计"选项卡"变体"组的"其他"按钮，选择"背景样式"命令，在展开的背景样式列表中单击"背景样式 7"选项，如图 5-11 所示。还可以选择"设置背景格式"更改主题背景样式。如果要清除背景，选择"重置背景样式"即可。

 演示文稿主题应用的主题颜色不同，内置的背景样式颜色也不同。

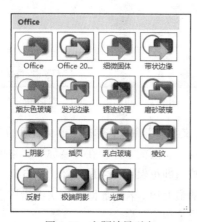

图 5-10　主题效果列表

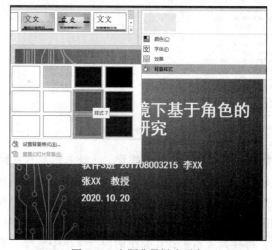

图 5-11　主题背景样式列表

2. 母版设计

如果想制作出一些具有统一的标志、背景、字体、版式和其他美化效果的幻灯片，就可以利用 PowerPoint 的母版功能来快速设置，它能极大地提高用户的工作效率。母版的应用有 3 个方面：幻灯片母版、讲义母版、备注母版。

演示文稿的母版设置

（1）幻灯片母版。

幻灯片母版控制整个演示文稿的外观，用于存储有关演示文稿的主题和幻灯片版式的信息，包括背景、颜色、字体、效果等。每个演示文稿至少包含一个幻灯片母版，可以在幻灯片母版上插入形状或徽标等内容，它会自动显示在所有幻灯片上。

①进入母版视图。在创建和编辑幻灯片母版或相应版式时，应在"幻灯片母版"视图下操作。打开方法：单击"幻灯片母版"按钮，进入"幻灯片母版"视图，同时会打开"幻灯片母版视图"工具栏。将鼠标指针置于幻灯片母版上时会显示"水滴 幻灯片母版：由幻灯片 1～9 使用"，说明该母版是基于"水滴"主题创建的母版，且演示文稿中第 1～9 张幻灯片是基于该母版创建的，如图 5-12 所示。

在"幻灯片母版"视图中，左侧窗格缩略图中第一个较大的母版为幻灯片母版（主母版），其余 11 个较小的为与它上面的幻灯片母版相关联的幻灯片版式母版（子母版）。版式就是幻灯片上标题和副标题文本、列表、图片、表格、图表、自选图形和视频等元素的排列方式。幻灯片母版可以看作幻灯片版式母版的母版，幻灯片母版的设置是对所有幻灯片进行控制生效的，而各种幻灯片版式母版则是在幻灯片母版的基础上，根据各自版式的特点经过"个性化"设置之后的结果。

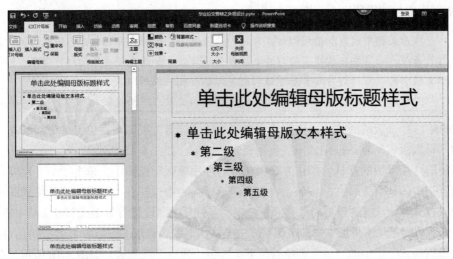

图 5-12　"幻灯片母版"视图

②幻灯片母版的插入、删除、重命名。添加幻灯片母版的方法：在"幻灯片母版"视图中，单击"编辑母版"组中"插入幻灯片母版"命令，添加新的幻灯片母版。若想为新的幻灯片母版设置新的主题，可再单击"编辑主题"组的主题按钮，在打开的主题列表中选择某一个主题，例如"徽章"，则为新的母版设计一个新的主题"徽章"，如图 5-13 所示。两个幻灯片母版的下方均有相关版式，这样在"新建幻灯片"下拉列表中就会增加不同主题的幻灯片版式，如图 5-14 所示。

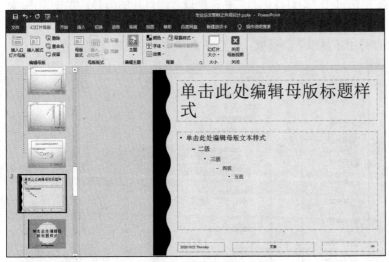

图 5-13　含两个主题的幻灯片母版　　　　图 5-14　"新建幻灯片"下拉列表

若演示文稿中有未使用的母版且不想保留该母版，可以将其删除。操作方法：在"幻灯片母版"视图中，选定要删除的幻灯片母版，单击"编辑母版"组中的"删除"命令即可。若想对所创建的幻灯片母版重命名，则单击"编辑母版"组中的"重命名"命令，在打开的"重命名版式"对话框中输入新的名称。

在删除某幻灯片时，PowerPoint 系统会自动删除该幻灯片的母版，若不想删除该幻灯片引用的母版，则可将其保留。操作方法：在"幻灯片母版"视图中，选定要保留的幻灯片母版，单击"编辑母版"组中的"保留"命令即可。

 演示文稿中创建和使用幻灯片母版的最佳做法：最好在开始构建各张幻灯片之前创建幻灯片母版，而不要在构建了幻灯片之后再创建母版。如果先创建了幻灯片母版，则添加到演示文稿中的所有幻灯片都会基于该幻灯片母版和相关联的版式。

对幻灯片版式母版（子母版）可以进行插入（单击"插入版式"）、重命名和删除操作。

③编辑幻灯片母版的版式。操作方法：在"幻灯片母版"视图中，单击"母版版式"命令，在弹出的"母版版式"对话框中禁用或启用相应的选项，如图 5-15 所示。

④设置幻灯片母版的背景。操作方法：在"幻灯片母版"视图中，单击"幻灯片母版"选项卡"背景"组中的"背景样式"按钮，在打开的下拉列表中选择任一种系统背景样式即可；若要自定义背景样式，则选择"设置背景格式"选项，在打开的"设置背景格式"对话框中进行设置。

⑤设置版式母版（子母版）中的占位符。选定某一个版式母版（子母版），单击"幻灯片母版"选项卡"母版版式"组中的"插入占位符"下拉按钮，弹出下拉列表，如图 5-16 所示。在子母版中插入可选的占位符（如文本），并调整到幻灯片上适当的位置，选定该文本占位符，设置好占位符的大小、字体、颜色、段落等格式（其设置方法与设置文本相同），删除底部占位符。

⑥设置页眉和页脚。在幻灯片母版中还可以为幻灯片添加页眉、页脚，包括日期、时间、编号、页码等内容。操作方法：进入"幻灯片母版"视图，在"插入"选项卡"文本"组中单击"页眉页脚"按钮，在打开的"页眉和页脚"对话框中，如图 5-17 所示。单击选中"日期和时间"复选框设置日期和时间，若选中"自动更新"单选按钮，页脚显示的日期将自动根据计算机日期进行修改，若选中"固定"单选按钮，则可在下方的文本框中输入一个固定的时间，页脚显示的日期不会根据计算机日期而变化；单击选中"幻灯片编号"复选框设置幻灯片的编号；单击选中"页脚"复选框，在下面的文本框中输入文字，将其设置为页脚；若在标题幻灯片中不显示页眉和页脚，则需要单击选中"标题幻灯片中不显示"复选框；最后单击"应用"按钮完成设置。

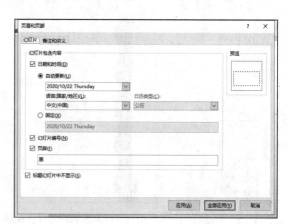

图 5-15 "母版版式"对话框　　图 5-16 "占位符"下拉列表　　　　图 5-17 设置页眉和页脚

⑦退出幻灯片母版的设计。完成幻灯片母版修改后，单击"幻灯片母版"选项卡"关闭"组中的"关闭母版视图"按钮，关闭该视图模式，切换到原来的视图模式，母版的改动就会体现在使用相应母版的幻灯片上。

（2）讲义母版。

讲义母版视图下，用户可以自定义演示文稿用于打印讲义时的外观。制作讲义母版主要包括设置每页纸张上显示的幻灯片数量、讲义方向、幻灯片的大小、背景，以及页眉、页脚、日期和页码信息等。

制作讲义母版的方法：在"视图"选项卡的"母版视图"组中单击"讲义母版"按钮 ，进入讲义母版的编辑状态，如图 5-18 所示。在"页面设置"组中可以设置讲义方向、幻灯片大小、每页幻灯片的数量；在"占位符"组中可以通过单击或撤销选中的复选框来显示或隐藏相应内容，在讲义母版中还可以移动各占位符的位置、设置占位符中文本样式等；在"背景"组可以设置颜色、字体、效果及背景样式；在"关闭"组中单击"关闭母版视图"按钮，退出讲义母版的编辑状态。

（3）备注母版。

备注母版中有一个备注窗格，用户可以在备注窗格中添加文字、艺术字、图片等，使其与幻灯片一起打印在一张打印纸上。备注母版也常用于教学备课中，其作用是演示各幻灯片的备注和参考信息。要想使这些备注信息打印在纸张上，就需要对备注母版进行设置。

制作备注母版的方法：在"视图"选项卡的"母版视图"组中单击"备注母版"按钮 ，进入备注母版的编辑状态，如图 5-19 所示。可以在"页面设置"组中设置备注页方向、幻灯片大小；在"占位符"组中可以通过单击或撤销选中的复选框来显示或隐藏相应内容；在"背景"组可以设置颜色、字体、效果及背景样式；在"关闭"组中单击"关闭母版视图"按钮，退出备注母版的编辑状态。

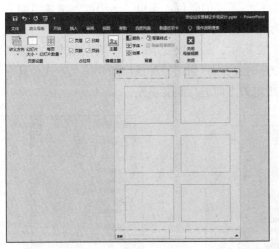

图 5-18　设置"讲义母版"

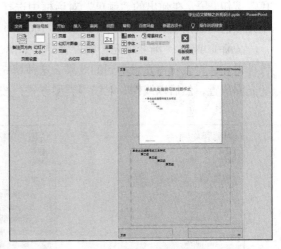

图 5-19　设置"备注母版"

3. 背景设置

一个好的演示文稿不仅内容充实，外表装饰也很美观，其背景的设计非常重要。精美绚丽的背景能为演示文稿锦上添花，一张或淡雅或清新或漂亮的背景图片能把演示文稿包装得更富有创意、更具吸引力。

（1）背景设置方法。

①直接在幻灯片中设置。单击"设计"选项卡"自定义"组中的"设计背景格式"命令，打开"设置背景格式"窗格，如图 5-20 所示。

背景设置

采用这种设置方法时，设置结果只对当前选定的幻灯片进行应用，并且不论当前选定的幻灯片版式如何，一律生效；其他未选定的幻灯片，即使与当前选定幻灯片的版式相同，其背景也不会改变；但如果在此窗格中单击"应用到全部"按钮，则当前演示文稿中所有幻灯片均应用该背景。如果要清除背景，则单击"重置背景"按钮。

②在幻灯片母版中设置。打开"幻灯片母版"视图，在"幻灯片母版"选项卡中单击"背景"组中的"背景样式"列表中的"设置背景格式"，打开"设置背景格式"窗格，如图 5-20 所示。采用这种设置方法时，如果在幻灯片母版中设置，这种背景在该母版下的所有版式中都会被应用，也就是说所有幻灯片都会被应用；如果在某个版式母版中设置，则这种背景只有该版式的幻灯片才会被应用。

> 如果在母版和幻灯片中都设置了背景，则最后生效的是幻灯片中设置的背景。
> 在母版中插入图片，如果是"置于底层"，则相当于背景。

（2）背景类型。

背景设置是在图 5-20 所示的"设置背景格式"窗格中，对背景格式采用"填充"方式进行设置。从图中可以看出，可设置的背景类型有"纯色填充""渐变填充""图片或纹理填充""图案填充" 4 种类型。"隐藏背景图形"复选框是指在设置了背景的情况下，取消背景的展示，但不删除背景，以便需要显示的时候随时可以再启用。

①纯色填充。"纯色填充"的设置界面如图 5-21 所示，是指用一种颜色对背景进行填充，在"填充"栏的"颜色"下拉列表中选择幻灯片的背景颜色。若对所提供的颜色不满意，可单击"颜色"按钮，在弹出的"颜色"对话框中选择自己所需要的颜色。拖曳"透明度"滑块可调节填充颜色的透明度，"0%"为不透明，"100%"为完全透明，相当于对背景不起作用。

②渐变填充。"渐变填充"的设置界面如图 5-22 所示，是比较复杂的一种填充方式，但如果设计得好，将会获得意想不到的效果。这种填充方式允许用户指定某种预设渐变填充方式及其渐变光圈位置，然后以线性、射线等类型方式，按指定的方向进行渐变填充。

图 5-20 "设置背景格式"窗格

图 5-21 纯色填充

图 5-22 渐变填充

"预设渐变"下拉列表中已预先设计好 30 种渐变填充方式，包括颜色及填充的方式和方向等。

"类型"下拉列表中有线性、射线、矩形、路径、标题的阴影 5 个选项。其中，"线性"使渐变色彩以直线为流动方向，包括 8 种不同的流动方向；"射线"使渐变色彩从一个中心点向四周发散，包括 5 种发散方向；"矩形"使渐变色彩以矩形的形状向四周发散，包括 5 种发散方向；"路径"使渐变色彩向四周发散，不包含颜色显示方向；"标题的阴影"使渐变色彩从标题占位符向四周发散，不包含颜色显示方向，是一种动态的填充效果，颜色的起点会根据幻灯片上标题位置的变化而变化。

"方向"是指从填充起点开始，沿着什么方向进行渐变填充，包括右下角、左下角、中心、右上角和左上角，该属性仅可应用于线性、射线和矩形 3 种类型的渐变，不同的填充类型有不同的填充方向，如"线性"填充方式，有"线性对角 – 左上到右下"等 8 种填充方向，还可设置渐变色彩的倾斜角度，角度的取值范围介于 0～359.9°之间。

"渐变光圈"用来设定渐变的颜色的种类，一个渐变光圈代表一种颜色。可以通过右侧的"增加渐变光圈"按钮和"删除渐变光圈"按钮增加或删除渐变光圈。选定一个渐变光圈，可以在"颜色"下拉列表中选定渐变光圈的颜色，拖曳渐变光圈的滑动按钮，可以改变渐变光圈之间的距离。

"位置"用于设置渐变光圈的显示位置，选定色条中的渐变光圈，在该文本框中输入位置即可。

"透明度"用于设置渐变光圈的透明度，选中色条中的渐变光圈，然后可在此设置光圈颜色的透明度，"0%"为不透明，"100%"为完全透明。

"亮度"为"0%"时，表示正常亮度，低于"0%"时变暗，高于"0%"时加亮。

"与形状一起旋转"复选框，若启用，表示所设置的渐变颜色将随着形状一起旋转。

③图片或纹理填充。"图片或纹理填充"的设置界面如图 5-23 所示。默认选择是"纹理填充"，PowerPoint 提供了"纸莎草纸""画布""斜纹布"等 24 种纹理，纹理将平铺到整个背景上。

"图片源"下边的 2 个按钮分别用于插入 2 种不同来源的图片。单击"插入"按钮，插入来自文件等的图片；单击"剪贴板"按钮，可以插入已经复制到剪贴板的图片。

④图案填充。"图案填充"的设置界面如图 5-24 所示，共有 48 种图案，可以设置图案的前景色和背景色。

图 5-23　图片或纹理填充

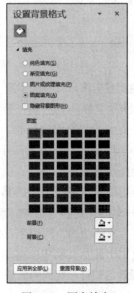

图 5-24　图案填充

提示　背景设置完成后，单击"关闭"按钮可将设置应用到当前幻灯片；单击"应用到全部"按钮可将设置应用到演示文稿中的所有幻灯片；单击"重置背景"按钮可将窗格中的设置还原到打开窗格时的状态。

5.2.3　案例实现

演示文稿的外观设计

1. 新建毕业论文答辩演示文稿

通常，一个演示文稿的第一张幻灯片都是"标题幻灯片"版式，用以说明演示文稿的主标题及演讲者相关的信息等。对小李的毕业论文答辩演示文稿来说，第一张幻灯片应给出论文题目、学生班级、学号、姓名、指导老师等相关的信息，后续的幻灯片则可根据需要设置为"标题和内容""图片与标题""两栏内容""比较"等各种版式。具体操作步骤如下。

（1）启动 PowerPoint 2016，新建一个演示文稿，并保存为"毕业论文答辩.pptx"。

（2）在第一张幻灯片，即"标题幻灯片"版式的幻灯片中输入论文题目、答辩者相关信息及指导老师的信息。

（3）新建一个"标题和内容"版式的幻灯片，输入目录信息。

（4）新建若干张"标题和内容"版式幻灯片，依次录入答辩所需的相关信息，新建的毕业论文答辩演示文稿如图 5-25 所示。

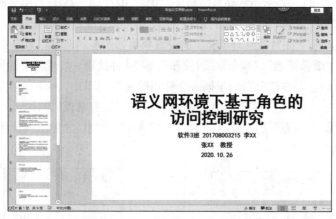

图 5-25　新建的毕业论文答辩演示文稿

2. 设置毕业论文答辩演示文稿的主题

毕业论文答辩演示文稿需要应用庄重的主题。背景适合选用深色调的，如深蓝色，文字选用白色或黄色的体字；或者背景用浅色的，如白色，文字用黑色。需要注意，一定要使背景和字体具有明显反差。小李的毕业论文答辩演示文稿选择内置的主题"回顾"，应用于演示文稿中所有的幻灯片，具体操作步骤如下。

单击"设计"选项卡"主题"组的其他按钮，打开主题下拉列表，在下拉列表中选择内置的主题"回顾"，并单击"变体"组的"颜色"下拉列表，单击"自定义颜色"，打开"新建主题颜色"对话框，将"着色 2(2)"的颜色设置为蓝色，在名称框中输入"回顾 1"，单击"保存"按钮，并将此主题应用于演示文稿中所有幻灯片，效果如图 5-26 所示。

3. 利用母版设计各幻灯片共同的信息

在小李演示文稿的每一页，通常还要加上学校的有关信息，包括校名、校徽或校训、学校标志性建筑等，以示尊重母校。此外，可能还要设计导航按钮，这些信息是共同的信息，因此应该放在母版中设计。为了保证与当前版式相协调，在不同的幻灯片上这些信息的放置位置有可能不相同，如在首页的"标题幻灯片"上添加校徽及"湖南科技学院本科生毕业论文答辩"文本。其他幻灯片，如"标题和内容"版式幻灯片，需要展示的共同信息是在顶端左侧加上校徽，底端左边插入论文的标题，在底端右边添加校训，具体操作步骤如下。

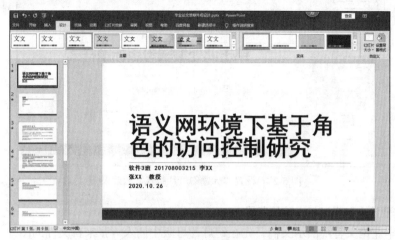

图 5-26　设置了主题"回顾"的演示文稿

（1）单击"视图"选项卡"母版"组中的"幻灯片母版"，打开"幻灯片母版"视图。

（2）选定"幻灯片母版"插入校徽图片，调整到适当的位置，插入一个文本框，在文本框中输入校训"德才兼备，自强不息"，设置其字体为"华文新魏"，字号为"20"，字体颜色为"白色"，并调整到右下角的位置。用同样的方法在左下角插入一个文本框，输入论文名称。调整水平直线的大小为 3 磅、颜色为蓝色、位置与校徽图片的下边沿对齐并与幻灯片母版左右边沿对齐，将幻灯片母版的标题占位符的下边沿与水平线重合，设置母版标题字体为"微软雅黑"、蓝色、加粗，字号为"36"，如图 5-27 所示。

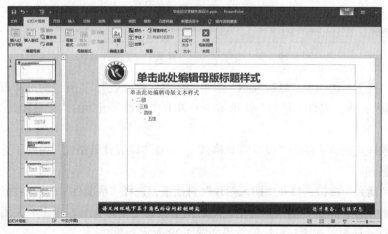

图 5-27　设置"幻灯片母版"的效果

（3）选定"标题幻灯片版式"，在论文题目的上方插入一个文本框，在文本框中输入"湖南科技学院本科生毕业论文答辩"文本，设置字体为"华文新魏"，字号为"28"，加粗、蓝色，调整到合适的位置，删去标题与副标题之间的线条，调整标题与副标题占位符的位置，并居中对齐，如图 5-28 所示。

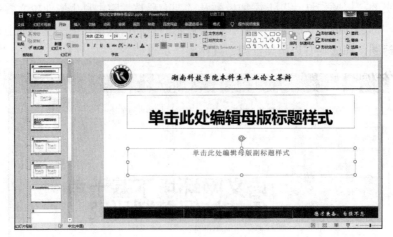

图 5-28　设置"标题幻灯片版式"的效果

4. 设置毕业论文答辩演示文稿的背景

对小李的毕业论文答辩演示文稿，先在幻灯片母版中插入一张来自文件的图片作为背景，透明度设为 90%；关闭"幻灯片母版"视图，在幻灯片的普通视图中，在第 1 张幻灯片插入一张图片作为背景，设置透明度为 75%；在第 10 张幻灯片插入一张图片作为背景，设置透明度为"0%"，效果如图 5-29 所示。具体操作步骤如下。

图 5-29　在"幻灯片母版"视图中设置图片背景

（1）单击"视图"选项卡"母版视图"组中的"幻灯片母版"，打开"幻灯片母版"视图，选定"幻灯片母版"，在"幻灯片母版"选项卡中，单击"背景"组中的"背景样式"，打开背景样式列表。

（2）在背景样式列表中单击"设置背景格式"，打开"设置背景格式"窗格，选择"图片或纹理填充"单选按钮。

（3）单击"插入"按钮，打开"插入图片"对话框，选择"从文件"，打开"插入图片"对话框，选择想要的图片，单击"插入"按钮，然后调整其透明度为 90%，单击"关闭母版视图"按钮，关闭"幻灯片母版"视图，设计的效果如图 5-29 所示。

（4）在幻灯片的普通视图中，选定第 1 张幻灯片（标题幻灯片），插入学校校门的图片作为背景，设置它的透明度为 75%，向下偏移-16%，可以让学校校名不被论文标题遮挡；选定第 10 张幻灯片（致谢），插入学校的一张风景图片作为背景，设置透明度为 0%，效果如图 5-1 所示。其设置方法与在"幻灯片母版"视图中进行背景设置是一样的，故不再赘述。

5.3　演示文稿的内容设计

5.3.1　案例分析

一个完整的演示文稿一般包括片头动画、封面、前言、目录、正文页、过渡页、封底、致谢（片尾动画）等部分，所应用的对象通常包括文字、艺术字、形状、SmartArt 图形、表格、图片、图表、音频、视频等。根据演示文稿的不同使用目的及相应的应用场合，有些部分不是必需的，可以省略。对小李的毕业论文答辩演示文稿来说，包含封面、目录、正文页、致谢即可，尽量避免用音频和视频。

设计要求如下。

（1）对文案进行信息提炼和逻辑梳理。

（2）制作好封面和目录页。

（3）制作统一风格的内页。

（4）插入形状，对多张幻灯片上相同的对象设置形状效果以突出显示。

（5）利用 SmartArt 图形设置逻辑图表，并对其进行美化。

（6）在幻灯片上插入图片等对象。

5.3.2　知识储备

1. 对文案进行信息提炼和逻辑梳理

若要针对一个 Word 文档制作演讲演示文稿，则需要对 Word 文档中的文案信息进行信息提炼和逻辑梳理。首先对 Word 文档内容进行分页，确定每一张幻灯片的内容，通常一个分页作为一张幻灯片，然后根据演讲的目的提炼出小标题及关键信息，并对演示文稿的每一张幻灯片根据对内容的熟悉程度选择性地保留文案。经过梳理后并且视觉化呈现的演示文稿，可以大大减少观众的理解成本。

2. 版面布局

在介绍幻灯片的具体设计及美化之前，首先要了解一下版面布局的相关知识。演示文稿的版面布局指的是演示文稿中需要展示的各元素，包括文字、形状、图片等，在版面上进行大小、位置的调整，使版面变得清晰、有条理。优秀的演示文稿往往因为其合理的版面布局而给读者带来舒适的视觉体验。那么，版面布局应该遵循哪些原则呢？

（1）统一风格原则。一般来说，统一风格不仅要求演示文稿外观一致，还要对其内页进行版心规划、设计规划。可以通过垂直参考线、水平参考线等设置合理的页边距，为页面规划出放置内容的中心区。设计规划包括配色、文字样式、版式的规划。演示文稿中幻灯片需要有统一的配色，在同一套演示文稿中同层级的文字样式如文字类型、大小、粗细、颜色等是相同的，同层级信息页面版式是相同的。通常主标题、正文标题、正文代表不同的层级。

（2）对齐原则。一般来说，同一级标题或同一层次的内容在整个演示文稿放映过程中采用同样的对齐方式，方便读者迅速发现最重要的信息。

（3）留白原则。在演示文稿的页面中留出一定的空白，既可以分隔页面、减少压迫感，又能引导读者视线，凸显重点。

（4）重复原则。重复原则是指使演示文稿设计中的某些方面在整个作品中重复，这样可以使作品具有整体性，使演示文稿具有可读性。重复原则一般应用于固定的模板，以及在某一页或某个演示文稿中相同层次的内容使用相同的格式。

（5）降噪原则。在演示文稿设计中应减少不必要的干扰因素，如字数和段落应设计合理、分布错落有致，图形简繁得体，避免使用过多的颜色，以避免分散观众的注意力。

（6）对比原则。把具有可比性元素放在一起，用比较的方法加以描述或说明，这样可以加大不同元素的视觉差异，使读者的注意力集中在特定的区域，同时还可以增加页面的活泼性与美感。

3. 插入 SmartArt 图形

插入 SmartArt 图形

在幻灯片中插入 SmartArt 图形可以直观的方式展示信息。SmartArt 图形是信息和观点的视觉表示形式，SmartArt 有纯文字和图文结合两种样式，是演示文稿自带的逻辑图表生成工具。逻辑图表是对文字信息进行拆分、整合并转换成有形图形的一种呈现方式，有平行结构、递进结构、关系结构。制作逻辑图表，首先是分块找关系，即分析信息，找出构成概念的元素，利用图形呈现其中的概念和它们之间的关系，其次是通过背景、图标、色块、线条制造视觉焦点。

（1）文本与 SmartArt 图形。

在演示文稿的展示中，通常会有部分文本内容具有一定的逻辑关系，如层次关系、附属关系、并列关系、循环关系等，利用 SmartArt 图形，可以准确表达文字间的层次或逻辑关系，制作的图形漂亮精美，具有很强的立体感和画面感。通常，在形状个数和文字量仅限于表示要点时，SmartArt 图形最有效。例如，创建组织结构图，显示层次结构（如决策树），演示过程或工作流程中的各个步骤或阶段，显示棱锥图中的比例信息或分层信息，等等，均可使用 SmartArt 图形。创建 SmartArt 图形通常有以下两种方式。

① 在幻灯片中插入 SmartArt 图形之后输入文本。

在普通视图中，选中要插入 SmartArt 图形的幻灯片，在"插入"选项卡"插图"组中单击"SmartArt"按钮，出现"选择 SmartArt 图形"对话框，如图 5-30 所示。PowerPoint 为用户提供了列表、流程、循环、层次结构、关系、矩阵、棱锥图、图片 8 类 SmartArt 图形。其中，"列表"可以显示无序信息，"流程"在流程或时间线中显示步骤，"循环"显示连续且可重复的流程，"层次结构"显示树状列表关系，"关系"对连接进行图解，"矩阵"以矩阵阵列的方式显示并列的 4 种元素，"棱锥图"以金字塔的结构显示元素之间的比例关系，"图片"表示允许用户为 SmartArt 插入图片背景。每种类型的 SmartArt 图形包含几种不同的布局。选择要插入的图形，单击"确定"按钮即可。

选中已经插入的 SmartArt 图形，功能区将显示"SmartArt 工具"的"设计"和"格式"选项卡，可以编辑图形，更改版式和样式的类型。在 SmartArt 图形中可以添加和删除形状以调整布局结构。例如，虽然"层次结构"布局显示有 3 个层次，但用户所设计的层次可能只需要两个层次，也可能需要 4 个层次，每个层次的形状也可以更多或更少。当添加或删除形状以及编辑文字时，形状的排列和这些形状内的文字量会自动更新，从而保持 SmartArt 图形布局的原始设计和边框。

例如，已在某幻灯片中插入了一个层次结构图，现在要在图中输入相应的文字，具体操作如下。

方法 1：单击"SmartArt 工具"|"设计"|"创建图形"组的"文本窗格"按钮，打开"文本"窗格，在"文本"窗格中的"[文本]"中输入文本。

方法 2：在形状中的"文本"位置直接输入文本。

②直接将幻灯片中的文本变成 SmartArt 图形。

将文本转换为 SmartArt 图形是将现有幻灯片转换为专业设计的插图的快速方法。具体操作步骤如下。

首先，在幻灯片中插入一个文本框，把需要变为 SmartArt 图形的文字放入该文本框中，然后选定文字所在的文本框，单击"开始"选项卡"段落"组的"转换为 SmartArt"下拉按钮，打开图 5-31 所示的下拉列表，将鼠标指针放置在一种图形上，即可在幻灯片的设计区预览应用该图形的效果。选择合适的图形，则所选文本框中的文字将应用该 SmartArt 图形。

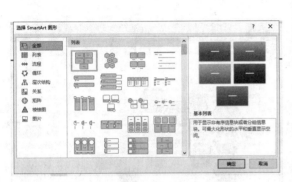

图 5-30　"选择 SmartArt 图形"对话框　　　图 5-31　转换为 SmartArt"下拉列表

（2）图表与 SmartArt 图形。

图表一直是演示文稿设计中不可缺少的一个重要元素，图表不仅包括展示数据及分析结果的数据图表，还包括通过图形及其他元素一起来展示内容间各种关系的概念图表。在演示文稿中，数据图表可通过"插入"选项卡"插图"组中的"图表"按钮插入并进行设置。PowerPoint 提供了柱形图、折线图、饼图等 15 种不同类型的图表。概念图表通常应用 SmartArt 图形来设计，下面给出以"基本流程"SmartArt 图形功能来展示图表的效果的实例。其他的以此类推。

流程用来展示递进关系，有明显的先后顺序关系，且是单向的。例如"基本流程"用于显示行进、任务或者流程的顺序步骤。图 5-32 所示即为应用"基本流程"设计的软件开发流程示意图。

设计过程如下。

①插入"基本流程"SmartArt 图形后，调整好数目及大小，再输入文本，如图 5-33 所示。

图 5-32　应用"基本流程"设计的软件开发流程示意图　　图 5-33　插入"基本流程"SmartArt 图形

②选定 5 个项目的矩形框，单击"SmartArt 工具"|"格式"|"形状"组中的"更改形状"下拉按钮，在打开的下拉列表中选择"对角圆角矩形"形状，则 5 个矩形变成了对角圆角矩形框。

③选定 4 个箭头，单击"SmartArt 工具"|"格式"|"形状"组中的"更改形状"下拉按钮，在打开的下拉列表选择"V 形"箭头，则 4 个箭头变成燕尾形状。

④选定 5 个项目的矩形框，还可以对其他效果进行设置，如形状轮廓、形状效果（选择"预设 12"）、艺术字样式等，进行个性化设置。最后效果如图 5-32 所示。

（3）图片与 SmartArt 图形。

有时在演示文稿的一个幻灯片中需要展示多张图片，如果不精心组织、布局，就会让版面显得非常凌乱。这时，可以将图片与 SmartArt 图形结合起来，应用适当的 SmartArt 图形将图片组织起来。图 5-34 所示的幻灯片中有 8 张图片，如何布局这 8 张图片？操作方法如下。

①选定这 8 张图片。

②单击"图片工具"|"格式"|"图片样式"组中的"图片版式"下拉按钮，打开"图片版式"下拉列表，里面列出了适合整理和组织图片的 SmartArt 图形结构，共有 30 种。将鼠标指针置于某种结构上，如"六边形群集"，即可预览该图片版式的效果，如图 5-35 所示，单击可选定所需要的结构。

图 5-34　需要显示多张图片的幻灯片　　　　图 5-35　预览"图片版式"效果

③在相应文本框中输入对应图片的简短描述文字。

④可以对整个 SmartArt 图形结构及内部的文本框、图片框进行细节设置，如调整大小、移动位置、设置样式等，效果如图 5-36（a）所示。若选择"图片题注列表"布局，则效果如图 5-36（b）所示。

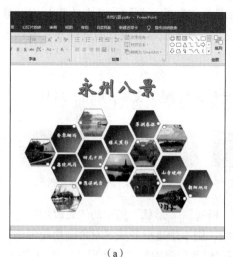

（a）　　　　　　　　　　　　　　　　（b）

图 5-36　"六边形群集"布局和"图片题注列表"布局

4. 插入形状

PowerPoint 2016 提供了非常丰富的基本图形，统称为"形状"。"形状"可以使演示文稿更加绚丽多彩。一个好的演示文稿的设计，就是在一个版面上合理地应用点、线、面。此外，在演示文稿中还可对形状进行布尔运算。

插入形状

（1）点。

点是所有图形的基础，主要用来点缀，起到丰富画面、活跃气氛、给出指示等作用。在演示文稿设计中，点是广义的"点"。"点"在版面上比线和面的面积更小，可以近似于圆形或其他形状，也可以是文字、显示突出的单元等，无所谓方向、大小、形状。点的应用可以有很多种情况，例如，为了突出所列条目的顺序，可以在条目合适的位置配以序号信息，或加上项目符号等。

（2）线。

线主要起到引导指向、切割或贯穿画面的作用。常用的线有延伸感的横线、刚毅感的竖线、灵魂感的斜线、柔美感的曲线、立体感的折线。与点一样，线也是广义的"线"。因此，在具体的设计中，可以通过若干个"点"的隐形连接而构成"线"。

（3）面。

面由无数个点构成，也可以说面由无数条线构成。相比较来说，面代表一个重点，是信息呈现的重要元素，而点、线是辅助元素，起装饰作用。面是演示文稿中最重要的表现部分，是整个版面中无可替代的部分，是整个画面的焦点。

（4）形状的布尔运算。

当插入多个形状时，选定多个形状，对这些选定的形状做布尔运算，可得到很多有趣的图形。例如，现在插入一个椭圆和一个直角三角形，并且叠加在一起，如图 5-37（a）所示。然后单击"绘图工具"|"格式"|"合并形状"，有 5 种合并形式，其中"结合"所得到的效果与图 5-37（a）一致，而组合、拆分、相交、剪除的效果如图 5-37（b）所示。另外，艺术字和图片也可做类似的布尔运算。

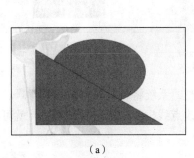

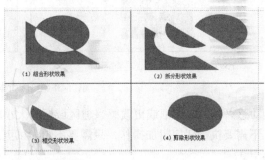

（1）组合形状效果　（2）拆分形状效果　（3）相交形状效果　（4）剪除形状效果

（a）　　　　　　　　　　　　（b）

图 5-37　形状的布尔运算

提示

在绘制形状时，如果同时按住【Shift】键不放，会有很多意外的收获。

①如果插入的是椭圆、三角形、五角星、矩形，同时按住【Shift】键不放，则可绘制出圆形、正三角形、正五角星、正方形等。

②如果对已绘制的直线，只想改变长度，不想改变方向，则可按住【Shift】键不放，然后拖曳直线的控制点改变长度即可。

③如果插入形状时，同时按住【Shift】键不放，则绘制形状将按 45°的倍数方向绘制，这对于绘制水平、垂直、45°直线非常方便。

④对于任意形状，按住【Shift】键不放，然后拖曳控制点改变大小可等比例缩放形状。

5. 插入图片

插入图片

一个优秀的演示文稿,有一半的成就归功于图片设计。在动手制作演示文稿之前,通常要精心地准备素材,其中一个重要的任务就是准备图片。演示文稿中可以插入本地图片,也可以插入联机图片,并且 PowerPoint 2016 提供了较为丰富的图片处理功能,善用这些功能既可以提高设计效率,也能够获得最佳的显示效果。PowerPoint 2016 的图片处理功能在"图片工具"|"格式"选项卡中。下面将介绍较为实用的图片处理高级技术。

（1）删除背景。

PowerPoint 2016 的"图片工具"选项卡中"调整"组中的"删除背景"按钮具有简单的删除图片背景的功能,可实现抠图。下面以一个实例来说明删除图片背景的功能,具体操作步骤如下。

①在演示文稿的某个幻灯片插入图片,选择该图片,单击"图片工具"选项卡,打开功能面板,如图 5-38（a）所示。

②单击"调整"组中的"背景消除"按钮,进入"背景消除"功能状态,显示"删除背景"选项卡及其相关功能按钮,图片上会显示两个框,中间那个框带有 8 个控制点,用来选择感兴趣的区域。单击点线框线条上的一个句柄,然后拖曳线条,使之包含你希望保留的图片部分,并将大部分希望消除的区域排除在外。系统将在该框内自动检测前景和背景,其中玫红颜色覆盖的区域为背景,没有覆盖的为前景。图 5-38（b）显示了"删除消除"的功能状态,并显示了背景消除线和句柄。

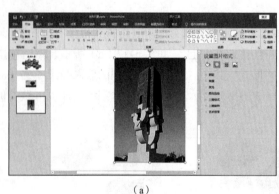
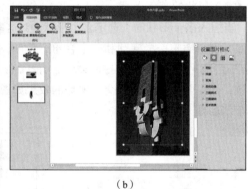

（a） （b）

图 5-38 删除背景

当移动感兴趣的区域框或更改感兴趣区域框的大小时,系统将自动检测前景和背景。大多数情况下,不需要执行任何附加操作,只需要不断尝试更改点线框线条的位置和大小,就可以获得满意的结果。

③如有必要,请执行下列一项或两项操作。

● 若要保留不希望自动消除的图片部分,可单击"优化"组中"标记要保留的区域",会出现一个笔形光标,标记不想删除的部分,在删除背景时会保留下来。

● 若除了自动标记要消除的图片部分,某些部分确实还要消除,可单击"标记要删除的区域",也会出现一个笔形光标,标记需要删除的部分,在删除背景时会被删除掉。

提示

如果对线条标出的要保留或删除的区域不甚满意,想要更改它,可单击"删除标记",然后单击线条进行更改。

④当调整至检测出的背景和前景符合要求时,可单击"关闭"组中"保留更改"按钮,完成背景删除,如图 5-39 所示。否则,单击"放弃所有更改"按钮,将取消自动背景消除。

（2）图片样式与图片效果。

图片样式就是各种图片的外观格式，PowerPoint 2016 提供了一个样式集，其中包含 28 种图片样式，用来给用户进行图片美化。图片效果就是对图片进行各种效果处理，包括阴影、映像、发光、柔化边缘、棱台、三维旋转 6 个方面，通过合适的处理产生特定的视觉效果，使图片更加美观。其中，预设效果为系统设计好的一些效果的组合，共有 12 种，可以方便用户直接选用。如图 5-40 所示，左边是应用"图片样式"与"图片效果"前的图片效果，右边是应用后的图片效果，右边的图片效果设置步骤如下。

①选择要改变样式和图片效果的图片，单击"图片工具"|"格式"|"图片样式"组的其他按钮，打开"图片样式"下拉列表，选择"棱台左透视，白色"样式。

②单击"图片边框"，选择"无轮廓"。

③单击"图片效果"，单击"发光"项，在其下拉列表中单击"发光变体"中的"发光：18磅；水绿色，主题色 5"。

④在"图片效果"中，单击"映像"项，在其下拉列表中选择"映像变体"中的"全映像：8磅偏移量"。

⑤在右侧"设置图片格式"窗格中将三维旋转的 X 旋转设置为 50°，Y 旋转设置为 10°，Z 旋转设置为 0°，透视设置为 75°。

图 5-39　删除背景"保留更改"的结果

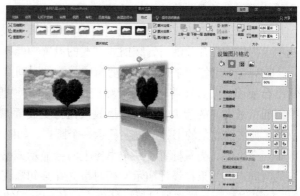

图 5-40　应用"图片样式"与"图片效果"的效果

6. 插入音频和视频

在比较轻松的环境中，边演讲边播放一些轻音乐，会给观众一种美好的享受。例如，在产品推介会上，播放一些关于产品的设计创意或广告视频，会给观众留下深刻的印象。因此，为演示文稿插入一些适合演讲场景的相关音频和视频是一种值得学习的制作技巧。

插入音频和视频

PowerPoint 2016 几乎支持目前所有流行的音频和视频文件格式，可以直接插入本地计算机中的音频和视频文件，也可以将本地音频或视频和联机视频一样通过链接的方式插入幻灯片中。这里将介绍一些高级应用技巧。

（1）插入音频。

在幻灯片中不仅可以插入录制的音频，还可以将本地计算机中的音乐文件插入幻灯片中，为幻灯片设置背景音乐。在幻灯片上插入音频时，将显示一个表示音频文件的图标◀。在进行演讲时，可以将音频设置为在显示幻灯片时自动开始播放、在单击鼠标时开始播放或播放演示文稿中的所有幻灯片，甚至可以循环连续播放媒体直至停止播放。

插入音频文件的具体操作步骤：单击要添加音频的幻灯片，在"插入"选项卡的"媒体"组中，单击"音频"，然后单击"PC 上的音频"，在"插入音频"对话框中找到包含所需音频文件的文件夹，双击要添加的文件，或单击所需要的音频文件，再单击"插入"或"链接到文件"，则该音频文件将添加到幻灯片中。

插入录制音频的具体操作步骤：单击要添加音频的幻灯片，在"插入"选项卡的"媒体"组中，单击"音频"，然后单击"录制音频"，打开"录制声音"对话框，如图 5-41 所示。然后单击录制按钮，录制完了后单击"确定"按钮，完成声音的插入，在幻灯片中就出现了图 5-42 所示的小喇叭。

图 5-41 "录制声音"对话框

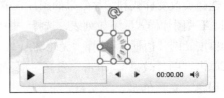

图 5-42 音频图标

在演示文稿中插入音频后，会在相应幻灯片页面上显示一个喇叭图标，选中该图标，则在功能选项卡栏中会增加"音频工具"选项卡，包含"格式"和"播放"两个子选项卡，同时会在该图标下方显示一个播放条，如图 5-42 所示。播放条是用来在设计时进行音频试听控制的，在幻灯片放映时不会显示，放映时仅显示喇叭图标。

"音频工具"中的"格式"选项卡的功能主要是设置喇叭这个图标及美化喇叭的外观；"播放"选项卡提供幻灯片放映时音频播放方式的设置功能，其各功能组介绍如下。

①书签。书签用来指示音频剪辑中关注的时间点，所以添加书签的功能与剪裁音频的功能常常结合使用。在音频剪辑下的音频控件中，单击"播放"按钮则播放音频内容。"播放"按钮是控制面板最左侧的箭头，播放时播放按钮将变成暂停按钮，进度条会显示播放进程。如果设置了书签，则在播放条的书签位置会显示一个圆点，如图 5-43 所示。播放条上两个圆点表示该音频设置了两个书签，当鼠标置于某个书签上时会显示该书签的位置信息，即时间点，图中为第一个书签的时间点。如果在设计演示文稿时事先在某句歌词的起始位置设置一个书签，则在幻灯片放映时，就可以轻而易举地通过鼠标精确定位该句歌词的起始位置。具体操作：当播放音频时，在"音频工具"下的"播放"选项卡上，单击"书签"组中的"添加书签"即可。如果要删除书签，则在播放条中找到要删除的书签点，单击"播放"选项卡"书签"组中的"删除书签"即可。

②编辑。"剪裁音频"功能可以实现对每个音频剪辑的开头和末尾处进行修剪。若要修剪剪辑的开头，单击起点，如图 5-44 所示界面中中最左侧的绿色标记所示，看到双向箭头时，将箭头拖曳到所需的音频剪辑起始位置即可。若要修剪剪辑的末尾，单击终点，如图 5-44 所示界面中中右侧的红色标记所示，看到双向箭头时，将箭头拖曳到所需的音频剪辑结束位置即可。

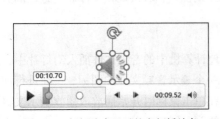

图 5-43 幻灯片中显示的音频播放条

图 5-44 "剪裁音频"对话框

有时剪裁后的音频插入幻灯片中后听起来比较突兀，这时可以设置"淡化持续时间"的渐强和渐弱时间，这样就使音频播放效果显得比较自然。

③音频选项。"音量"功能用来设置播放时音量的大小。

"开始"指音频开始播放的时机，默认是按照单击顺序播放或按空格键播放。若要在放映该幻灯片时自动开始播放音频，则在"开始"列表中单击"自动"，但切换到下一张幻灯片时，音频立即停止；若要通过在幻灯片上单击音频来手动播放，则在"开始"列表中单击"单击时"；若要在演示文稿中单击切换到下一张幻灯片时也播放音频，则在"开始"列表中单击"跨幻灯片播放"，此时直到该音频播放完毕（没有设置循环播放）或全部幻灯片放映结束，该音频才停止。

选定"循环播放，直到停止"复选框，则音频将在有效范围内一直循环播放直到超出有效范围，然后停止播放。

选定"放映时隐藏"复选框，则幻灯片放映时不会显示喇叭图标，也不能对音频的播放进行干预和控制，则此时一定要设置为"自动"或"跨幻灯片播放"方式，否则该音频将无法启动播放。

选定"播放完返回开头"复选框，则音频播放完后返回开头，而不是停在末尾。

 在 PowerPoint 2016 中，可直接内嵌 MP3 格式的音频文件，不用再担心音频文件丢失。若播放样式选择"在后台播放"，则"音频选项"中的开始方式会改为"自动"播放方式。

（2）插入视频。

在演示文稿中可以插入联机视频或 PC 上的视频，视频的插入方法和音频的插入方法基本相同。视频的图标是一个较大的播放区域，称为播放窗口，其初始大小与相应视频的分辨率有关，可调整其大小，画面内容为视频的第一帧内容。视频有"全屏播放"功能。

（3）录制屏幕。

PowerPoint 2016 内置了屏幕录制功能，运用该功能可以录制计算机屏幕中一些操作或播放的视频及音频，然后将录制的内容插入幻灯片中。单击"插入"选项卡"媒体"组的"屏幕录制"命令，此时会弹出录制操作菜单和区域选择框，如图 5-45 所示。选择菜单中的"选择区域"，可重新选择录制区域。选择区域之后，在菜单中选择"录制"选项可开始录制屏幕，如图 5-46 所示。录制完成后，在菜单中选择"停止录制"选项可停止屏幕录制，并将录制内容以视频方式显示在幻灯片中，右击该视频，打开快捷菜单，选择"媒体另存为"可将录制内容保存为".mp4"的媒体文件。同音频一样，可设计录制视频的淡化效果，可剪辑视频及设置视频的相关属性。

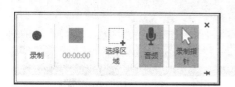

图 5-45　录制操作菜单　　　　　　　　　　　图 5-46　开始录制

答辩演示文稿
的内容设计

5.3.3 案例实现

1. 制作封面

演示文稿中第 1 张幻灯片的内容包括毕业论文题目、答辩学生信息、指导老师信息，可以将第 1 张幻灯片作为该演示文稿的封面。先整理封面中的文本信息，然后设计背景与文字的颜色等，使之对比更加强烈一些，突出文本内容，最后插入形状，增加一点效果，使页面更生动一点。具体操作如下。

①先对幻灯片进行版心规划，设置合理的页边距，为页面规划出放置内容的中心区域。首先在幻灯片的空白处右击，打开快捷菜单，选择"网格和参考线"中的"添加垂直参考线"和"添加水平参考线"，如图 5-47 所示，这时就有了垂直居中和水平居中的两条参考线，再添加 2 条水平参考线分别移到距上边界"8.50"的位置和距下边界"8.00"的位置，再添加 2 条垂直参考线分别移到距左、右边界"15.10"的位置，如图 5-48 所示。这样不仅对封面进行了版心规划，也对整个演示文稿中所有的幻灯片进行了版心规划。

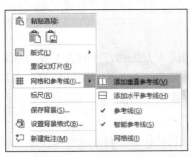

图 5-47 添加参考线的快捷菜单

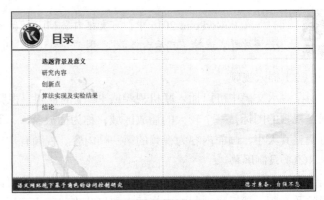

图 5-48 设置参考线并进行版心规划

②将两个文本框居中对齐，标题内容在文本框中居中对齐，其他内容在文本框中左对齐。年份"2020"移到右上角的位置。

③插入一个矩形框，覆盖第一张幻灯片中蓝色水平线和橙色水平线之间的区域，将该矩形置于低层。在矩形框内右击打开快捷菜单，选择"设置形状格式"命令，在"设置形状格式"窗格中的"填充"栏中选择"纯色填充"，颜色选择白色，透明度选择 40%，"线条"选择"无线条"，这样使封面背景更加虚幻一点。

④将论文标题的字体设置为"微软雅黑"，字号为"48"，字体颜色为蓝色，加粗，加阴影。对于其他文本，英文字体设置为"Times New Roman"，中文字体设置为"微软雅黑"，字号为"24"，字体颜色为蓝色，加粗，加阴影。加阴影可以增加立体感，使文本更加突出。

⑤在幻灯片的左下角和右下角分别插入一个直角三角形形状，形状颜色为"橙色"，透明度为30%，调整好大小和位置，在数字"2020"两边分别插入两条直线，颜色为"橙色"，宽度为 6 磅，调整好长度和位置。封面的效果如图 5-49 所示。

图 5-49 演示文稿的封面效果

2. 制作目录页

小李的毕业论文答辩演示文稿中有目录页，由于采用的是文本框，设计效果比较平淡。下面将小李的毕业论文答辩演示文稿中的目录幻灯片中的"目录"应用形状叠加，以设计出点效果来。具体操作步骤如下。

①单击"插入"选项卡的"形状"下拉按钮，打开形状下拉列表，在"矩形"中选择"矩形"形状插入幻灯片中，调整它的大小和位置，使该形状能遮盖住幻灯片顶部中间的部分线条，设置形状的颜色为"白色"，设置形状的轮廓为"无轮廓"并将其置于底层。在"形状"下拉列表中选择"基本形状"中的椭圆，在插入"椭圆"形状时，同时按住【Shift】键不动，则插入一个圆。选定该圆，打开"绘图工具"|"格式"选项卡，在"形状样式"组中设置该圆为无填充颜色，轮廓线为实线，粗细为 4.5 磅，颜色为橙色 RGB（228,138,18），无形状效果。

②插入一个略小一点的圆，轮廓线为实线，粗细为 3 磅，颜色为蓝色，填充颜色为白色，背景 1，深色 15%，无形状效果。圆心与第一个圆重合，即将两个圆均设置为"水平居中""垂直居中"，然后将两个圆组合。

③删去原来的"目录"两个字。插入一个文本框，输入"目录"两个字，文本颜色为蓝色，字体为"方正粗黑宋简"，字号为"44"，居中对齐，文本框无填充颜色、无轮廓颜色，将其置于顶层，中心与组合圆心重合，然后再与圆组合，将 3 个形状组合为一个形状。然后，将组合的形状置于合适的位置。

④创建一个文本框，输入目录的英文单词，文本填充颜色为"白色，背景 1，深色 35%"；设置文本效果"发光"为"发光，5 磅；深蓝，主题色 2"；设置文本效果"转换"为"V 形，正"。

⑤将目录页中的 6 个小标题按顺序排成两行，每行 3 个小标题，调整好它们位置，将字体设置为"方正粗黑宋简"、28 号字蓝色加粗，并在每个小标题前插入一个菱形框，形状填充为蓝色，无轮廓，形状内输入 01、02 这样的数字，字体颜色为白色，选择合适的字体和字号，并在形状和后面的文本之间插入一条直线，颜色为橙色，设置合适的大小，并调整好位置。目录设置的效果图如图 5-50 所示。

图 5-50　演示文稿的目录效果

3. 在演示文稿中插入 SmartArt 图形

对第 3、第 4、第 6、第 7 张的内容都应用 SmartArt 图形。下面以第 6 张幻灯片为例说明设计步骤，将第 6 张幻灯片"研究内容"下面文本框中的文本转换为 SmartArt 图形。具体操作步骤如下。

①选定要转换的 SmartArt 图形。选中文本框，单击"开始"选项卡"段落"功能组的"转换为 SmartArt"下拉按钮，在打开的下拉列表中选定想要的 SmartArt 图形。下拉列表中仅列出常用的 20 种图形，如果不满意或不适合，可以单击"其他 SmartArt 图形"，打开"选择 SmartArt 图形"对话框，对话框中按类别给出了所有的 SmartArt 图形。

②预览效果。将鼠标指针放置在某种图形上，即可在幻灯片的设计区预览应用该图形的效果。

③确定选择。找到合适的图形，单击确定选择。图 5-51 所示是应用"垂直块列表"SmartArt 图后的效果。

④进一步修饰美化。选定了 SmartArt 图形对象后，可以利用"SmartArt 工具"选项卡的"设计"和"格式"两个子选项卡提供的美化修饰工具进一步修饰美化，可以调整 SmartArt 样式、更改颜色、更改形状样式、设置艺术字样式及调整大小、位置等，也可以利用"设置形状格式"窗

格中的"形状选项"和"文本选项"对 SmartArt 图形中的形状和文本等进行设置。

选定 SmartArt 图形中垂直块列表左边的形状，单击"SmartArt 工具"|"格式"选项卡，在"形状"组选择"更改形状"，打开"形状"下拉列表，选择"箭头：五边形"，在"设置形状格式"窗格中选择"形状选项"中的颜色填充为"渐变填充"，渐变颜色选择蓝色和白色，类型选择"线性"，调整到合适的位置使自己满意，线条选择"实线"，其颜色选择橙色。选定 SmartArt 图形中垂直块列表右边的形状，在"设置形状格式"窗格中选择"形状选项"中的颜色填充为"纯色填充"，颜色选择"白色，背景 1，深色，15%"，文本框中字体设置为"方正黑粗宋简"，字号根据需要调到合适的大小，字体颜色分别为白色和蓝色，效果如图 5-52 所示。

⑤类似地，对第 3、第 4、第 7 张幻灯片插入 SmartArt 图形进行设置，这里不再赘述。

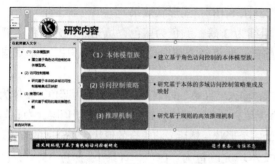

图 5-51　"垂直块列表"应用效果　　　　　图 5-52　修饰美化后的效果

4. 在演示文稿中插入形状，并设置对象的形状样式

将第 3～10 张幻灯片标题文本框形状样式的主题样式设置为"强烈效果-深蓝，强调颜色 2"，字体设置为"微软雅黑"，字体颜色为白色；在第 5 张幻灯片中添加两个"椭圆"形状，形状样式主题样式设置为"强烈效果-深蓝，强调颜色 2"，在该形状中输入"困境"或"意义"。下面以第 5 张幻灯片为例进行讲解，其他幻灯片类似设置即可。具体操作步骤如下。

①选定标题文本框，单击"绘图工具"|"格式"中形状样式的"其他"按钮，打开主题样式下拉列表，在其中选择"强烈效果-深蓝，强调颜色 2"的主题样式。字体设置为"微软雅黑"，字体颜色为白色；字号不改变。调整形状到合适大小。

②插入两个"椭圆"形状，形状的主题样式设置为"强烈效果-深蓝，强调颜色 2"，右击该形状，打开快捷菜单，单击"编辑文字"，此时在"椭圆"形状中输入"困境"和"意义"，设置合适的字体、字号。

③对第 3、第 4、第 6、第 7、第 8、第 9、第 10 张幻灯片中相对应的对象做类似设置。

④在第 2～10 张幻灯片每一张幻灯片的右上角插入一条直线，调整到合适的大小和长度，颜色设置为橙色。

5. 在演示文稿中插入图片和艺术字

对小李的毕业论文答辩演示文稿来说，图片应朴实，不宜把图片处理得过于精美，以免喧宾夺主。例如，在第 8、第 9 张幻灯片中插入图片，处理后放在小标题的前面，具体操作步骤如下。

①单击"插入"选项卡"图像"组中的"图片"，可以插入本地图片，也可以插入联机图片，打开"插入图片"对话框，找到所需要的图片，单击"插入"按钮插入该图片。

②选定该图片，单击"图片工具"|"格式"下的"裁剪"，然后选定"裁剪为形状"，选定自己喜欢的形状，然后将裁剪后的图片移动到合适的位置。

对于小李的答辩演示文稿，致谢幻灯片可以插入艺术字，制作一个特别的形状，以显得生动活泼一些。具体操作步骤如下。

①选定第 10 张幻灯片，单击"插入"选项卡"插图"组的"形状"，选定椭圆，插入两个椭圆，然后叠加在一起，再单击"绘图工具"|"格式"|"合并形状"|"剪除"，得到一个弧形的形状，并将此形状插入第 10 张幻灯片中，将其设置为半透明。

②单击"插入"选项卡"文本"组的"艺术字"，选择一种艺术字样式，然后输入相应的文本，并移动到弧形的形状中，再为艺术字设置一些效果。这样致谢这张幻灯片的效果就会更生动一些。

最终演示文稿的效果如图 5-53 所示。

图 5-53　毕业论文答辩演示文稿中幻灯片内容设计后的效果

5.4　演示文稿的放映设计

5.4.1　案例分析

小李为了将他的毕业论文答辩演示文稿内容展示得更加形象逼真，增强动感，增强演示效果，吸引评委老师的注意力，他决定为演示文稿中某些对象设置动画效果，同时希望在放映演示文稿时，一张幻灯片到下一张幻灯片之间有过渡效果，使放映演示文稿时，幻灯片之间的衔接更加自然、生动有趣，提高演示文稿的观赏性，给评委老师和同学们留下深刻的印象。

设计要求如下。

（1）将演示文稿中的 SmartArt 图形制作成动画。

（2）设置超链接及动作按钮。

（3）设置幻灯片的切换效果。

5.4.2　知识储备

PowerPoint 2016 提供了丰富的放映效果功能，如设置幻灯片中对象的动画、设置幻灯片的超链接操作、设置幻灯片的切换效果及设置幻灯片的放映。

1. 设置幻灯片中对象的动画

所谓动画就是给文本或对象添加特殊视觉或声音效果，例如，可以使文本项目符号逐个从左侧飞入，或在显示图片时播放掌声，为幻灯片对象，如文本、图片、形状、表格、SmartArt 图形等，设置动画效果，可以使幻灯片中的对象按一

动画设计

定的规则和顺序运动起来，赋予它们进入、退出、大小或颜色变化甚至移动等视觉效果，既能突出重点，吸引观众的注意力，又使放映过程十分有趣。幻灯片上的每一个对象可以单独设置动画

效果，一些组合对象还可以设置分级效果。

值得注意的是，动画使用要适当，过多使用动画也会分散观众的注意力，不利于传达信息。设置动画应遵从适当、简化和创新的原则。

（1）动画类型。

PowerPoint 2016 中有以下 4 种不同类型的动画效果。

①"进入"效果。进入是指对象从外部进入幻灯片或在出现幻灯片播放画面时的展现方式，例如，可以使对象从边缘飞入幻灯片或者跳入视图中。

②"退出"效果。退出是指播放画面中的对象离开播放画面时的展现方式，这些效果包括使对象飞出幻灯片、从视图中消失或者从幻灯片旋出。

③"强调"效果。强调是指在播放动画过程中需要突出显示对象的展现方式，这些效果包括使对象缩小或放大、更改颜色或沿着其中心旋转。

④"动作路径"效果。动作路径是指画面中的对象按预先设定的路径进行移动的展现方式，使用这些效果可以使对象上下移动、左右移动或者沿着星形或圆形图案移动（与其他效果一起）。

可以单独使用任何一种动画效果，也可以将多种动画效果组合在一起。例如，可以对一行文本应用"飞入"进入效果及"放大/缩小"强调效果，使它从左侧飞入的同时逐渐放大。

（2）添加动画效果。

添加动画的具体操作步骤：选中幻灯片上某个对象，如一段文本或一幅图片，在"动画"选项卡上的"动画"组中，单击"其他"按钮 ，弹出下拉列表，如图 5-54 所示，在下拉列表中选择"进入""强调""退出"中的某一种动画效果。如果在预设的动画效果中没有满意的动画效果，可以选择"更多进入效果""更多强调效果""更多退出效果""其他动作路径"命令。

将鼠标指针置于某个动画效果上时，即可预览到被选中对象的该动画效果，然后就可以选择合适的动画并应用。应用后，幻灯片页面中已应用动画的对象的左上角会显示一个动画序号，以标明该页面中各对象的动画播放顺序，此时"效果选项"按钮变成可用状态。

为对象添加动画后，还可以为动画设置效果选项、选择动画开始播放的时间、调整动画的速度（即动画持续的时间）、设置动画延迟时间。具体操作步骤如下。

①单击"动画"选项卡中"动画"组的"效果选项"按钮，弹出"效果选项"下拉列表，例如"陀螺旋"动画效果选项列表和效果选项如图 5-55 所示，选择合适的效果选项。一般说来，不同的动画，其"效果选项"不同。

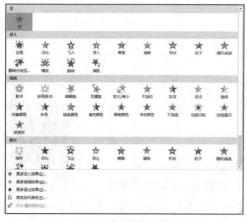

图 5-54　选择动画效果

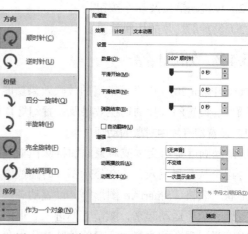

图 5-55　"陀螺旋"动画效果选项列表和效果选项

②单击"动画"选项卡右下角处的"显示其他效果选项"图标 ，打开图 5-56 所示对话框，在其中可设置动画播放的开始方式、期间（即持续时间）、延迟等。"开始"下拉列表中包含"单击时""与上一动画同时""上一动画之后" 3 个选项，用来设置动画播放的开始方式。在"期间"文本框中输入所需的秒数，"期间"越长，动画放映的速度越慢。"延迟"是指经过多少秒之后开始播放动画。若要设置动画开始前的延时，则在"延迟"文本框中输入所需的秒数即可。

（3）为对象添加多个动画。

如果要对某个对象添加多个动画，则单击"动画"选项卡"高级动画"组中的"添加动画"按钮，可在弹出的动画选择列表中选择所需要的各种动画效果。

（4）为动画设置特殊开始条件。

如果要设置动画的特殊开始条件，则单击"动画"选项卡"高级动画"组中的"触发"按钮 触发·，在打开的下拉列表中选择"单击"选项，在打开的子列表中选择触发对象即可。

（5）在动画窗格中设置动画选项。

为对象添加了动画效果后，该对象就应用了默认的动画格式。这些动画格式主要包括动画开始的运行方向、变化方向、运行速度、延时方案、重复次数等，用户可以设置这些动画选项。具体操作步骤如下。

①单击"动画"选项卡"高级动画"组中的"动画窗格"按钮 ，打开动画窗格，其中列出了当前幻灯片使用的所有动画，如图 5-57 所示。该窗格中的编号表示动画效果的播放顺序，窗格中的编号与幻灯片上显示的不可打印的编号标记相对应。时间线代表效果的持续时间，图标代表动画效果的类型，在本例中，它代表"强调"效果。

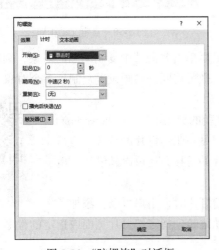

图 5-56　"陀螺旋"对话框

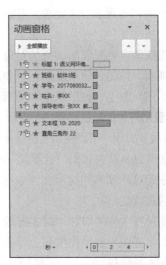

图 5-57　动画窗格

②在动画窗格的列表中单击带编号的对象右侧的下拉按钮，可打开下拉列表，单击"效果选项"，会弹出类似图 5-55 和图 5-56 所示的当前动画效果对话框。在对话框中可选择不同的选项卡对其中的项目进行设置。

③在给幻灯片中的多个对象添加动画效果时，添加效果的顺序就是幻灯片放映时的播放次序。可以在动画效果添加完成后，单击窗格顶部的上移按钮 ▲ 或下移按钮 ▼，对动画的播放次序进行重新调整。

④可在动画窗格的列表中单击 ▶ 播放自 按钮来测试动画的效果，也可以在"动画"选项卡上的"预览"组中，单击 ★ 按钮来测试动画的效果。

⑤如果要删除某一动画，先选择某一动画并按【Delete】键，即可将当前动画效果删除。

> 也可以选择"计时"组中"对动画重新排序"中的"向前移动"，使动画在列表中另一动画之前发生，或者选择"向后移动"，使动画在列表中另一动画之后发生。

（6）自定义动画路径。

如果预设的动画路径不能满足设计要求，我们可以自定义动画路径来规划对象的动画路径。其设置方法如下。

①首先选中对象，在图 5-54 所示的下拉列表中选择"自定义路径"选项。

②将鼠标指针移到幻灯片上，当鼠标指针变成"十"字形时，可建立路径的起始点（绿色箭头），当鼠标指针变成黑色粗的"十"字形时，可移动鼠标，画出自定义的路径，最后双击鼠标确定终点（红色箭头）。

③选中已定义的路径动画，单击鼠标右键，在弹出的快捷菜单中选择"编辑顶点"命令，如图 5-58 所示。在出现的黑色顶点上再单击鼠标右键，在弹出的快捷菜单中选择"平滑曲线"命令，即可修改动画路径。

（7）复制动画。

如果需要复制一个对象的动画，并将其应用到另一个对象，则应用"动画"选项卡"高级动画"组的"动画刷"来完成。其设置方法如下。

图 5-58 自定义动画路径

首先选择含有要复制的动画的对象，然后单击"动画刷"按钮，则可复制该对象的动画，最后单击要向其中复制动画的对象，则动画设置就应用到了该对象上。如果双击"动画刷"按钮，则可将同一动画设置复制到多个对象上。

2. 设置幻灯片的超链接操作

幻灯片放映时用户可以使用超链接来增加演示文稿的交互效果。在 PowerPoint 中，超链接可以是从一张幻灯片到同一演示文稿中另一张幻灯片的链接，也可以是从一张幻灯片到不同演示文稿中另一张幻灯片的链接，还可以超链接到电子邮箱、网页或文件。

超链接、切换、放映

超链接只有在放映幻灯片时才有效。当放映幻灯片时，用户可以在添加了超链接的文本或图形或动作按钮上单击，程序自动跳转到指定幻灯片页面或指定的程序。有以下两种方式插入超链接。

（1）插入以动作按钮表示的超链接。

动作按钮是预先设置好的一组带有特定动作的图形按钮，这些按钮被预设为指向前一张、后一张、第一张、最后一张幻灯片等，应用这些预设好的按钮，或者自定义的动作按钮，可实现在放映幻灯片时跳转的目的。添加动作按钮并设置超链接，具体操作步骤如下。

①选中需要添加动作按钮的幻灯片，在"插入"选项卡的"插图"组中单击"形状"按钮，弹出"形状"下拉列表，最后一行就是"动作按钮"，如图 5-59 所示。

②选择需要的按钮后，插入幻灯片中，就会打开"操作设置"对话框，如图 5-60 所示。此时，就可以进行不同的操作设置，完成超链接到某张幻灯片或运行选定的程序。

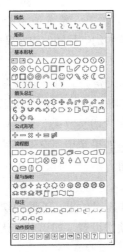

图 5-59　动作按钮　　　　　　　　图 5-60　"操作设置"对话框

③在插入了超链接之后，若需要对已有的超链接进行修改，选中设置有超链接的对象后，在"插入"选项卡的"链接"组中单击"超链接"按钮或"动作"按钮，或者单击鼠标右键，在弹出的快捷菜单中选择"编辑超链接"命令，打开图 5-60 所示的"操作设置"对话框，即可对超链接进行编辑修改。

提示

若要使整个演示文稿的每张幻灯片均可通过相应按钮切换到上一张幻灯片、下一张幻灯片、第一张幻灯片，不必对每张幻灯片逐一进行添加按钮，只需在"幻灯片母版"视图对幻灯片母版进行一次设置即可。

若要删除超链接，在已添加超链接的对象上单击鼠标右键，在打开的快捷菜单中选择"取消超链接"命令即可。

（2）插入以带下画线的文本、图片表示的超链接。

可以对文本或对象（如图片、图形、形状或艺术字）设置超链接，具体操作步骤如下。

①在"普通"视图中，选中要创建超链接的文本或图形对象，单击"插入"选项卡"链接"组的"超链接"按钮，或者单击鼠标右键，在弹出的快捷菜单中选择"超链接"命令，打开"插入超链接"对话框，如图 5-61 所示。

②在"插入超链接"对话框中设置所需要的超链接，设置完成后，作为超链接的文本有下画线。在播放幻灯片时，将鼠标指针放置到被设置了超链接的文本或对象上时，鼠标指针将变成手形。

图 5-61　"插入超链接"对话框

③若需要对已有的超链接进行修改，选中设置有超链接的对象，在"插入"选项卡"链接"组单击"超链接"按钮，或单击鼠标右键，在弹出的快捷菜单中选择"编辑超链接"命令，打开图 5-61 所示的"插入超链接"对话框，即可对超链接进行编辑修改。

3. 设置幻灯片的切换效果

幻灯片的切换效果是指演示文稿放映时幻灯片进入和离开播放画面时的整体视觉效果。选择适当的切换效果可以使幻灯片之间的过渡更为自然，增强演示效果，给人以赏心悦目的感觉。PowerPoint 提供了多种不同的幻灯片切换方式，可以使演示文稿中幻灯片间的切换呈现不同的效果。

（1）应用切换效果。

打开演示文稿，选择要设置幻灯片切换效果的一张或多张幻灯片，在"切换"选项卡的"切换到此幻灯片"组中，单击右下角的"其他"按钮▼，打开"切换效果"下拉列表，如图 5-62 所示，其中包括"细微""华丽""动态内容"3 类切换效果。在"切换效果"下拉列表中选择一种切换方式，则设置的切换方式将默认应用于所选择的幻灯片，如果希望所有幻灯片均采用该切换方式，可单击"切换"选项卡"计时"组的"全部应用"按钮。

（2）设置切换属性。

幻灯片的切换属性包括效果选项、换片方式、持续时间和声音效果。不同的切换效果，其效果选项可能不同。应用幻灯片切换效果时，切换属性均采用默认设置。如果对默认切换属性不满意，则可另外进行设置。具体操作步骤如下。

①单击"切换"选项卡"切换到此幻灯片"组的"效果选项"按钮▤，在打开的下拉列表中可以设置幻灯片切换方向。图 5-63 所示为"立方体"切换方式的"效果选项"下拉列表。

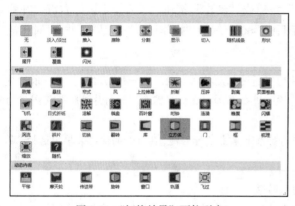

图 5-62 "切换效果"下拉列表

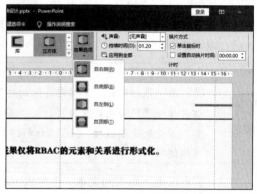

图 5-63 "效果选项"下拉列表

②在"切换"选项卡的"计时"组中，如图 5-63 所示，单击"应用到全部"按钮▤，可以将切换效果应用到演示文稿的所有幻灯片；单击"声音"右侧的下拉按钮，可在下拉列表中选择切换时发出的声音；在"持续时间"数值框中可设置合适的切换速度；在"换片方式"栏可选择合适的换片方式。

4. 设置幻灯片的放映

设计和制作完成后的演示文稿要进行放映演示。

（1）启动幻灯片放映。

放映幻灯片时，系统默认的设置是播放演示文稿中的所有幻灯片，也可以只播放其中的一部分幻灯片。如果某一演示文稿有很多张幻灯片，例如有 300 张，在某一次播放时只需要播放第 40～60 张幻灯片，此时，在放映之前先设置放映的范围是很有必要的。设置放映范围有以下两种方法。

方法 1：打开演示文稿，单击"幻灯片放映"选项卡中"自定义幻灯片放映"下拉列表中的"自定义放映"，打开"自定义放映"对话框，单击"新建"按钮，打开"定义自定义放映"对话框，如图 5-64 所示，添加需要放映的幻灯片，然后输入幻灯片放映名称，如"自定义放映 3"，单击"确定"按钮。在播放演示文稿时单击"自定义幻灯片放映"下拉列表中的"自定义放映 3"，就会只播放所选择的那些幻灯片。

方法 2：在"幻灯片放映"选项卡"设置"组中单击"设置幻灯片放映"按钮，打开"设置放映方式"对话框，如图 5-65 所示。在"放映幻灯片"栏中选择"全部"，或在"从""到"数值框中指定开始到结束的幻灯片编号。如果已定义了某个自定义放映，则可以选择某个自定义放映来播放。

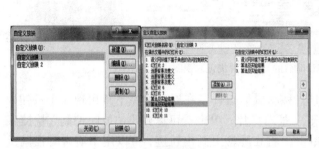

图 5-64　自定义放映　　　　　　　　图 5-65　"设置放映方式"对话框

通常情况下可以按【F5】键，或单击状态栏的"幻灯片放映"按钮 （从当前幻灯片开始放映），或利用"幻灯片放映"选项卡"开始放映幻灯片"组中相应按钮，进行幻灯片放映，使用鼠标单击一张一张地播放。若要结束幻灯片放映，可以按【Esc】键来结束放映，或在播放的幻灯片任意位置右击，在弹出的快捷菜单中选择"结束放映"命令，结束放映。

（2）设置幻灯片放映类型。

可以根据需要在 3 种放映类型中选择一种。方法是在"设置放映方式"对话框中，选择不同的放映类型。

①演讲者放映（全屏幕）：以全屏幕形式显示，演讲者可以控制放映的进程，可用绘图笔进行勾画。该放映方式适用于大屏幕投影的会议、课堂。

②观众自行浏览（窗口）：以界面形式显示，可浏览、编辑幻灯片，适用于人数少的场合。

③在展台放映（全屏幕）：以全屏形式在展台上做演示，按预定的或通过"幻灯片放映"菜单中的"排练计时"命令设置的时间和次序放映，但不允许现场控制放映的进程。

（3）控制幻灯片放映。

幻灯片放映时，可以以多种方法控制幻灯片的放映。

方法 1：若需要让演示文档按一定的速度连续播放，播放过程中不需要人工干预，则可利用 PowerPoint 提供的"排练计时"功能，可以让每张幻灯片按指定的速度自动播放。具体操作步骤如下。

①单击"幻灯片放映"选项卡"设置"组的"排练计时"按钮，同时进入预演设置状态，会出现图 5-66 所示的"录制"窗口。

②单击"录制"窗口中的"下一项"按钮可播放下一张幻灯片。放映到最后一张幻灯片时，系统会显示总的放映时间，并询问是否保留该　　　图 5-66　"录制"窗口
排练时间。单击"是"按钮接受该时间，并自动切换到"幻灯片浏览"视图，每张幻灯片的右下角均会显示出排练时间，如图 5-67 所示。如果单击"否"按钮，则取消计时时间。

③在"幻灯片放映"选项卡的"设置"组中确认选中"使用计时"复选框，之后再放映幻灯片时就按照时间设置自动放映了。

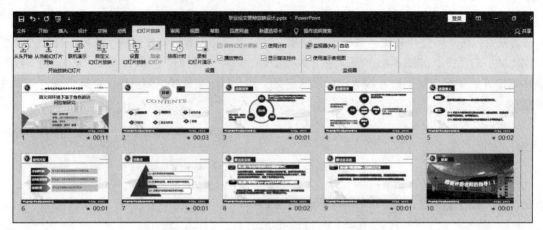

图 5-67　排练计时后的"幻灯片浏览"视图

方法 2：在演讲者放映模式下放映时，移动鼠标指针，在屏幕的左下角出现 4 个按钮，单击◁放映上一张幻灯片；单击▷放映下一张幻灯片；单击▤可以弹出"放映控制"快捷菜单，用户可根据需要选择相应的命令；单击✎将在屏幕上画出轨迹，可以用于演讲时强调重点部分。

方法 3：在播放的幻灯片的任意位置右击，也会出现"放映控制"快捷菜单。

5.4.3　案例实现

1. 将 SmartArt 图形制作成动画

下面以为毕业论文答辩演示文稿中的第 7 张幻灯片"创新点"中的 SmartArt 图形设置动画为例，说明将 SmartArt 图形制作成动画的具体操作步骤。

案例实现

①单击第 7 张幻灯片中要将其制成动画的 SmartArt 图形。

②在"动画"选项卡的"动画"组中，单击"其他"按钮▼，然后选择"强调"动画中的"放大/缩小"动画效果。

③设置动画效果选项。选择含有要制作为动画的 SmartArt 图形；在"动画"选项卡的"高级动画"组中，单击"动画窗格"；在动画窗格的列表中，单击要制作为动画的 SmartArt 图形右侧的箭头，然后选择"效果选项"；打开"放大/缩小"对话框，如图 5-68 所示，单击"SmartArt 动画"选项卡，在"组合图形"下拉列表中，选择某一个选项。其中，"作为一个对象"是将整个 SmartArt 图形当作一个大图片或对象来应用动画；"整批发送"是同时将 SmartArt 图形中的全部形状制成动画；"逐个"是一个接一个地将每个形状单独制成动画。如果要颠倒动画的顺序，则选择"SmartArt 动画"选项卡中的"倒序"复选框。

图 5-68　"放大/缩小"对话框

④利用动画刷将第 7 张幻灯片中 SmartArt 图形的动画复制到第 6 张幻灯片中的 SmartArt 图形上。选择含有要复制的动画的 SmartArt 图形，在"动画"选项卡的"高级动画"组中，单击"动画刷"，单击要向其中复制动画的 SmartArt 图形。

⑤若要将 SmartArt 图形中的个别形状制成动画，在动画窗格的列表中，单击展开图标▼来显示 SmartArt 图形中的所有形状。在动画窗格的列表中，按住【Ctrl】键并依次单击每个形状来选

择不希望制成动画的所有形状,在"动画"选项卡的"动画"组中单击"无动画",或在动画窗格的列表中单击要制作成动画形状右侧的箭头,在列表中选择"删除"命令,将从形状中删除动画效果,但不会从 SmartArt 图形中删除形状本身。对于其余每个形状,通过选择"动画"列表中的动画效果来分别设置动画。完成选择所需的动画选项后,关闭动画窗格。

2. 设置超链接和动作按钮

(1)为毕业论文答辩演示文稿目录页中的各个标题设置超链接。下面以"研究内容"这个文本为例来说明,其他的设置类似。将"研究内容"链接到第 6 张幻灯片,具体操作步骤如下。

①在"普通"视图中,选择要设置超链接的文本"研究内容"。

②在"插入"选项卡的"链接"组中,单击"超链接"。

③在"插入超链接"对话框中的"链接到"栏,单击"本文档中的位置",在"请选择文档中的位置"列表中选择"6.研究内容",单击"屏幕提示"按钮,输入超链接屏幕提示信息,如"第 6 张幻灯片"等,如图 5-69 所示。最后单击"确定"按钮,文本"研究内容"将带有下画线。在播放时,将鼠标指针悬置于文本"研究内容"上时,鼠标指针变成手形,并显示提示信息"第 6 张幻灯片"。

(2)在第 6 张幻灯片,即"研究内容"所在幻灯片,设置一个返回到第 2 张幻灯片的动作按钮,具体操作步骤如下。

①单击"插入"选项卡"插图"组中的"形状",打开"形状"下拉列表,在其中单击"动作按钮"中的"自定义"动作按钮,打开"动作设置"对话框,在"单击鼠标"选项卡中单击选中"超链接到"单选按钮,在下方的下拉列表中选择"幻灯片",打开"超链接到幻灯片"对话框,选择"2.幻灯片 2",如图 5-70 所示。最后单击"确定"按钮。

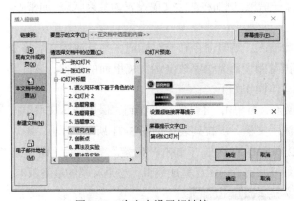

图 5-69　为文本设置超链接

图 5-70　设置动作按钮

②选定该动作按钮,右击,打开快捷菜单,单击"编辑文字",输入"返回第 2 张幻灯片",用来提示该动作按钮的作用。

3. 设置幻灯片的切换效果

具体操作步骤如下。

①打开毕业论文答辩演示文稿,单击"切换"选项卡,在"切换到此幻灯片"组中打开幻灯片切换方式列表,在列表中选择"细微"中的"推进"切换方式。

②在"效果选项"下拉列表中选择"自右侧"。

③在"计时"组中单击选中"换片方式"的"单击鼠标时"复选框,然后单击"应用到全部"按钮。

5.5 演示文稿的保护和输出

5.5.1 案例分析

经过几天的努力，小李终于制作完了毕业论文答辩演示文稿，自己做的演示文稿漂亮、美观，而又不失庄重，内容详细而又清新整洁。欣喜之余，小李不免又有些担心，自己好不容易做出来的演示文稿，要是被别人复制，或被随意修改、传播，这是自己不想看到的。同时，他也希望将自己做出的这个演示文稿以某种方式长久地保存下来。

设计要求如下。

（1）为演示文稿加密，实现对演示文稿的保护。

（2）将演示文稿以图片的形式保存下来。

5.5.2 知识储备

PowerPoint 2016 对演示文稿提供了多种保护措施和多种输出形式。

1. 文稿保护

随着网络时代的到来，信息传播的速度日益加快，文稿资料的安全不容忽视。如果演示文稿涉及一些重要的机密信息而需要防止文稿被恶意盗用或破坏，或者不希望别人查看自己的设计方法等细节，或不希望别人修改相关内容而挪作他用等，则要为演示文稿设置安全保护。PowerPoint 2016 提供了对演示文稿的几种安全保护措施，例如将演示文稿设置为最终状态、加密等。

（1）文稿的最终状态设置。

将演示文稿设置为最终状态，将禁用或关闭输入、编辑命令和校对标记，并且演示文稿将变为只读。当其他用户打开该演示文稿时，只能浏览阅读而无法篡改演示文稿里面的内容。该设置还可防止审阅者或读者无意中更改演示文稿。具体操作如下。

①在打开的演示文稿中，单击"文件"选项卡，再单击"信息"，可看到"保护演示文稿"按钮，单击"保护演示文稿"按钮，弹出"保护演示文稿"下拉列表，如图 5-71 所示。

②选择"标记为最终状态"，打开图 5-72 所示的对话框，单击"确定"按钮后，将弹出图 5-73 所示的对话框，提示此文档已被标记为最终状态，表示已完成编辑，这是文档的最终版本。此时 PowerPoint 工作界面的文档标题栏处显示为 毕业论文答辩1.pptx [只读]。

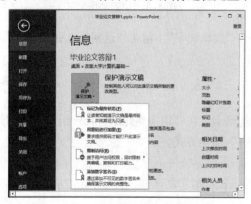

图 5-71 "保护演示文稿"下拉列表

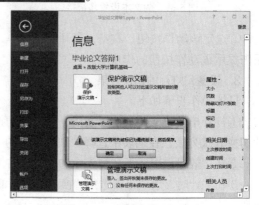

图 5-72 "确定"设定对话框

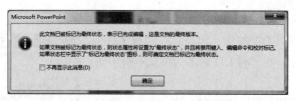

图 5-73　"最终状态"提示对话框

③单击"开始"选项卡或重新打开该演示文稿时，可以看到"开始"等选项卡中的各个按钮都呈现为未激活状态。但我们发现提示信息中同时提供了一个"仍然编辑"按钮，如图 5-74 所示，单击该按钮后，演示文稿又可以恢复编辑。这说明这项保护功能有其局限性。

图 5-74　已标记为最终状态的演示文稿

（2）加密。

对制作好的演示文稿设置密码，可以使陌生用户在不知道密码的情况下无法打开演示文稿进行浏览或篡改。加密的方法如下。

①在图 5-71 所示的"保护演示文稿"下拉列表中，选择"用密码进行加密"，将显示"加密文档"对话框，如图 5-75所示。

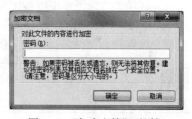

图 5-75　"加密文档"对话框

②在"密码"文本框中输入密码，单击"确定"按钮，弹出"确认密码"对话框，输入相同的密码，单击"确定"按钮，完成加密。

该演示文稿已经实现加密功能，再次打开时需要输入正确的密码，否则将不能打开。

提示

丢失或忘记的密码无法找回，因此，应将密码和相应文件名的列表存放在安全的地方。

2. 文稿输出

除了放映、打包及打印输出，PowerPoint 2016 还提供了其他的文稿输出功能，例如演示文稿转换成 PDF/XPS 文档、演示文稿的视频转换、创建讲义、生成图片演示文稿等。

（1）演示文稿的打包。

PowerPoint 提供了文件打包功能，可以将演示文稿的所有文件（包括链接文件）压缩并保存在硬盘或 CD 中，以便安装到其他计算机上播放或发布到网上。

①打包成 CD，具体操作步骤如下。

a. 将 CD 放入刻录机，然后单击"文件"选项卡的"导出"项，选择"将演示文稿打包成 CD"项，单击"打包成 CD"按钮，出现"打包成 CD"对话框，如图 5-76 所示，在"将 CD 命名为"文本框中输入 CD 的名称。

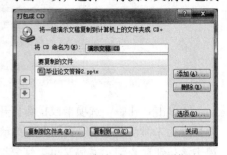

b. 单击"添加"按钮，可以添加多个演示文稿，将它们一起打包。

c. 单击"选项"按钮，出现"选项"对话框，可以选择是否包含链接的文件和嵌入的 TrueType 字体等选项，默认包含链接的文件和嵌入的 TrueType 字体。

图 5-76 "打包成 CD"对话框

d. 单击"复制到 CD"按钮，即可将选中的演示文稿文件刻录到 CD 中。

②打包到文件夹，具体操作步骤如下。

a. 若要将文件打包到硬盘的某个文件夹或某个网络位置，在图 5-76 所示的"打包成 CD"对话框中，单击"复制到文件夹"按钮，弹出"复制到文件夹"对话框。

b. 选中打包文件存放的位置和文件夹名称后，单击"确定"按钮，系统开始打包。

（2）将演示文稿转换为直接放映格式。

将演示文稿转换为直接放映格式后，可以在没有安装 PowerPoint 应用程序的计算机上直接放映。具体操作步骤如下。

①打开演示文稿，然后单击"文件"选项卡的"导出"项，单击"更改文件类型"，然后在其右侧单击选择"更改文件类型"项，单击需要导出的文件类型或直接双击所需导出的文件类型，即可立即弹出"另存为"对话框。

②若在上一步中是单击选中需要导出的文件类型，则要先拖曳窗口右侧滚动条，再单击下方的"另存为"，在弹出的"另存为"对话框中，已自动选择保存类型为"PowerPoint 放映（*.ppsx）"，选择存放路径和文件名，单击"保存"按钮即可。

双击放映格式文件（*.ppsx）即可放映该演示文稿，即使在没有安装 PowerPoint 软件的计算机上。

（3）将演示文稿转换成视频。

PowerPoint 2016 提供了将演示文稿转换成视频的功能，还可以一并录制背景音乐、旁白。因此，可以生成一个自动播放的演讲文件，而不需要演讲者本人在场，具体操作步骤如下。

①打开需要转换的演示文稿，单击"文件"选项卡，选中"导出"项，再单击"创建视频"按钮，出现"创建视频"列表，如图 5-77 所示。

②在列表中单击"不使用录制计时和旁白"下拉按钮，在弹出的下拉列表中根据需要选择是否录制计时和旁白。

③设置完成后，单击下方的"创建视频"按钮，打开"另存为"对话框，选定创建后的视频存放的位置及文件名。创建的视频为"MPEG-4 视频（*.mp4）"或"Windows Media 视频（*.wmv）"格式，单击"保存"按钮开始进行转换。如果要将演示文稿中的背景音乐合并到视频中，必须保证该音乐文件是"包含在演示文稿中的"。

（4）将演示文稿转换为 PDF 文件输出。

PDF 文件格式是可移植电子文档的通用格式，能够正确保存源文件的字体、格式、颜色和图片，使文件可以轻易跨越应用程序和系统平台的限制，它是当前流行的一种文件格式。将演示文稿转换为 PDF 文件输出的具体操作如下。

①单击"文件"选项卡中的"另存为"项，打开"另存为"对话框，单击"保存类型"，在下拉列表中选择"PDF（*.pdf）"选项，如图 5-78 所示。

图 5-77　"创建视频"列表　　　　　　　　　　图 5-78　"另存为"对话框

②单击"另存为"对话框中的"选项"按钮，打开"选项"对话框，如图 5-79 所示，在该对话框中可以设置幻灯片范围、发布选项、包括非打印信息、PDF 选项等，设置完成后单击"确定"按钮保存更改。

③单击"另存为"对话框中的"工具"下拉按钮，在打开的下拉列表中选择"常规选项"，打开"常规选项"对话框，如图 5-80 所示，在该对话框中可以为输出得到的 PDF 文件设置密码。

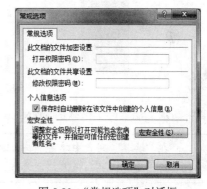

图 5-79　"选项"对话框　　　　　　　　　　图 5-80　"常规选项"对话框

④ 单击"确定"按钮，返回"另存为"对话框，选定 PDF 文件保存的位置，并输入文件名，最后单击"保存"按钮，完成 PDF 文件的转换输出。

（5）将演示文稿转换为图片输出。

演示文稿的图片输出是将幻灯片转换成图片，生成相应的图片文件。可以仅将当前的幻灯片页面转换为图片，也可以将演示文稿中所有幻灯片转换为多张图片输出，具体操作如下。

①单击"文件"选项卡，选择"另存为"项，打开"另存为"对话框，在该对话框中选择相应的图片文件格式，如"JPEG 交换文件格式（*.jpg）""GIF 可交换的图形格式（*.gif）"等。

②选定文件保存的位置，并输入文件名，单击"保存"按钮，打开图 5-81 所示的对话框，选

择所需方式进行转换。其中，"每张幻灯片"方式会将演示文稿中所有幻灯片进行转换，会在选定的目录下创建一个子目录，每张幻灯片都将生成一个图片文件，文件名称为设定的文件名加上自动序号。

图 5-81　转换对话框

（6）发送演示文稿。

PowerPoint 可以与微软的 Microsoft Outlook 软件结合，通过电子邮件发送演示文稿，可以作为附件发送，也可以 PDF 或 XPS 形式发送，还可以将演示文稿上传至微软的 MSN Live 共享空间。具体操作如下。

单击"文件"|"共享"命令，在展开的"共享"列表中选择"电子邮件"选项，打开"电子邮件列表"，如图 5-82 所示。选择"作为附件发送"选项，PowerPoint 会直接打开 Microsoft Outlook 窗口，将完成的演示文稿直接作为电子邮件的附件进行发送，单击"发送"按钮，即可将电子邮件发送到收件人的电子邮箱中；若选择"以 PDF 形式发送"选项，PowerPoint 会将演示文稿转换为 PDF 文档，并通过 Microsoft Outlook 发送到收件人的电子邮箱中。

图 5-82　"电子邮件"列表

若要将演示文稿上传至微软的 MSN Live 共享空间，可以通过"发送链接"来实现。

在"共享"列表中单击"与人共享"→"保存到云"按钮，使用 One Drive 可以在任何位置访问文档，并与他人轻松共享。

5.5.3　案例实现

1. 为小李的毕业论文答辩演示文稿加密

具体操作步骤如下。

①打开毕业论文答辩演示文稿，单击"文件"选项卡的"信息"项，再单击"保护演示文稿"按钮，弹出"保护演示文稿"下拉列表。

②单击"用密码进行加密"按钮，打开"加密文档"对话框，在"密码"

案例实现

框中输入密码"123"，单击"确定"按钮，弹出"确认密码"对话框，输入相同的密码"123"，单击"确定"按钮，完成加密。以后要打开此文档必须输入密码"123"才能打开。

2. 将小李的毕业论文答辩演示文稿转换为图片输出

具体操作步骤如下。

①打开毕业论文答辩演示文稿，单击"文件"选项卡，选择"另存为"项，打开"另存为"对话框，在该对话框中选择"JPEG 交换文件格式（*.jpg）"。

②选定文件保存的位置，并输入文件名"毕业论文答辩2"，单击"保存"按钮，在打开的对话框中，单击"每张幻灯片"，此时在选定的目录下创建了一个子目录，名为"毕业论文答辩2"，在该子目录中，图片文件依次为"幻灯片1.jpg""幻灯片2.jpg"等。

5.6　综　合　案　例

5.6.1　案例分析

设置一个"古城零陵简介.pptx"演示文稿，设计效果如图 5-83 所示。

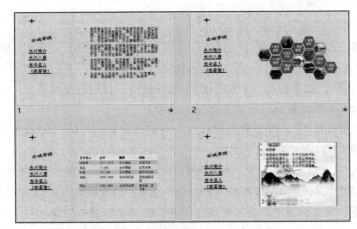

图 5-83　"古城零陵简介"演示文稿效果

设计要求如下。

（1）设置幻灯片的主题为"丝状"。

（2）将所有幻灯片的背景设为"新闻纸"的纹理。

（3）编辑幻灯片母版。在左上角插入自选图形"月亮"和"十字星"，适当旋转；在"内容与标题"版式中，将标题占位符的形状效果设置为"三维旋转中"的"离轴 1 右"；设置"内容与标题"版式中标题占位符为隶书、36 号，文本占位符为宋体、28 号，项目符号为"※"。

（4）在"标题和内容"版式中输入图 5-83 所示的文字，第 2 张幻灯片插入 SmartArt 图形，第 3 张幻灯片插入表格。

（5）为第 2 张幻灯片中的 SmartArt 图形设置动画。

（6）为左边的文字"永州简介""永州八景""古今名人"《咏零陵》分别设置超链接，链接到对应的幻灯片，网址也设置超链接，链接到对应的网址上。

（7）设置幻灯片的切换方式。

（8）将演示文稿转换为直接放映格式输出。

5.6.2 案例实现

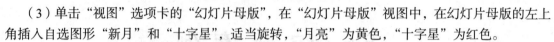

具体操作步骤如下。

（1）新建一个文件名为"古城零陵简介.pptx"的演示文稿。

（2）单击"设计"选项卡中"自定义"组的"设置背景格式"，打开"设置背景格式"下拉列表，单击"图片或纹理填充"单选按钮，单击"纹理"，打开"纹理"下拉列表，选定"新闻纸"纹理，单击"应用到全部"按钮即可。

（3）单击"视图"选项卡的"幻灯片母版"，在"幻灯片母版"视图中，在幻灯片母版的左上角插入自选图形"新月"和"十字星"，适当旋转，"月亮"为黄色，"十字星"为红色。

（4）在"内容与标题"版式中，将标题占位符的形状效果设置为"三维旋转中"的"离轴1右"。

（5）设置"内容与标题"版式中标题占位符为隶书、36 号，文本占位符为宋体、28 号，项目符号为"※"，关闭"幻灯片母版"视图。

（6）将"标题幻灯片"版式更改为"内容与标题"版式。

（7）在第 1 张幻灯片中的标题栏输入"古城零陵"，在适当的位置输入文字"永州简介""永州八景""古今名人""《咏零陵》"。

（8）再新建 3 张"内容与标题"版式幻灯片。

（9）选定文本"古城零陵"，单击"插入"选项卡中的"超链接"，打开"编辑超链接"对话框，选择"链接到：本文档当中的位置"，再选择第 1 张幻灯片，单击"确定"按钮完成设置。同样设置"永州八景""古今名人""《咏零陵》"的超链接，分别链接到第 2、第 3、第 4 张幻灯片。然后将文本及文本框设置成自己认为理想的效果。

（10）再将第 1 张幻灯片上的信息复制到第 2~4 张幻灯片上，使 4 张幻灯片版式及内容完全一样。

（11）在第 1 张幻灯片上输入以下文字。

湖南省永州市，位于湖南省西南部，湘江经西向东穿越零祁盆地，潇水由南至北纵贯全境。永州市东接郴州市，东南抵广东省清远市，西南达广西贺州市，西连广西桂林市，西北挨邵阳市，东北靠衡阳市。

永州古称零陵。因潇水与湘江在永州城区汇合，永州自古雅称"潇湘"。

永州历史悠久，风光秀丽，因而有永州八景。永州八景包括萍洲春涨、香零烟雨、朝阳旭日、愚溪眺雪、恩院风荷、绿天蕉影、山寺晚钟、迴龙夕照共 8 个经典景点。

永州自古人杰地灵，人才辈出。古有黄盖、怀素、周敦颐等，现有李达、陶铸等。

（12）在第 2 张幻灯片上插入图 5-84 所示的 SmartArt 图形，并输入相应的文字，填充相应图片。

（13）在第 3 张幻灯片插入图 5-85 所示的表格。

图 5-84　SmartArt 图形

古今名人	生平	籍贯
周敦颐	1017-1073	永州道县
黄盖	?-208	永州零陵
怀素	737-799	永州零陵
陶铸	1908-1969	永州祁阳县
李达	1890-1966	永州冷水滩

图 5-85　永州名人

（14）在第 4 张幻灯片中的右侧文本框内填充一张图片之后输入以下文字，如图 5-86 所示。

《咏零陵》

欧阳修

画图曾识零陵郡，今日方知画不如。

城郭恰临潇水上，山川犹是柳侯余。

驿亭幽绝堪垂钓，岩石虚明可读书。

欲买愚溪三亩地，手拈茅栋竟移居。

图 5-86　《咏零陵》

（15）选定第 2 张幻灯片中的 SmartArt 图形，单击"动画"选项卡；添加"翻转式由远"动画样式。

（16）选中所有幻灯片，单击"切换"选项卡，选择"闪耀"的切换方案。

（17）单击"文件"选项卡的"导出"项，在"文件类型"列表中选择"更改文件类型"项，打开"更改文件类型"列表，双击"PowerPoint 放映"按钮，出现"另存为"对话框，其中已自动选择保存类型为"PowerPoint 放映（*.ppsx）"，选择存放路径和文件名，然后单击"保存"按钮即可。

习　题

【习题一】

制作一个《古诗词欣赏》课件，设计要求如下。

（1）插入第一张版式为标题的幻灯片、第二张版式为两栏内容的幻灯片、第三张版式为标题和内容的幻灯片、第四张版式为垂直排列标题和文本的幻灯片。

（2）在各张幻灯片上输入文本，如图 5-87 所示。

（3）在第二张幻灯片上插入"李清照"图像文件。在其余幻灯片上分别插入喜欢的图片。

（4）应用设计主题"花纹"。

（5）将母版文本设为华文行楷，标题文本字号设为 48 号，一级文本字号设为 28 号，二级文本字号设为 24 号。

（6）将母版标题文本的动画效果设置为自左侧"擦除"，其他文本动画效果设置为从左上部"飞入"。

（7）重新修改第一张幻灯片字号，标题为 66 号字、副标题为 48 号字。

（8）设置所有幻灯片的切换效果为从左上部"擦除"，换片方式为"单击鼠标时"。

图 5-87　《古诗词欣赏》课件效果

【习题二】

制作一个产品介绍演示文稿，设计要求如下。

（1）设置幻灯片的长为 15cm、宽为 15cm。

（2）将所有幻灯片的背景设为某一图片文件，透明度为 40%。

（3）在幻灯片母版的右上角插入图片（为公司名称或公司徽标）。

（4）插入第一张版式为空白的幻灯片。

（5）在第一张幻灯片上插入一张图片。

（6）在第一张幻灯片上插入艺术字"2020"，采取"填充-蓝色，着色 1，阴影"的艺术字样式，字体为"arial black"，字号为"60"。

（7）将第一张幻灯片的艺术字和图片组合。

（8）在第一张幻灯片上插入音频（为某一首歌曲），设置自动播放（跨幻灯片播放）。

（9）对第一张幻灯片中的"艺术字和图片的组合"定义动画，效果为"从顶飞入，自顶部"。

（10）插入第二张版式为空白的幻灯片，插入该产品图片。再插入文本框，输入图片说明（隶书、40 号、红色、文字效果为"阴影，外部，右下斜偏移"）。

（11）对第二张幻灯片中的图片定义动画，动画效果为"从右下部飞入"。

（12）在第三张幻灯片上插入文本框，输入图片介绍文字（华文行楷、32 号、加粗、文字效果为"阴影，外部，居中偏移"），设置文本框填充白色，形状轮廓为红色 3 磅。

（13）设置所有幻灯片的切换方式为水平百叶窗，每隔 8s 换页。

（14）设置演示文稿的放映方式为在展台浏览。最终效果如图 5-88 所示。

图 5-88 最终效果

第6章

VBA 基础知识及 VBA 在 Office 2016 软件中的应用

在实际工作中，当需要将一些重复性的操作命令简化，加速这些命令的执行速度时，用户可以借助 Office 提供的宏与 VBA 程序开发平台来创建自动化命令集程序，从而提高工作效率。

本章首先介绍 VBA 工作环境和 VBA 语言基础，然后通过具体案例介绍 VBA 在 Word 中的应用。通过本章的学习，读者可以了解 VBA 的工作环境，掌握 VBA 的基础知识、使用 VBA 代码来完成某一个任务的一系列操作，以及使用 VBA 在 Word 中实现操作自动化的方法。对于 VBA 在 Office 其他组件中的应用方法类似，限于篇幅，本章不再介绍。

6.1　VBA 开发环境

Visual Basic for Applications（VBA）是一种编程语言，是 Visual Basic 的一个分支。它依托于 Office 2016 软件，是微软公司用于 Office 2016 软件套件的一种语言。它不能独立运行，但可供用户编写宏，以实现对 Office 2016 进行二次开发。

6.1.1　启动 VBE

在计算机高级语言中，每一门语言都有自己的开发环境，微软提供了 VBA 的开发环境，即 Visual Basic 编辑器（Visual Basic Editor，VBE）。在 VBE 的窗口中，用户可以编写、调试和运行应用程序。

要打开 VBE 窗口，首先必须打开 Office 2016 的 Word、Excel、PowerPoint 其中之一（以下我们主要在 Word VBA 编辑器中介绍 Office 2016 VBA 的基本概念和使用方法）。启动 VBE 的方法有以下 3 种。

方法 1：使用"开发工具"选项卡。具体操作步骤如下。

（1）选择"文件"选项卡中的"选项"命令，或者在功能区空白处单击鼠标右键，在快捷菜单中选择"自定义功能区"，打开"Word 选项"对话框，如图 6-1 所示。

（2）在对话框右侧的"自定义功能区"下方的列表中选中"开发工具"复选框。单击"确定"按钮，关闭对话框。

（3）功能区中增加了"开发工具"选项卡，单击"开发工具"选项卡中的"Visual Basic"按钮，即可打开 VBE。

图 6-1　"Word 选项"对话框

方法 2：使用快捷键。在 Office 2016 的工作界面中，直接使用【Alt+F11】组合键即可打开 VBE。

方法 3：使用快速访问工具栏。具体操作步骤如下。

（1）选择"文件"选项卡中的"选项"命令，打开"Word 选项"对话框。

（2）在对话框左侧选择"快速访问工具栏"。在右侧的"从下列位置选择命令"下拉列表中选择"开发工具"选项卡，在下方的列表中选择"Visual Basic 编辑器"，单击"添加"按钮，将其添加到右侧列表中，如图 6-2 所示。

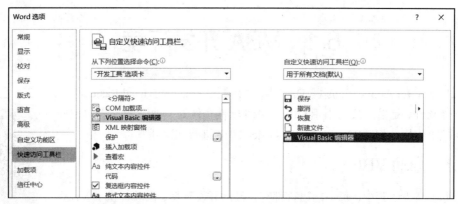

图 6-2　添加了"Visual Basic 编辑器"的"Word 选项"对话框

（3）添加成功后，在快速访问工具栏中单击"Visual Basic"按钮![]即可打开 VBE。

6.1.2　VBE 的界面

在 Office 2016 中文版中，VBE 是 Microsoft Visual Basic 6.5 版本，它的操作界面默认状态下由标题栏、菜单栏、工具栏、工程资源管理器窗口、属性窗口、代码窗口组成，如图 6-3 所示。

（1）标题栏。标题栏位于窗口的顶部，含有"控制菜单"图标。其左侧显示当前窗口的标题，右侧是最大化、最小化和关闭按钮。

（2）菜单栏。菜单栏位于标题栏之下，有"文件""编辑""视图""插入""格式""调试""运行""工具""外接程序""窗口""帮助"11 个菜单项，这些菜单包含了 VBE 的各种功能。

（3）工具栏。工具栏中包含一系列常用菜单命令，工具栏提供了对命令的快捷访问。VBE 提供了 4 种工具栏，即"标准""编辑""调试""用户窗体"，用户可以在"视图"菜单的"工具栏"子菜单中进行选择。

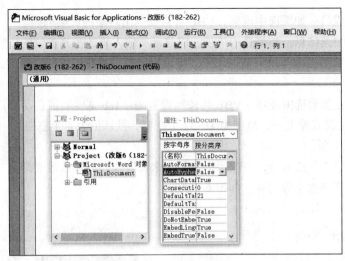

图 6-3　VBE 的界面

（4）工程资源管理器窗口。工程资源管理器窗口可以对 VBA 工程、Excel 对象、模块等进行管理，它显示了工程层次结构的列表以及每个工程包含和利用的项目，以树形目录的形式显示当前工程中的各类文件清单。每一个打开的文档都可作为一个工程，工程节点展开后可看到该文档中的对象，不同的对象都有对应的代码窗口。单击菜单栏中的"视图"→"工程资源管理器"（或按【Ctrl+R】组合键），或单击工具栏中的"工程资源管理器"按钮 ，就可以显示工程资源管理器窗口。

（5）属性窗口。属性窗口中列出了所选对象在设计时的属性以及当前的设置，可在设计时改变这些属性。单击菜单栏中的"视图"→"属性窗口"（或按【F4】快捷键），或单击工具栏中的"工程资源管理器"按钮 ，就可以打开属性窗口。

（6）代码窗口。利用代码窗口可以输入和编辑 VBA 应用程序代码。单击菜单栏中的"视图"→"代码窗口"（或按【F7】快捷键），就可以显示代码窗口。工程资源管理器中的每一个对象都有一个相关联的代码窗口，在代码窗口的顶部有两个下拉列表，左边一个为"对象"下拉列表，用来显示选择的对象名称；右边一个为"过程"下拉列表，列出了所选对象的所有事件。

除了以上窗口，VBA 还提供了"本地窗口""监视窗口""立即窗口"，这 3 个窗口可用于调试和运行程序。

6.1.3　设置 VBE 开发环境

在 Word VBE 开发环境中，单击"工具"→"选项"命令，可打开"选项"对话框，如图 6-4 所示。

利用该对话框可以根据自己的需要来定义 Word VBE 开发环境。

1. 编辑器选项

在编辑器选项中，可以分别对代码和窗体进行设置。

（1）自动语法检测：用于设置在输入代码时，是否自动检查代码语法。

（2）要求变量声明：选中该项，VBE 将在新插入的模块起始处增加以下代码语句。

```
Option Explicit
```

如果该语句出现在模块中，就必须定义模块中使用的每个变量，否则遇到未定义的变量，将出现错误提示。

（3）自动列出成员：如果选中该项，VBE 将自动列出对象的成员列表。

（4）自动显示快速信息：如果选中该项，将显示所输入函数及其参数的信息。

（5）自动显示数据提示：如果选中该项，将显示出指针所在位置的变量值，注意该项只能在中断模式下使用。

（6）自动缩进：如果选中该项，VBE 将按照设置的"Tab 宽度"值自动缩进显示每行代码。

（7）Tab 宽度：设置缩进量，范围为 1～32 个空格，默认值为 4 个空格。

2. 编辑器格式选项

选择"编辑器格式"选项卡，该选项卡主要用来设置代码编辑区或立即窗口内的代码的显示颜色、字体名称和字体大小等内容，如图 6-5 所示。

图 6-4 "选项"对话框

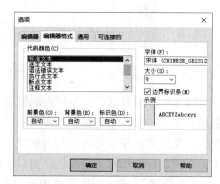

图 6-5 "编辑器格式"选项卡

3. 通用选项

选择"通用"选项卡。在该选项卡中可以设置是否在设计模式下的窗体上显示网格，以及显示网格的宽度和高度等。一般采用默认值即可。

除上面介绍的 3 个选项卡，通过"可连接的"选项卡可以设置在集成开发环境中能放置的窗口。

6.1.4 宏安全性

宏是一种用 VBA 语言编写的程序模块，完成后可被关联至某个工具栏按钮，方便用户使用。

1. 打开包含宏的文件

在打开包含宏命令的 PowerPoint 文件时，可能会在功能区的下方弹出一条"安全警告"或"Microsoft PowerPoint 安全声明"（见图 6-6）。用户可以单击"启用内容"或"启用宏"按钮，则文档中的宏可以被运行。若单击右侧的关闭按钮 ✕ 或"禁用宏"按钮，则无法运行文档中的宏，但是可见宏名和可查看宏代码。

2. 设置宏安全性

如果用户非常信任各种来源的 VBA 代码，可以单击功能区"开发工具"选项卡"代码"组中的"宏安全性"按钮，打开"信任中心"对话框（见图 6-7），将"宏设置"设置为"启用所有宏"（但这样很容易感染"宏病毒"）。具体步骤如下。

图 6-6　安全警告和安全声明

（1）单击"开发工具"选项卡，选择"代码"组中的"宏安全性"按钮，弹出"信任中心"对话框，如图 6-7 所示。

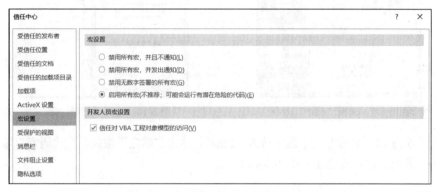

图 6-7　"信任中心"对话框

（2）在左侧选择"宏设置"命令，在右侧的"宏设置"栏中选择"启用所有宏"单选按钮。

（3）在"开发人员宏设置"中选中"信任对 VBA 工程对象模型的访问"，单击"确定"按钮，关闭对话框。

3. 保存含有宏的文件

宏，主要用来实现日常工作中的某些任务的自动化操作，由于使用 VBA 代码可以控制或者运行 Office 2016 软件以及其他应用程序，因此这些强大的功能可以被用来制作计算机病毒。默认情况下，将 Office 2016 软件设置为禁止宏运行。

在保存含有宏命令的文件时，若按照默认的文件类型来保存，系统将弹出图 6-8 所示的对话框。单击"是"按钮，宏操作将不能被保存；单击"否"按钮，则回到"另存为"对话框。在"文件类型"列表中重新选择能够运行宏的其他文件类型，包含宏的 Word 文档应保存为".docm"或".dotm"格式。

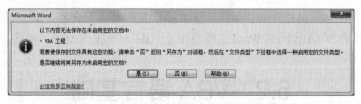

图 6-8　保存含有宏命令的文件时弹出的对话框

6.1.5　在 VBE 中创建一个 VBA 过程代码

下面演示在一个新建的文档中，创建一个 VBA 过程并运行该过程。

1. 新建一个 VBA 过程

新建一个 VBA 过程的步骤如下。

（1）在 VBE 左侧"工程资源管理器"中的"Project1"处单击鼠标右键，在弹出的快捷菜单中选"插入"子菜单中的"模块"命令，如图 6-9 所示。

（2）单击菜单栏中"插入"菜单，选择"过程"命令，如图 6-10 所示，将弹出"添加过程"对话框，如图 6-11 所示。

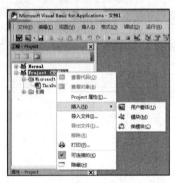

图 6-9　选择"模块"命令

图 6-10　选择"过程"命令

（3）在图 6-11 的"名称"文本框中输入"First"，单击"确定"按钮。在代码窗口输入图 6-12 所示的代码。到此，已经建立了一个 VBA 过程。

图 6-11　"添加过程"对话框

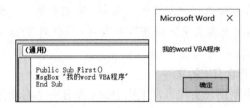

图 6-12　First 过程的代码及运行结果

2. 运行 VBA 过程

要运行 First 过程，先将光标放在 First 过程中，然后单击 VBE"标准"工具栏上的"运行子过程/用户窗口"按钮 ▶，或按【F5】键，即可出现代码的运行结果—— 一个提示对话框。

3. 保存代码

单击 VBE"标准"工具栏上的"保存"按钮 🖫，此时将保存含有 VBA 代码的 Word 文档。如前所述，含有宏和 VBA 代码的 Word 文档要存为".docm"或".dotm"格式。

6.2　VBA 语言基础

6.2.1　面向对象程序基本概念

同其他任何面向对象的编程语言一样，VBA 里也有对象、属性、方法和事件。

1. 对象

对象就是代码和数据的结合。而在 VBA 的程序设计中，一个 Word 文档是一个对象，一个按钮也是一个对象。对象就是 VBA 要处理的元素，即 Microsoft Visual Basic 的基本构建基块，如文档、表、段落、书签、工作簿、工作表、单元格、图表等。对象可以相互包含，如一个工作簿中包含多个工作表，一个工作表包含多个单元格，这种对象的排列模式就称为对象模型。

2. 属性

属性是指对象的特性，如大小、颜色、状态等，又如对象的名称、标题等。每一个对象都有自己的属性，不同类型的对象有不同的属性。设置对象属性值的方法有两种：一种是通过属性窗口来设置；另一种是在程序中通过代码来设置。在代码中设置属性的格式如下。

对象名.属性名=属性值

例如，给窗体命名，代码如下。

```
Me.Caption = "欢迎！"
```

3. 方法

方法是指对象可以执行的动作，实际上，方法是一个对象内部预设的程序段，可以实现一些特殊的功能或操作。调用对象方法的格式如下。

对象名.方法名［参数］

有些方法是不带参数的，而有些则一定需要参数。参数与方法名之间要用空格隔开。

4. 事件

事件是指由系统预先设置好的，能被对象识别的动作。例如单击鼠标、选中单元格、改变单元格数据、单击按钮、敲击键盘都是事件。当对象识别出某一事件发生时，就会响应该事件，即执行一段用户编写好的程序代码，从而实现对应的操作。这段被执行的代码称为事件过程。

6.2.2　VBA 中的关键字和标识符

关键字和标识符

1. 关键字

在 VBA 中，系统规定了一些固定的有特殊意义的字符串，称为关键字。例如，变量类型 string、long 等；程序控制语句关键字如 if、then、else、for、next 等。在命名过程名称或变量名称的时候，不能使用这些关键字。常用的关键字如表 6-1 所示。

表 6-1　　　　　　　　　　　　　　　VBA 中的常用关键字

and	do	goto	new	public	then
array	double	input	next	resume	time
as	else	integer	nothing	run	to
binary	elseif	is	null	seek	type
boolean	empty	let	object	select	until
byte	end	lock	on	set	variant
case	error	long	open	single	while
currency	exit	loop	option	static	with
date	explicit	me	or	step	xor
decimal	for	mid	print	string	false
dim	get	mod	private	sub	true

2. 标识符

标识符就是常量、变量、过程、参数的名称。在 VBA 中，名称的命名规则如下。

（1）变量名只能由字母、数字、下画线或汉字组成，不能包含空格、句点或类型说明符（如 %、@、&、$、#、!）。

（2）变量名必须以字母或汉字开头。

（3）名称的长度不可以超过 255 个字符。

（4）通常，使用的名称不能与 Visual Basic 本身的 Function 过程、语句以及方法的名称等关键字相同。

（5）不能在相同范围的层次中使用重复的名称。

VBA 不区分大小写，但它会在名称被声明的语句处保留大写。

6.2.3 常量与变量

数据类型是告诉计算机将数据（如整数、字符串等）以何种形式存储在内存中。VBA 中的基本数据类型如表 6-2 所示。

表 6-2　　　　　　　　　　　　　　　　基本数据类型

数据类型（关键字）	存储空间	类型符	范围
整型（Integer）	2 字节	%	$-32768 \sim 32767$
长整型（Long）	4 字节	&	$-2147483648 \sim 2147483647$
单精度（Single）	4 字节	!	$-3.402823E38 \sim 3.402823E38$
双精度（Double）	8 字节	#	$-1.79769313486232E308 \sim 1.79769313486232E308$
货币型（Currency）	8 字节	@	$-922337203685477.5808 \sim 922337203685477.5807$
字节型（Byte）	1 字节	—	$0 \sim 255$
变长字符串（String）	10+串长度	$	0～大约 21 亿
定长字符串（String*Size）	串长度	$	$0 \sim 65535$
布尔型（Boolean）	2 字节	—	True 或 False
日期型（Date）	8 字节	—	1/1/100～12/31/9999
数字、文本（Variant）	≥16 字节	—	数字：任何数字值
对象型（Object）	4 字节	—	任何对象

1. 常量

常量也叫常数，是指在程序运行过程中其值始终保持不变的量。常量可以是具体的数值，也可以是专门说明的符号。具体数值的常量又根据不同的数据类型分为数值常量、字符常量、逻辑常量、日期常量。符号常量在声明后值不可以再改变。

（1）普通常量。

普通常量指在程序代码中直接出现的各种类型的数据，常量的数据类型由书写格式自动区分，不需要声明和定义。普通常量包括数值常量、字符串常量、布尔常量和日期常量。

①数值常量。数值常量包括整数常量和浮点数常量两类。

整数常量主要包括整型、短整型、长整型、无符号整型、无符号长整型、无符号短整型、字符型和符号字节型。使用整数常量时大多采用十进制数，用户也可以根据需要采用八进制、十六进制的形式来书写和表示。

十进制形式：如 100、−256、0。

八进制形式：使用前缀&O 表示，如&O245。

十六进制形式：使用前缀&H 表示，如&H123、&H1A。

浮点数常量包括单精度浮点数常量和双精度浮点数常量。浮点数可以用小数形式和指数形式表示，当用指数形式表示时，由尾数、指数符号和指数 3 个部分组成。单精度浮点数的指数符号是 E，双精度浮点数的指数符号是 D。例如，123.45E3 或 123.45E+3 是单精度浮点数，相当于 123.45×10^3；123.45678D3 或 123.45678D+3 为双精度浮点数，相当于 123.45678×10^3。在上面的例子中，123.45 或 123.45678 是尾数部分，E3、D3 是指数部分，E 和 D 是指数符号。

②字符串常量。字符串常量是由西文双引号引起来的一个或一串字符，其中的字符可以是 ASCII 字符、汉字和其他可以打印的字符，而字符和字符串常量两端的双引号不是字符串常量的一部分，只起到界定的作用。例如，"abc"、"李四"、"B"都是合法的字符串常量。

③布尔常量。布尔常量只有真和假两个值，在 Visual Basic 中真值用 True 表示，假值用 False 表示。

④日期常量。日期常量在书写时用定界符 "#" 把表示日期和时间的值括起来，如#03/01/2010#、#03/01/2010 18:55:06#、#January 1,2001# 等都是正确的日期常量。

（2）符号常量。

在 Visual Basic 中可以定义一个符号来代表一个常量，这就是符号常量。

定义符号常量的语法格式如下。

```
[Public|Private]Const 常量名[As 类型] = 表达式
```

相关说明如下。

①Public 或 Private：可选项。Public 表示所定义的符号在整个项目中都是有效的；Private 表示所定义的符号常量只在当前所声明的模块有效。

②常量名：必选项。它代表所定义的常量的名称，常量的命名必须符合 Visual Basic 的命名规则。

③As 类型：可选项。类型可以是 Visual Basic 所支持的任何一种数据类型，每个常量都必须用单独的 As 子句，若省略该项，则数据类型由右边常数表达式值的数据类型决定。

④表达式：必选项。表达式由字符常量、算术运算符、逻辑运算符等组成。

声明常量的格式如下。

```
Const 常量名 As 数据类型=常量的值
```

以下语句表示声明 Pi 为单精度类型的符号常量。

```
Const Pi As Single=3.1415
```

2. 变量

变量就是以符号形式出现在程序中，且取值可以发生变化的数据。变量具有名称和数据类型。实际上变量代表内存中的一块存储空间，通过变量名可以访问空间中存放的数据。该存储空间中的数据即为给变量赋的值，变量名代表了存储空间的地址。变量的数据类型决定了该变量存储数据的方式。根据变量的作用域的不同，可将变量分为过程级变量、模块级变量和全局变量。

变量有两个方面的特性，即名称和数据类型，因此，声明变量也需要注意这两个方面。任何变量都具有一定的数据类型，用户可以通过声明来定义变量的数据类型。变量的声明可分为显式声明和隐式声明。

①显式声明。显式声明是在使用变量之前，先用声明语句声明变量。

声明变量的格式如下。

`Private|Public|Dim|Static 变量名 As 数据类型`

过程级变量：在一个过程中，使用 Dim 声明的变量称为过程级变量，也称为局部变量。其作用范围仅限于该过程。

模块级变量：在第一个过程前面的通用声明部分，用 Private 或 Dim 声明的变量是模块级变量。其作用范围是所在的窗体或模块中的所有过程。

全局变量：在第一个过程前面的通用声明部分，用 Public 声明的变量是全局变量。其作用范围是整个工程中所有窗体或模块中的过程。

静态变量：是在过程中用 Static 声明的变量。静态变量的值在过程结束后仍然保留。

②隐式声明。隐式声明指的是在使用变量之前不需要事先声明该变量，而是在变量名后面加上一个类型说明符来说明该变量的数据类型。例如，IngVar&、StrVar$分别表示变量 IngVar、StrVar 为长整型、字符串型的变量。

③强制显式声明。良好的编程习惯应该是先声明变量，后使用变量，因此，可以设置强制显式声明，凡是在程序中出现的未经显式声明的变量名，Visual Basic 都会自动发出错误警告，这有效地保证了变量名使用的正确性。

6.2.4 运算符与表达式

1. 运算符

VBA 中运算符包括算术运算符、字符串连接运算符、关系运算符和逻辑运算符。运算符可用来组成不同类型的表达式。

（1）算术运算符。VBA 的算术运算符有 7 个，它们用于构建数值表达式或返回数值运算结果。算术运算符是常用运算符，它的操作对象是数值型数据。表 6-3 列出了 VBA 中的算术运算符。

表 6-3　　　　　　　　　　　　　　　算术运算符

运算符	功能	说明
+	加法	用法与数学中的一致
−	减法	用法与数学中的一致
*	乘法	用法与数学中的一致
/	浮点除法	不论操作数的类型如何，结果都是双精度数
\	整除	结果为整型或长整型的数
MOD	取模运算	结果是第一个操作数整除第二个操作数所得的余数，结果的正负号与第一个操作数相同，结果为整型的数
^	指数运算	结果为双精度数

（2）字符串连接运算符。字符串连接运算符有"&"和"+"两种，其中"+"运算符既可用来计算数值的和，也可以用来进行字符串的串接操作。不过，最好还是使用"&"运算符来串接字符串。如果"+"运算符两边的表达式中混有字符串和数值的话，其结果会是数值的求和，只有在操作数都是字符型数据时，"+"才作为字符串连接运算符；"&"不论操作数是何种类型，均做字符串连接运算。

（3）关系运算符。在 VBA 中，关系运算符用于将两个操作数进行比较，根据比较的结果返回逻辑值 True 或 False。表 6-4 列出了常用的比较运算符。

表 6-4　　　　　　　　　　　　　　　常用的关系运算符

运算符	功能	运算符	功能
>	大于	>=	大于等于
<	小于	=<	小于等于
=	等于	Like	比较字符串
< >	不等于	Is	比较对象

其中，用前 6 个关系运算符所组成的关系表达式，当表达式符合相应的关系时，结果为 True，否则为 False。如果参与比较的表达式有一个为 Null，则结果为 Null。

Is 运算符用来比较两个对象引用。如果二者引用的对象相同，结果为 True，否则为 False。

Like 运算符用于字符串的比较。如果字符串 1 与字符串 2 进行比较，若匹配，则返回 True，否则返回 False。可以使用通配符、字符串列表或字符区间的任何组合匹配字符串。通配符 "?" 代表任意一个字符，"*" 代表任意多个字符，"#" 代表任何一个数字（0～9），"[charlist]" 代表 charlist 中任何一个字符，"[!charlist]" 代表任何一个不在 charlist 中的字符。

"=" 既可以用作关系运算符，也可以用作赋值符号。例如 "A=B=2" 中，变量 A 后面的 "=" 是赋值运算，而变量 B 和数值 2 之间的 "=" 是关系运算符。该语句的作用是将 B 和 2 进行比较，然后将比较的结果赋值给变量 A。

（4）逻辑运算符。逻辑运算符又称布尔运算符，用于对逻辑值进行运算，结果也为逻辑值。表 6-5 列出了常用的逻辑运算符。

表 6-5　　　　　　　　　　　　　　　常用的逻辑运算符

运算符	功能	运算规则
Not	逻辑非	Not True 的结果为 False，Not False 的结果为 True
And	逻辑与	操作数都为 True 时，结果才为 True，否则均为 False
Or	逻辑或	只要有一个操作数为 True，结果都为 True，否则为 False
Xor	逻辑异或	两个操作数不同时结果为 True，否则为 False

2. 运算符的优先级

当一个表达式中有多个运算符时，运算次序由运算符的优先级决定，优先级相同时，从左到右依次运算。在表达式中也可以通过圆括号来改变运算次序，圆括号的优先级别最高。各种运算符的优先级别为算术运算符＞连接运算符＞关系运算符＞逻辑运算符；算术运算符的优先顺序从高到低依次为^、－（负号）、*和/、\、Mod、＋和－。

逻辑运算符的优先顺序从高到低依次为 Not、And、Or、Xor。

3. 表达式

把常量和变量用运算符、括号连接起来的式子就是表达式。在 VBA 表达式中只能使用圆括号，且括号必须成对使用。示例如下。

```
(a+b+c)/2
"hello"&"Excel"
a+b>c
x=2 or x-y<0 and x+y>3
```

6.2.5　程序控制语句

1.　基本控制结构概述

结构化程序设计包括顺序结构、选择结构和循环结构 3 种基本控制结构。

 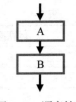

程序控制语句

所谓顺序结构，就是按照语句的书写顺序依次执行，一般程序设计中顺序结构的语句主要是赋值语句、输入/输出语句等。顺序结构如图 6-13 所示，先执行 A 语句，再执行 B 语句，

图 6-13　顺序结构

自上而下依次执行。顺序结构是结构化程序设计中最简单的流程控制结构，只能解决流水作业问题。

2.　选择结构语句

选择结构语句是根据一个逻辑表达式的值决定程序执行的走向。用来实现选择结构的语句主要有 If 语句和 Select Case 语句。If 语句主要用于分支比较少的程序，Select Case 语句通常用于分支比较多的程序。

（1）单分支结构的 If 语句。

单分支结构的 If 语句的格式如下。

```
If <表达式> Then <语句A> [Else <语句B>]
```

该语句的功能：如果表达式的值为 True，则执行语句 A，否则执行语句 B。其中 Else 部分是可选的，若省略 Else 部分，则分支语句成为单分支语句。

（2）多分支结构的 If 语句。

多分支结构的 If 语句的格式如下。

```
If<表达式 1>Then
        <语句块 1>
[ElseIf <表达式 2> Then
        <语句块 2>]
[ElseIf <表达式 3> Then
        <语句块 3>]
…
[ElseIf<表达式 n>Then
        <语句块 n>]
[Else
        <语句块 n+1>]
End If
```

上述语句的执行过程：如果表达式 1 的值为 True，则执行语句块 1；否则判断表达式 2，如果表达式 2 的值为 True，则执行语句块 2……若所有条件都不成立，则执行语句块 $n+1$。块结构语句中各个表达式的判断是按照顺序进行的，如果前面的条件成立，则执行对应的语句块，然后跳出条件语句。

【例 6.1】　判断是否为闰年。代码如下。

```
Private Sub prime()
        Dim i, n As Integer
        n = Val(InputBox("请输入年份", "判断闰年"))
        If (n Mod 400 = 0) Then
        i = 1
        ElseIf (n Mod 4 = 0 And n Mod 100 <> 0) Then
        i = 1
        Else
```

```
                i = 0
            End If
            If i = 1 Then
                MsgBox n & "年是闰年! ", , "判断闰年"
            Else
                MsgBox n & "年不是闰年! ", , "判断闰年"
            End If
    End Sub
```

（3）Select Case 语句。

当有多条分支时，虽然可以使用 If 语句，但是代码的书写往往比较复杂，因此通常情况下，多分支结构的程序使用 Select Case 语句来实现。Select Case 语句的格式如下。

```
Select Case <变量|表达式>
            Case <表达式 1>
                    <语句块 1>
            [Case <表达式 2>
                    <语句块 2>]
                    ...
            [Case <表达式 n>
                    <语句块 n>]
            [Case Else
                    <语句块 n+1>]
End Select
```

Select Case 的功能：首先求出<变量|表达式>的值，然后依次与每个 Case 表达式的值进行比较，如果相等，则执行相应的语句块，然后跳出到 End Select 后面的语句继续执行；如果所有的表达式的值都没有匹配的，则执行 Case Else 之后的语句块。

Case 中的表达式可以是以下 3 种形式。

①具体的取值或表达式，值与值之间用逗号分隔，如“1,2,3,a+b”等。当采用多值条件时，各条件之间的关系是“或”的关系，即只要有一个值与测试表达式匹配，则该分支被认为匹配，执行其后的语句块。

②连续的数据范围，用关键字 To 来连接两个值，如 1 To 10。

③满足某个条件的表达式，使用关键字 Is，如 Is≥7。

【例 6.2】 用 Select Case 语句来实现成绩登记判断，代码如下。

```
Sub SelectSample()
    Dim Score As Single
    Score=Range("A1").Value          '单元格 A1 的 Value
    Select Case Score
            Case Is>=90
                    MsgBox "优秀"
            Case 80 To 90
                    MsgBox "良好"
            Case 60 To 80
                    MsgBox "合格"
            Case Else
                    MsgBox "不及格"
    End Select
End Sub
```

比较而言，使用 Select Case 语句可以使条件表达式更加简化，且使程序的结构更加清晰。

3. 循环重复语句

在程序中，如果需要重复相同的或相似的操作步骤，就可以用循环语句来实现。VBA 的循环语句主要有 For 循环和 Do 循环两种。For 循环中又分为 For-Next 循环和 For Each-Next 循环，后者是前者的一种变体。

（1）For-Next 循环。

For-Next 循环又称为计次循环，即指定循环的次数，其格式如下。

```
For <循环变量>=<初值> To <终值> [ Step 步长]
    <循环体>
    [Exit For]
    <循环体>
Next [<循环变量>]
```

For-Next 循环中各语句的含义如下。

循环变量是一个数值变量，用来作为循环计数器。

初值和终值是一个数值表达式，分别是循环变量第一次循环的值和最后一次循环的值。

步长是循环变量的增量，也是一个数值表达式，步长的值可正可负，但不能为 0。若步长值为正，则循环变量的值递增，否则循环变量的值递减；若省略步长值，则默认步长值为 1。

循环体是放在 For 和 Next 之间的一条或多条语句，当循环变量超过终值时，循环过程将正常结束。如果要提前退出循环，就需要在循环体内使用 Exit For 语句，Exit For 语句通常在条件判断后使用，使用 Exit For 能退出当前一层循环，执行 Next 语句之后的程序。

Next 是 For 循环的最后一条语句，后面的循环变量可以省略，若不省略则必须与 For 语句中的循环变量一致。

【例 6.3】 求 1+2+3+…+100 的结果，代码如下。

```
Sub sum()
    Dim i As Integer,s As Integer
    s=0
    For i=1 To 100
        s=s+i
    Next
    MsgBox "1+2+3+…+100="&s
End Sub
```

（2）For Each-Next 循环。

如果需要在一个集合对象内进行循环，如在一个工作簿中循环所有的工作表，或者在一个单元格区域内循环所有的单元格，这时会很难指定循环范围和次数，在这种情况下可以使用 For Each-Next 循环来实现。For Each-Next 循环的格式如下。

```
For Each <循环变量> In <集合>
        <循环体>
        [Exit For]
        <循环体>
Next [<循环变量>]
```

要注意的是，这里的循环变量必须定义为变体型，即 Variant 类型。

【例 6.4】 设置单元格区域 A1:E5 中所有单元格的数值为 100，代码如下。

```
Sub ForEachSample()
    Dim C
    For Each C In Range("A1: E5")
```

```
            C.Value=100
        Next
    End Sub
```

（3）Do-Loop 循环。

Do-Loop 循环不指定循环次数，而使用条件来控制循环的开始和结束，有"当型"循环和"直到型"循环。"当型"循环是在循环语句中使用 While 语句来控制，当条件成立时循环；"直到型"循环则是在循环语句中使用 Until 语句来控制，条件成立时退出循环。

"当型"循环常用的格式如下。

```
Do While <条件>
        <循环体>
        [Exit Do]
        <循环体>
    Loop
```

程序执行的过程是，先对条件进行判断，当条件为真（True）时执行下面的循环体，只有当条件为假（False）时，才跳出循环，执行 Loop 语句后面的语句。

"直到型"循环常用的格式如下。

```
Do
        <循环体>
        [Exit Do]
        <循环体>
    Loop Until <条件>
```

程序执行的过程是，先将循环体的语句执行一次，然后再判断条件，若条件为真（True）则继续循环，直到条件为假（False）时跳出循环，执行 Loop 语句后面的语句。还有一种 Do 循环是无条件循环，即在程序中既没有 While 语句也没有 Until 语句，但在循环体中必须有 Exit Do 语句，否则会造成死循环。Exit Do 语句通常在条件判断之后用来退出当前一层 Do 循环。

【例 6.5】　求 1+2+3+…+100 的结果。

若用"当型"循环，代码如下。

```
Sub sum()
    Dim i As Integer,s As Integer
    s=0:i=1
    Do While  i<=100
        s=s+i
        i=i+1
    Loop
    MsgBox "1+2+3+…+100="&s
End Sub
```

若用"直到型"循环，代码如下。

```
Sub sum()
    Dim i As Integer, s As Integer
    s=0:i=1
    Do
        s=s+i
        i=i+1
    Loop  While  i<=100
    Debug.Print "1+2+3+…+100="&s
    'Debug.Print 输出的内容在"立即窗口"里面，需要在菜单"视图"里面显示这个窗口
End Sub
```

4. With 语句

通过前面的学习，我们知道对象会有多个属性。若在编写程序中，需要同时设置一个对象的多个属性，可以多次反复使用形如"对象名.属性=值"的语句来设置，但是这非常麻烦，而且降低了程序的可读性。为了解决这样的问题，可以使用 With 语句，在避免输入烦琐的同时，还提高了程序的运行速度。

With 语句的格式如下，注意在所有的属性前都要加上英文输入法下的点号"."。

```
With 对象名
     .属性 1=属性值
     .属性 2=属性值
     …
     .属性 n=属性值
End With
```

6.2.6 常用的 VBA 函数

函数是一种特定的运算，在程序中使用一个函数时，只要给出函数名和一个或多个参数，就能得到它的函数值。在 VBA 中有内部函数和用户自定义函数两类，内部函数也称标准函数或公共函数，用户自定义函数是用户自己根据需要定义的函数。VBA 提供了大量的内部函数，这些函数大体上可以分为 5 类：数学函数、字符串函数、日期/时间函数、转换函数和测试函数等。

函数调用的语法格式如下。

函数名（参数 1,参数 2,…）

相关说明如下。

函数名是系统规定的函数名称，函数名一般具有一定的含义，用户调用函数时必须写出该函数完整的名称。

"参数 1,参数 2,…"是函数的参数列表，参数列表中的各个参数都有一定的顺序和数据类型。

1. 数学函数

数学函数用于各种数学运算，常用的数学函数如下。

（1）三角函数：$\text{Sin}(x)$、$\text{Cos}(x)$、$\text{Tan}(x)$等。

（2）$\text{Exp}(x)$：返回 e 的 x 次幂。

（3）$\text{Abs}(x)$：返回 x 的绝对值，如"Abs(-40.5)"返回值为 40.5。

（4）$\text{Log}(x)$：返回 x 的自然对数值。

（5）$\text{Sqr}(x)$：返回 x 的平方根，如"Sqr(25)"的返回值为 5。

（6）$\text{Sgn}(x)$：符号函数，根据 x 值的符号返回一个整数（-1、0 或 1），规则如下。

$$\text{Sgn}(x) = \begin{cases} 1, & x > 0 \\ 0, & x = 0 \\ -1, & x < 0 \end{cases}$$

（7）$\text{Fix}(x)$：返回 x 的整数部分。

（8）$\text{Int}(x)$：返回 x 的整数部分。

注意

Int 和 Fix 的不同之处在于，如果 x 为负数，则 Int 返回小于或等于 x 的第一个负整数，而 Fix 则会返回大于或等于 x 的第一个负整数。示例如下。

Y1= Int(99.8)：Y2 = Fix(99.8)   '返回 99 和 99

Y3= Int(-99.8)：Y4 = Fix(-99.8)   '返回-100 和-99

（9）Rnd[(*x*)]：返回一个随机数。如果 *x* 的值小于 0，每次都使用 *x* 作为随机数种子得到相同结果。如果 *x* 的值大于 0 或省略，则返回序列中的下一个随机数。如果 *x* 的值等于 0，则返回最近生成的数。

2. 字符串函数

字符串函数用于处理各种字符串的运算，包括大小写转换、截取字符串等。

（1）截取字符串函数。

Left(*x,n*)函数，该函数返回字符串 *x* 从左起取 *n* 个字符组成的字符串，如 Left("Hello!",5)的返回值是"Hello"。

Right(*x,n*)函数，该函数返回字符串 *x* 从右起取 *n* 个字符组成的字符串，如 Right ("Hello!",5)的返回值是"ello!"。

Mid(*x,m,n*)函数，该函数返回字符串 *x* 从第 *m* 个字符起的 *n* 个字符所组成的字符串，如 mid ("Hello!",2,3)的返回值是"ell"。

（2）删除空格函数。

Ltrim(*x*)函数，该函数返回去掉字符串 *x* 的前导空格符后的字符串。

Rtrim(*x*) 函数，该函数返回去掉字符串 *x* 的尾部空格符后的字符串。

Trim(*x*) 函数，该函数返回去掉字符串 *x* 的前导和尾部空格符后的字符串。

（3）Len(*x*)函数，该函数返回字符串 *x* 的长度，如果 *x* 不是字符串，则返回 *x* 所占存储空间的字节数，如 Len("Hello!")的返回值为 6。

（4）Instr(*x,y*)函数，该函数为字符串查找函数，返回字符串 *y* 在字符串 *x* 中首次出现的位置，如果字符串 *y* 没有在字符串 *x* 中出现，则返回 0。

（5）大小写转换函数。

LCase(*x*)函数，该函数返回字符串 *x* 全部转换成小写后的字符串，如 LCase("HELLO!")的返回值是"hello!"。

UCase(*x*)函数，该函数返回字符串 *x* 全部转换成大写后的字符串，如 UCase("hello!")的返回值是"HELLO!"。

（6）Space(*n*)函数，该函数返回由 *n* 个空格字符组成的字符串。例如，表达式"Hello" & Space(4) &"everyone!"表示字符串"Hello　　　everyone!"，该字符串中包含 4 个空格。

3. 日期/时间函数

日期/时间函数用于处理日期和时间的运算，包括获取时间、获取日期等。

（1）Date：返回系统当前的日期。

（2）Time：返回系统当前的时间。

（3）Now：返回系统当前的日期和时间。

（4）Year(*x*)：返回 *x* 中的年号整数，*x* 为有效的日期变量、常量或字符表达式。

（5）Month(*x*)：返回 *x* 中的月份整数，*x* 为有效的日期变量、常量或字符表达式。

（6）Day(*x*)：返回 1～31 之间的整型数，*x* 为有效的日期变量、常量或字符表达式。

（7）Weekday(*x*[,*c*])：返回 *x* 是星期几，*x* 为有效的日期变量、常量或字符表达式，*c* 是用于指定星期几为一个星期第一天的常数，默认以星期天为第一天。

4. 转换函数

转换函数用于处理数据类型或形式的转换，包括整型、浮点型、字符串型之间以及字符与 ASCII 码值之间的转换等。

（1）Val(x)函数与 Str(x)函数：Val(x)函数的作用是将数字字符串 x 转换成相应的数值型数据，当 x 中出现非数字字符时，将第一个非数字字符前面的数字字符串转换成数值型数据。

Str(x)函数的作用是将数值型数据 x 转换成字符串型数据。当 x 是正数或 0 时，转换成的字符串第一位是空格；当 x 是负数时，转换成的字符串第一位是负号。转换时小数点右侧最后的 0 会被去掉。

（2）Chr(x)函数与 Asc(x)函数：Chr(x)函数用于将 ASCII 码值转换成对应的字符，x 为 ASCII 码值。Asc(x)函数用于将字符转换成对应的 ASCII 码值，x 为字符。

5. 测试函数

测试函数用于做判断，并返回一个逻辑值，如对数值型数据的判断、对日期型数据的判断等。

（1）IsNumeric(x)：返回 Boolean 值，指出 x 的运算结果是否为数字。如果为数字，则返回 True，否则返回 False。

（2）IsDate(x)：返回 Boolean 值，指出 x 的运算结果是否为日期。如果为日期，则返回 True；否则返回 False。

（3）IsEmpty(x)：返回 Boolean 值，判断 x 是否为空。如果为空，则返回 True；否则返回 False。

（4）IsArray(x)：返回 Boolean 值，判断 x 是否为数组。如果为数组，则返回 True；否则返回 False。

（5）IsNull(x)：返回 Boolean 值，判断 x 是否不包含任何有效数据。如果是，则返回 True；否则返回 False。

6. 其他函数

（1）InputBox 函数。

InputBox 函数的功能为弹出一个输入对话框，用来接收用户的键盘输入。其格式如下。

InputBox 函数

变量名=InputBox(Prompt [,Title] [,Default] [,Xpos] [,Ypos] [, Helpfile] [, Context])

其中各参数的含义如下。

Prompt：必选参数，用于设定显示在对话框中的提示信息内容。

Title：可选参数，用于设定显示在对话框标题栏中的信息。

Default：可选参数，用于设定输入对话框中文本框的默认值。

Xpos 和 Ypos：可选参数，用于设定对话框在屏幕显示时的位置，必须同时设置。

Helpfile 和 Context：可选参数，用于设定帮助文件名和帮助主题号，必须同时设置。

【例 6.6】 生成输入对话框。代码如下。

```
Private Sub inputsample ()
     Dim a as Integer
     a =Val(InputBox("请输入一个3位的整数", "数据输入框", 123))
End Sub
```

（2）MsgBox 函数。

MsgBox 函数用于向用户发布提示信息，要求用户做出响应。可以调用系统预定义的消息对话框，在对话框中显示消息，等待用户单击了某一个按钮后，根据不同的按钮返回一个整数。其格式如下。

变量名=MsgBox(Prompt[,Buttons] [,Title] [,Helpfile,Context])

若弹出的消息对话框只有一个"确定"按钮，则表示用户不需要选择操作按钮，此时 MsgBox 函数无须返回值，其格式可以简化，如下所示。

```
MsgBox Prompt [, Buttons] [, Title] [, Helpfile] [, Context]
```

其中各参数的含义如下。

Prompt：必选参数，用于设定显示在对话框中的消息，并且可以使用"&"符号来输出多个字符串。

Buttons：可选参数，表示消息对话框中显示的按钮和图标形式等。缺省时的默认值为 0，消息对话框中只显示"确定"按钮。Buttons 是一个由 4 个部分组成的数值之和，表 6-6 列出了各部分参数的可选值和功能，计算 Buttons 的值时，可以将常数用"+"连接起来，也可以将值相加计算出总和。

Title：可选参数，用于设定显示在对话框标题栏中的信息。

Helpfile 和 Context：可选参数，用于设定帮助文件名和帮助主题号，必须同时设置。

表 6-6　　　　　　　　　　　　　　Buttons 参数的可选值

常数		值	功能描述
按钮类型	vbOkOnly	0	显示"确定"按钮
	vbOkCancle	1	显示"确定"和"取消"按钮
	vbAbortRetryIgnore	2	显示"终止""重试""忽略"按钮
	vbYesNoCancel	3	显示"是""否""取消"按钮
	vbYesNo	4	显示"是""否"按钮
	vbRetryCancel	5	显示"重试"和"取消"按钮
图标类型	vbCritical	16	显示危急告警图标
	vbQuestion	32	显示警示疑问图标
	vbExclamation	48	显示警告信息图标
	vbInformation	64	显示通知信息图标
默认按钮	vbDefaultButton1	0	第一个按钮为默认按钮
	vbDefaultButton2	256	第二个按钮为默认按钮
	vbDefaultButton3	512	第三个按钮为默认按钮
	vbDefaultButton4	768	第四个按钮为默认按钮
对话框模式	vbApplicationModal	0	应用程序强制返回，应用程序一直被挂起，直到用户对消息框做出响应才继续工作
	vbSystemModal	4096	显示"确定"和"取消"按钮

如果希望弹出一个询问对话框，有"是"和"否"两个按钮，并显示警示疑问图标，默认按钮为第二个按钮"否"，则 Buttons 的取值可以是"vbYesNo+ vbQuestion+ vbDefaultButton2"，或者是数值"292"。

【例 6.7】 生成询问对话框。代码如下。

```
Private Sub MsgboxSample ()
    MsgBox "您是否要关闭",vbYesNo+ vbQuestion+ vbDefaultButton2,"关闭程序"
End Sub
```

运行上面的程序将弹出相应的对话框。

若希望根据用户对信息框的不同选择来进行相应的操作，则可以对 MsgBox 的返回值进行判断。单击不同的按钮将返回不同的数值，如表 6-7 所示。

按钮名称	常数	取值
确定（Ok）	vbOk	1
取消（Cancel）	vbCancle	2
终止(Abort)	vbAbort	3
重试（Retry）	vbRetry	4
忽略（Ignore）	vbIgnore	5
是（Yes）	vbYes	6
否（No）	vbNo	7

表 6-7 　　　　　　　　　　　MsgBox 函数中按钮的返回值

6.2.7　数组

数组是一组具有相同类型和名称的数据的有序集合。例如，"a(1 to 100)"表示一个包含 100 个数组元素的名为"a"的数组。每个数组元素都有一个编号，称为下标，可以通过下标来区分这些元素。数组元素的个数有时也称为数组的长度。

1. 一维数组

一维数组只需要一个数字即可确定数组元素在数组中的位置，其语法形式如下。

`Dim 数组名(n)　As　数据类型`

在默认情况下，数组中元素的索引值从 0 开始。例如，要定义一个包含 10 个元素的字符串数据的数组，代码如下。

`Dim str(9) As String`

其中的 10 个字符串分别存放在 str(0),str(1),…,str(9)中。

若要使索引值从 1 开始计数，需要在程序的通用声明部分（程序的顶部），使用"Option Base 1"语句。上例中若使用了"Option Base 1"语句，则数组中只能包含 str(1),str(2),…,str(9)这 9 个元素。

2. 多维数组

在某些情况下，单一的维度是不够的，这时就需要使用多维数组，最常见的是二维数组。在声明二维数组时，只需要在一维数组的基础上，在参数中再添加一个数组元素的界标即可。例如，要创建一个 3 行 4 列的数组来存放整型数据，可以使用以下语句。

`Dim Dig(1 to 3,1 to 4) as Integer`

3. 数组的赋值和读取

数组的使用就是对数组元素进行赋值以及调用。

（1）数组元素的引用。

数组一经定义后，就可在程序中使用。VBA 中不能直接存取整个数组，对数组进行操作时需要引用数组的元素，使用格式为"数组(下标)"。

在引用数组元素时，数组名、数据类型和维数必须与定义时的一致。另外，还要注意区分数组的定义和数组元素的引用。举例如下。

```
Dim x(8) As Integer
Dim Temp As Integer
…
Temp = x(8)
```

在上述代码段中，尽管有两个"x(8)"，但是语句"Dim　x(8)　As　Integer"中的"x(8)"不是数组元素，而是说明由它声明的数组"x"的下标最大值为 8，而赋值语句"Temp = x (8)"中的"x (8)"是一个数组元素。

（2）数组的赋值与输入。

在程序中，凡是简单变量出现的地方都可以用数组元素代替，普通变量赋值的方法同样适用于数组元素，如"a(1)=123""b(5)=b(4)"等。

如果数组较大，用单个赋值语句逐个给数组元素赋值，就会使程序相当长，此时也可使用 Array 函数来为数组赋值。

可以运用循环语句对数组中的每个元素逐一赋值，例如用 For 语句和 InputBox 函数来完成对 10 个学生成绩的输入，代码如下。

```
For i =1 To 10
        a(i) = Val(InputBox("请输入第"& i &"个学生成绩"))
Next i
```

（3）数组元素的输出。

数组元素的输出可以使用循环语句和 MsgBox 语句来实现。例如，输出数组"a"中的 10 个元素可以使用以下语句。

```
For i =1 To 10
        MsgBox a(i)
Next i
```

6.2.8　过程与自定义函数

VBA 程序是由过程和自定义函数组成的，所有要实现的功能代码都必须放在过程或自定义函数中。不同功能的程序代码可以放在不同的过程或函数中，因此，通过使用过程或函数，可以使程序更清晰、更具结构性。通过 Office 2016 工作界面录制的宏，本质上也是一个过程。自定义函数其实也是过程，但与过程的区别在于，自定义函数有返回值，而过程没有。

1. Sub 过程

Sub 过程是利用 Sub 语句来声明的过程。所有由宏录制器产生的过程，都是 Sub 过程。使用 Sub 语句声明过程的语法如下。

```
[Private | Public] [Static] Sub 过程名称 [(形式参数列表)]
    [语句组]
    [Exit Sub]
    [语句组]
End Sub
```

相关说明如下。

自定义过程，以关键字 Sub 开头，以 End Sub 结束。在 Sub 和 End Sub 之间是描述过程操作的语句组，称为子过程体或过程体。若在过程执行过程中需要提前退出该过程，则可以在过程体内添加 Exit Sub 语句。

Private | Public：为可选关键字。Private 表示自定义过程是私有过程，表示只有在包含其声明的模块中的过程可以访问该 Sub 过程，可以理解为同一个代码窗口中的其他过程可以使用该 Sub 过程。Public 表示自定义过程是公有过程，表示所有模块的所有其他过程都可访问这个 Sub 过程。当省略该关键字时，系统默认为 Public。

Static：为可选关键字。它指定过程中的局部变量为静态变量，具有可继承性，在每次调用时保留 Sub 过程的局部变量的值，即下一次调用将保留上一次调用后的变量值。

形式参数列表：形式参数列表简称形参，它指明了调用时传送给过程的参数的类型和个数。形参在定义时是无值的，只有在过程被调用时，形参和实参结合后才能获得相应的值。过程可以无形式参数，但括号不能省略，若有多个变量则用逗号隔开。

2. 自定义函数

函数与过程相比，最大的区别在于过程只是按照程序代码执行某些操作，而函数在运行了程序代码以后将提供返回值。自定义函数声明的语法如下。

```
[Public | Private ] [Static] Function 函数名[(形式参数列表)] [As 数据类型]
                [语句块]
                [函数名 = 表达式]
                [Exit Function]
                [语句块]
                [函数名 = 表达式]
 End Function
```

相关说明如下。

函数以关键字 Function 开头，以 End Function 结束，二者之间的语句块称为函数体。

Public | Private：为可选关键字。Private 表示自定义函数是私有函数，表示只有在包含其声明的模块中的函数和过程可以访问该 Function 函数，可以理解为同一个代码窗口中的其他函数和过程可以使用该 Function 函数。Public 表示自定义函数是公有函数，表示所有模块的所有其他函数和过程都可访问这个 Function 函数。当省略该关键字时，系统默认为 Public。

Static：为可选关键字。它指定函数中的局部变量为静态变量，具有可继承性，在每次调用时保留 Function 函数的局部变量的值，即下一次的调用将保留上一次调用后的变量值。

形式参数列表：形式参数列表简称形参，它指明了调用时传送给函数的参数的类型和个数。形参在定义时是无值的，只有在函数被调用时，形参和实参结合后才能获得相应的值。函数可以无形式参数，但括号不能省略，若有多个变量则用逗号隔开。

As 数据类型：数据类型是指函数返回的函数值的数据类型，如果省略，则函数返回 Variant 类型值。

在函数体内通过"函数名 = 表达式"语句来给函数名赋值。在程序中，函数名可以作为变量使用，函数的返回值就是通过函数名的赋值语句来实现的，因此，在函数过程中至少要对函数名赋值一次。如果省略赋值语句，则该过程返回一个默认值，其中数值函数返回 0，字符串函数返回空字符串。

Exit Function：表示退出函数过程，与 Exit Sub 的使用方法相同。

在函数过程中不能嵌套定义 Sub 过程和函数过程，但可以嵌套调用。

6.3 VBA 在 Word 中的应用

6.3.1 Word 的对象模型

1. Word 的对象和集合

对象是一些相关的变量和方法的集合。Office 2016 VBA 是一种面向对象的编程语言。对象是 VBA 的结构基础，VBA 应用程序由许多对象组成。Microsoft Word 的任何元素，如文档、表格、段落、书签、域等，都被视为 Visual Basic 中的对象。要操作 Word 就是要访问和修改这些对象。

对象代表一个 Word 元素，如文档、段落、书签或单独的字符。集合也是一个对象，该对象包含多个其他对象，通常这些对象属于相同的类型。例如，Booksmarks 是一个集合对象，它包含文档中的所有书签对象，Booksmarks(1)是文档中的一个书签对象。

Word 常用的对象和集合有 Application 对象、Document 对象、Range 对象、Selection 对象、Paragraph 对象、Sentences 集合对象、Words 集合对象、Characters 集合对象、Find 对象、Replacement 对象、Table 对象（包括 Column 对象、Row 对象和 Cell 对象）等。

2. Word 对象的属性

属性是对象/集合的一种特性或对象行为的一个方面。例如，文档属性包含其名称、内容、保存状态以及是否启用修订。若要更改一个对象的特征，可以修改其属性值。设置属性值的方法是在对象的后面紧接一个小圆点（.）、属性名称、一个等号及新的属性值。示例如下。

```
Documents("MyDoc.docx"). TrackRevisions = True
```

在上述代码中，Documents 引用由打开的文档构成的集合，而"MyDoc.docx"是打开文档中的一个，该代码设置 MyDoc.docx 文档的 TrackRevisions 属性的值为 True，作用是使"MyDoc.docx"文档启用修订。

对象的属性有的是可读写的，有的是只能读取该属性值的（只读属性）。获取了对象属性的值，便可以了解该对象的相关信息。

3. Word 集合的属性

相对于对象而言，集合的属性比较少，表 6-8 列出了 Word 各个集合的共有属性。

表 6-8　　　　各个集合的共有属性

属性	说明
Application	返回一个 Application 对象，该对象代表 Microsoft Word 应用程序
Count	返回一个 Long 类型的值，该值代表集合中的对象数。只读
Creator	返回一个 32 位整数，该整数代表在其中已创建指定对象的应用程序。只读 Long 类型
Parent	返回一个 Object 类型的值，该值代表指定对象的父对象

4. Word 对象/集合的方法

方法是对象/集合可以执行的动作。例如，只要文档可以打印，Document 对象就具有 PrintOut 方法。方法通常带有参数，以限定执行动作的方式。

在大多数情况下，方法是动作，而属性是性质。使用方法将导致发生对象的某些事件，而使用属性则会返回对象的信息，或引起对象的某个性质的改变。

5. Word 对象的事件

（1）使用 Application 对象事件。

Application 对象表示 Word 应用程序，它是其他所有对象的父对象。若要创建 Application 对象事件的事件处理器，需要完成下列 3 个步骤。

①在类模块中声明对应于事件的对象变量。

在为 Application 对象事件编写过程之前，必须创建新的类模块并声明一个新的 Application 类型对象。例如，假定已创建新的类模块并命名为 EventClassModule。该类模块可以包含代码"Public WithEvents App As Word.Application"。

上述代码中，App 就是一个全局的 Application 类型对象变量。

②编写特定的事件过程。

定义了新对象后，它将出现在类模块的"对象"下拉列表中，然后可为新对象编写事件过程。在"对象"框中选定新对象后，用于该对象的有效事件将出现在"过程"下拉列表中，然后从"过程"下拉列表中选择一个事件，在类模块中会增加一空过程（见图 6-14）。

图 6-14　编写 Application 对象事件过程

③从其他模块中初始化声明的对象。

在运行过程之前，必须将类模块中已声明的对象（本例中为 App）连接到 Application 对象。方法是在任何模块中使用下列代码运行 Register_Event_Handler 过程。运行该过程后，类模块中的 App 对象指向 Microsoft Word Application 对象，当事件发生时，将运行类模块中的事件过程。

```
Dim X As New EventClassModule
Sub Register_Event_Handler ()
    Set X. App = Word.Application
End Sub
```

（2）使用 Document 对象事件。

Document 对象支持多种事件，以响应文档状态。若要在名为"ThisDocument"的类模块中编写响应这些事件的过程，可用下列步骤创建事件过程。

①在工程资源管理器窗口中的 Normal 工程或文档工程下，双击"ThisDocument"（"ThisDocument"位于"文件夹"视图中的"Microsoft Word 对象"文件夹中）。

②在代码窗口的"对象"下拉列表中选择"Document"，如图 6-15 所示。

③在代码窗口的"过程"下拉列表中选择一个事件，类模块中即增加了一个空子程序，添加要在事件发生时运行的 Visual Basic 指令即可。

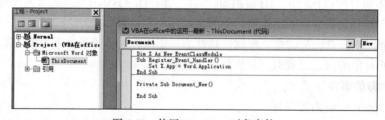

图 6-15　使用 Document 对象事件

【例 6.8】　在 Normal 工程创建一个 Document 对象的 New 事件过程，它在新建一个基于 Normal 模板的文档时会被运行。代码如下。

```
Private Sub Document_New ()
    MsgBox "New document was created"
End Sub
```

【例 6.9】　在某个文档工程中创建一个新的 Close 事件过程，该过程只在该文档关闭时运行。代码如下。

```
Private Sub Document_Close ()
    MsgBox "Closing the document"
End Sub
```

与自动宏不同，Normal 模板中的事件过程没有全局区。例如，Normal 模板中的事件过程只有在附加模板为 Normal 模板时才发生。如果文档及其附加模板中存在自动宏，则仅运行保存在文档中的自动宏。如果文档及其附加模板中都存在文档事件过程，则两个事件过程都会运行。

6.3.2　Word 中的 VBA 对象

1．Application 对象

用户启动一个 Word 程序的同时，也创建了一个 Application 对象。Application 对象位于对象模型的最高级，它代表整个 Word 应用程序，而且此对象的属性和方法独立于所有文档之外，针对的是 Word 应用程序本身。

可用 Application 对象的属性或方法来控制或返回 Word 应用程序范围内的特性、控制应用程序窗口外观或者调整 Word 对象模型的其他方面。代码如下。

```
Application.PrintPreview = True                '从视图状态切换到打印预览状态
```

Application 对象的一些属性控制着应用程序的外观。例如，如果 DisplayStatusBar 属性为 True，那么状态栏是可见的，如果 WindowState 属性值为 wdWindowStateMaximize，那么应用程序窗口处于最大化状态。例如，以下语句设置了屏幕上应用程序窗口的大小。

```
Sub application1()
    With Application
    . WindowState = wdWindowStateNormal
    . Height = 450
    . Width = 600
    End With
End Sub
```

在使用 Application 对象的属性和方法时，可省略 Application 对象识别符。例如，要调用 Application.ActiveDocument.PrintOut 方法，可简写为 ActiveDocument.PrintOut。

表 6-9 列出了 Application 对象的部分属性，表 6-10 列出了 Application 对象的常用方法。

表 6-9　　　　　　　　　　　　　　Application 对象的部分属性

属性	说明
Application.ActiveDocument	当前文档，也可直接使用 ActiveDocument
Application.ActivePrinter	返回或设置活动打印机名称。String 类型，可读/写
Application.ActiveWindows	当前窗口
Application.Height	当前应用程序文档的高度
Application.Width	当前应用程序文档的宽度
Application.Caption	当前应用程序名
Application.DefaultSaveFormat	返回空字符串，表示 Word 文档
Application.DisplayRecentFiles	返回是否显示最近使用的文档的状态
Application.Build	获取 Word 版本号和编译序号
Application.RecentFiles.Count	返回最近打开的文档数目
Application.UserName	返回应用程序用户名
Application.Version	返回应用程序的版本号
Application.FontNames.Count	返回当前可用的字体数

表 6-10   Application 对象的常用方法

方法	说明
Application.Activate	激活指定的对象
Application.Move	设置任务窗口或活动文档窗口的位置
Application.GoForward	将光标在活动文档中进行编辑的最后 3 个位置之间向前移动
Application.PrintOut	打印指定文档的全部或部分内容
Application.Quit	退出 Microsoft Word，并可选择保存或传送打开的文档
Application.Resize	调整 Word 应用程序或某一任务的窗口大小

在 Application 对象中，可以直接使用 ActiveDocument 属性对当前文档进行相关的操作。ActiveDocument 属性返回一个表示当前文档的 Document 对象——活动文档，即在 Word 窗口内具有焦点的文档。ActiveDocument 对象的行为与 Document 对象相似，但使用它进行文档操作时，有两个可能出现的问题要加以注意。

（1）如果 Word 中没有任何打开的文档，就没有 ActiveDocument 对象。用户可以用以下的代码检查 Documents 集合的 Count 属性，以确认是否有文档是打开的。

```
Sub application2()
If Documents.Count = 0 Then
    If MsgBox("没有文档被打开！" & vbCr & vbCr & "你希望创建一个空白文档吗？", _
                vbYesNo + vbExclamation, "No Document is open") = vbYes Then
        Documents.Add
    Else : End
    End If
End If
End Sub
```

（2）如果对正在使用哪个文档进行操作存在疑问，则应声明一个 Document 对象变量，并使用这个对象变量来进行操作，而不是使用 ActiveDocument 对象来进行操作。例如，下述语句声明一个 Document 对象，并将 ActiveDocument 对象指派给它，所以之后的代码可以针对这 Document 对象进行操作。

```
Dim myDocument As Document
Set myDocument = ActiveDocument
With myDocument
    . PageSetup.RightMargin = InchesToPoints (1)
End With
```

Application 对象的应用举例如下。

①显示活动文档的路径和文件名。代码如下。

```
MsgBox ActiveDocument.Path & Application.PathSeparator & ActiveDocument.Name
```

②显示活动文档的名称，如果没有打开的文档，则显示一条消息。详细代码如下。

```
If Application.Documents.Count >= 1 Then
    MsgBox ActiveDocument.Name
Else
    MsgBox "没有文档被打开！"
End If
```

③在活动文档的开头插入文本，然后打印该文档。详细代码如下。

```
Dim rngTemp As Range
Set rngTemp = ActiveDocument.Range(Start: =0, end: =0)
With rngTemp
```

```
   .InsertBefore "公司报告"
   . Font.Name = "Arial"
   . Font.Size = 24
   . InsertParagraphAfter
End With
ActiveDocument.PrintOut
```

④将光标在曾经进行过编辑的最后 3 个位置之间向前移动。详细代码如下。

```
Application.GoForward
```

⑤打印活动文档的当前页面。代码如下。

```
ActiveDocument.PrintOut Range: =wdPrintCurrentPage
```

⑥打印当前文件夹中的所有文档。代码如下。

```
adoc = Dir("*.DOC")
Do While adoc <>""
        Application.PrintOut FileName: =adoc
        Adoc = Dir ()
Loop
```

⑦打印活动窗口中文档的前三页。代码如下。

```
ActiveDocument. ActiveWindow.PrintOut Range:=wdPrintFromTo,From:="1",To:="3"
```

⑧退出 Word 并提示用户保存自上次保存后已修改过的每篇文档。代码如下。

```
Application.Quit SaveChange: =wdPromptToSaveChanges
```

2. Document 对象和 Documents 集合

用户在 Word 中打开或创建一个文件的同时，也创建了一个 Document 对象。用户可以使用 Document 对象或 Documents 集合的属性或方法来打开、创建、保存、激活或者关闭文件。Document 对象是 Word 编程的中枢，它表示一个 Word 文档及其所有内容。Document 对象被添加到 Application 对象的 Documents 集合中。具有焦点的文档称为活动文档，它由 Application 对象的 ActiveDocument 属性表示。Documents 集合包含 Word 当前打开的所有 Document 对象。

用 Documents(index)可返回单个 Document 对象，index 是文档的名称或索引序号，代表文档在 Documents 集合中的位置。示例如下。

```
'关闭名为 Report.docx 的文档，并且不保存所做的修改
Documents("Report.docx"). Close SaveChanges: =wdDoNotSaveChanges
Documents(1).Activate       '激活 Documents 集合中的第一篇文档
```

可用 Application 对象的 ActiveDocument 属性引用处于活动状态的文档。

【例 6.10】用 Activate 方法激活名为"Document1"的文档，然后将页面方向设置为横向，并打印该文档，代码如下。

```
Documents("Document1.docx"). Activate
ActiveDocument.PageSetup. Orientation = wdOrientLandscape
ActiveDocument.PrintOut
```

表 6-11 列出了 Document 对象的部分属性，表 6-12 列出了 Document 对象的部分事件，表 6-13 列出了 Document 对象的部分方法，表 6-14 列出了 Documents 集合的部分方法。

表 6-11　　　　　　　　　　　　　　　Document 对象的部分属性

属性	说明
ActiveDocument.Bookmarks.Count	返回一个 Bookmarks 集合，该集合代表文档中的所有书签。只读
ActiveDocument.Characters.Count	返回一个 Characters 集合，该集合代表文档中的字符。只读
Content	返回一个 Range 对象，该对象代表主文档的文字部分。只读

续表

属性	说明
ActiveDocument.Fields.Count	返回一个 Fields 集合，该集合代表文档中的所有域。只读
ActiveDocument.FullName	返回一个 String 类型的值，该值代表包括路径的文档的名称。只读
ActiveDocument.HasPassword	如需要密码才能打开指定文档，则该属性值为 True。Boolean 类型，只读
ActiveDocument.Hyperlinks.Count	返回一个 Hyperlinks 集合，该集合代表指定文档中的所有超链接。只读
ActiveDocument.Indexes.Count	返回一个代表指定文档中的所有索引的 Indexes 集合。只读
ActiveDocument.Paragraphs.Count	返回一个 Paragraphs 集合，该集合代表指定文档中的所有段落。只读
ActiveDocument.Password=XXX	设置打开文档必须使用的密码。String 类型，只写
ActiveDocument.ReadOnly	获取当前文档是否为只读属性
ActiveDocument.Saved	获取当前文档是否被保存
ActiveDocument.Sections.Count	返回当前文档中的节数
ActiveDocument.Sentences.Count	返回当前文档中的语句数
ActiveDocument.Shapes.Count	返回当前文档中的形状数
ActiveDocument.TablesOfFigures	返回表示指定文档中图表目录的 TablesOfFigures 集合。只读

表 6-12　　　　　　　　　　　　Document 对象的部分事件

事件	说明
Close	该事件在关闭文档时发生
New	在创建基于模板的新文档时发生。仅当 New 事件的过程存储在模板中时，才可运行该过程
Open	在打开文档时发生

表 6-13　　　　　　　　　　　　Document 对象的部分方法

方法	说明
Activate	激活指定的文档，使其成为活动文档
Close	关闭指定的文档
Save	保存 Document 对象的文档

表 6-14　　　　　　　　　　　　Documents 集合的部分方法

方法	说明
Close	关闭指定的文档
Save	保存 Documents 集合中的所有文档
Add	返回一个 Document 对象，该对象代表添加到打开文档集合中的新建空文档
Item	返回集合中的单个 Document 对象
Open	打开指定的文档并将其添加到 Documents 集合。返回一个 Document 对象

3. Paragraph 对象和 Paragraphs 集合

Paragraph 对象代表所选内容、范围或文档中的一个段落。Paragraph 对象是 Paragraphs 集合的成员，Paragraphs 集合包含所选内容、范围或文档中的所有段落。

使用 Paragraphs(Index)可返回单个 Paragraph 对象，其中 Index 是索引号。

用 Paragraphs 集合的 Add、InsertParagraph、InsertParagraphAfter 或 InsertParagraphBefore 方法可在文档中添加一个新的段落。

【例 6.11】　使用 Paragraphs 集合对象。代码如下。

```
'在所选内容的第一段前添加一个段落标记
Selection.Paragraphs. AddRange: =Selection.Paragraphs(1). Range
'在所选内容的第一段前添加一个段落标记
Selection.Paragraphs(1). Range.InsertParagraphBefore
```

【例 6.12】　将所选内容的段落格式设为右对齐、双倍行距。代码如下。

```
With Selection.Paragraphs
    .Alignment = wdAlignParagraphRight          '右对齐活动文档
    . LineSpacingRule = wdLineSpaceDouble
End With
```

表 6-15 列出了 Paragraphs 集合的部分属性，表 6-16 列出了 Paragraph 对象的部分属性，表 6-17 列出了 Paragraph 对象和 Paragraphs 集合共有的部分方法，表 6-18 列出了 Paragraph 对象的其他部分方法。

表 6-15　　　　　　　　　　　　　　Paragraphs 集合的部分属性

属性	说明
First	返回一个 Paragraph 对象，该对象代表在 Paragraphs 集合中的第一个项目
Last	返回一个 Paragraph 对象，该对象代表 Paragraphs 集合中的最后一个项目

表 6-16　　　　　　　　　　　　　　Paragraph 对象的部分属性

属性	说明
Alignment	返回或设置一个 WdParagraphAlignment 常量，该常量代表指定段落的对齐方式，可读/写
CharacterUnitLeftIndent	该属性返回或设置指定段落的左缩进量（以字符为单位）。Single 类型，可读/写
CharacterUnitRightIndent	该属性返回或设置指定段落的右缩进量（以字符为单位）。Single 类型，可读/写
Format	返回或设置一个 ParagraphFormat 对象，该对象代表指定的一个或多个段落的格式
LeftIndent	返回或设置一个 Single 类型的值，该值代表指定段落的左缩进量（以磅为单位）。可读/写
LineSpacing	返回或设置指定段落的行距（以磅为单位）。Single 类型，可读/写
LineSpacingRule	返回或设置指定段落的行距。WdLineSpacing 类型，可读/写
LineUnitAfter	返回或设置指定段落的段后间距（以网格线为单位）。Single 类型，可读/写
LineUnitBefore	返回或设置指定段落的段前间距（以网格线为单位）。Single 类型，可读/写
Range	返回一个 Range 对象，该对象代表指定段落中包含的文档部分
RightIndent	返回或设置指定段落的右缩进量（以磅为单位）。Single 类型，可读/写
SpaceAfter	返回或设置指定段落或文本栏后面的间距（以磅为单位）。Single 类型，可读/写
SpaceBefore	返回或设置指定段落的段前间距（以磅为单位）。Single 类型，可读/写

表 6-17　　　　　　　　　Paragraph 对象和 Paragraphs 集合的部分方法

方法	说明
CloseUp	清除指定段落前的任何间距
Indent	为一个或多个段落增加一个级别的缩进
IndentCharWidth	将段落缩进指定的字符数
IndentFirstLineCharWidth	将一个或多个段落的首行缩进指定的字符数
Reset	删除手动段落格式（不使用样式应用的格式）
Space1	为指定段落设置单倍行距
Space15	为指定段落设置 1.5 倍行距
Space2	为指定段落设置 2 倍行距

表 6-18	Paragraph 对象的其他部分方法
方法	说明
Next	返回一个 Paragraph 对象，该对象代表下一段
Previous	将上一段作为一个 Paragraph 对象返回

4. Selection 对象

Selection 对象表示窗口或窗格中的当前所选内容。所选内容代表文档中选定（或突出显示）的区域，如果文档中没有选定任何内容，则代表文本插入点。每个文档窗格只能有一个 Selection 对象，并且在整个应用程序中只能有一个活动的 Selection 对象。此外，所选内容可以包含多个不连续的文本块。

【例 6.13】 使用 Selection 对象。代码如下。

```
Selection.Copy      '复制活动文档中选定的内容
'删除 Documents 集合中第三个文档的所选内容，该文档无须处于活动状态
Documents(3).ActiveWindow.Selection.Cut
```

【例 6.14】 复制活动文档第一个窗格中的所选内容，并将其粘贴到第二个窗格中。

```
ActiveDocument.ActiveWindow. Panes (1). Selection.Copy
ActiveDocument.ActiveWindow. Panes (2). Selection.Paste
```

表 6-19 列出了 Selection 对象的部分属性，表 6-20 列出了 Selection 对象的部分方法。

表 6-19	Selection 对象的部分属性
属性	说明
Bookmarks	返回 Bookmarks 集合，该集合表示文档、区域或所选内容中的所有书签。只读
Cells	返回表示所选内容中的表格单元格的 Cells 集合。只读
Characters	返回一个表示文档、区域或所选内容中的字符的 Characters 集合。只读
Comments	返回 Comments 集合，该集合表示指定的所有 Comments。只读
End	返回或设置选定内容的结束字符的位置。Long 类型，可读写
Endnotes	返回一个 Endnotes 集合，该集合代表选定内容中的所有尾注。只读
Fields	返回一个只读 Fields 集合，该集合代表选定内容中的所有域
Find	返回找到的对象，它包含用于查找操作的条件。只读
Footnotes	返回一个 Footnotes 集合，该集合代表区域、所选内容或文档中的所有脚注。只读
Hyperlinks	返回一个 Hyperlinks 集合，该集合代表选定内容中的所有超链接。只读
InlineShapes	返回一个 InlineShapes 集合，该集合代表选定内容中的所有 InlineShape 对象。只读
Start	返回或设置选定内容的起始字符位置。Long 类型，可读/写
Style	该属性返回或设置用于指定对象的样式
Tables	返回一个 Tables 集合，该集合代表选定内容中的所有表格。只读
Text	返回或设置指定内容中的文本。String 类型，可读/写
Type	返回选择类型。WdSelectionType 类型，只读
Words	返回一个 Words 集合，该集合代表选定内容中的所有字词。只读

表 6-20	Selection 对象的部分方法
方法	说明
Calculate	计算选定内容中的数学表达式。返回的结果为 Single 类型
ClearFormatting	清除所选内容的文本格式和段落格式

方法	说明
Copy	将指定的内容复制到剪贴板
CopyFormat	复制选定文字第一个字符的字符格式
CreateTextbox	在选定内容周围添加一个默认大小的文本框
Cut	从文档中删除指定对象，并将其移动到剪贴板上
Delete	删除指定数量的字符或单词
InsertAfter	将指定文本插入指定的选择范围或所选内容的末尾
InsertBefore	在指定内容之前插入指定文本
InsertBreak	插入分页符、分栏符或分节符
Move	将指定的所选内容折叠到其起始位置或结束位置，然后将折叠的对象移动指定的单位数。此方法返回一个 Long 类型的值，该值代表所选内容移动的单位数；如果移动失败，则返回 0（零）
Paste	将 "剪贴板" 的内容插入到指定的选择范围处
TypeText	插入指定的文本

5. Range 对象

Range 对象代表文档中的一个连续范围，小至一个插入点，大至包含整篇文档。每个 Range 对象都有一起始和一终止字符位置定义。Range 对象只在定义该对象的过程正在运行时才存在，定义 Range 对象后，就可以应用 Range 对象的方法和属性来修改该区域的内容。

Range 对象和所选内容相互独立。也就是说，可定义和复制一个范围而不需改变所选内容。还可在文档中定义多个范围，但每一个窗格中只能有一个所选内容。

Start、End 和 StoryType 属性唯一地标识一个 Range 对象。Start 和 End 属性返回或设置 Range 对象的开始和结束字符的位置。文档开始处的字符位置为 0，第一个字符后的位置为 1，以此类推。StoryType 属性的 WdStoryType 常量可以代表 11 种不同的文字部分类型。

可用其他对象的 Range 方法返回一个 Range 对象，该对象由指定的起始和终止字符位置定义。Range 对象可用于多种对象（例如，Paragraph、Bookmark 和 Cell）。示例代码如下。

```
'返回代表活动文档前 10 个字符的 Range 对象
Set myRange = ActiveDocument.Range(Start: =0, End: =10)
```

【例 6.15】 创建一个 Range 对象，该对象从第二段开头开始，至第三段末尾后结束。代码如下。

```
Sub NewRange ()
    Dim doc As Document
    Dim rngDoc As Range
    Set doc = ActiveDocument
    Set rngDoc = doc. Range (Start: =doc. Paragraphs (2) . Range.Start, _
                                   End: =doc. Paragraphs (3) . Range.End)
End Sub
```

【例 6.16】 设置活动文档中第一段的文字格式。代码如下。

```
Sub FormatFirstParagraph ()
Dim rngParagraph As Range
Set rngParagraph = ActiveDocument.Paragraphs(1). Range
With rngParagraph
    . Bold = True
    . ParagraphFormat.Alignment = wdAlignParagraphCenter
    With. Font
        . Name = "Stencil"
        . Size = 15
```

```
            End With
        End With
    End Sub
```

表 6-21 列出了 Range 对象的部分属性。

表 6-21   Range 对象的部分属性

属性	说明
Bold	如果选定区域中字体的格式为加粗，则该属性值为 True。Long 类型，可读/写
Characters	返回一个 Characters 集合，该集合代表区域中的字符。只读
End	返回或设置某区域中结束字符的位置。Long 类型，可读/写
Font	返回或设置 Font 对象，该对象代表指定对象的字符格式。Font 类型，可读/写
Italic	如果将字体或范围设置为倾斜格式，则该属性值为 True。Long 类型，可读/写
Paragraphs	返回一个 Paragraphs 集合，该集合代表指定范围中的所有段落。只读
Start	返回或设置某区域中起始字符的位置。Long 类型，可读/写
Text	返回或设置指定的区域或所选内容中的文本。字符串类型，可读/写

6. Sentences、Words 和 Characters 集合

（1）Sentences 集合。

Sentences 集合是由 Range 对象所组成的集合，该集合中的对象代表了选定部分、区域或文档中的所有句子，没有 Sentence 对象。

用 Sentences 属性可返回 Sentences 集合，Sentences 集合的 Count 属性返回句子数。示例如下。

```
'弹出对话框显示选中的内容包含的句子数
MsgBox Selection.Sentences. Count &" sentences are selected"
```

用 Sentences(index)可返回一个表示单句的 Range 对象，其中 index 为索引序号。索引序号代表该句在 Sentences 集合中的位置。

【例 6.17】 为活动文档的首句设置格式，代码如下。

```
With ActiveDocument.Sentences(1)
    . Bold = True
    . Font.Size = 24
End With
```

对 Sentences 集合无法使用 Add 方法，可用 InsertAfter 或 InsertBefore 方法向 Range 对象中添加句子。

【例 6.18】 在活动文档首段之后插入一句文字，代码如下。

```
With ActiveDocument
    MsgBox Sentences. Count &" sentences"
    . Paragraphs (1). Range.InsertParagraphAfter
    . Paragraphs (2). Range.InsertBefore "The house is blue."
    MsgBox Sentences. Count &" sentences"
End With
```

表 6-22 列出了 Sentences 集合的部分属性。

表 6-22   Sentences 集合的部分属性

属性	说明
Count	文档、区域或选定内容中句子的总数
First	返回一个 Range 对象，该对象代表文档、区域或选定内容中的 Sentences 集合内的第一个句子
Last	返回一个 Range 对象，该对象代表文档、所选内容或范围中的最后一句

（2）Words 集合。

Words 集合是所选内容、范围或文档中的单词集合。Words 集合中的每一项是一个 Range 对象，该对象代表一个单词，没有 Word 对象。

用 Words 属性可返回 Words 集合，Words 集合的 Count 属性返回 Words 集合中的单词数，Count 属性中包括标点符号和段落标记。示例如下。

```
MsgBox Selection.Words.Count & "words are selected"    '显示当前选定的单词的个数
```

使用 Words(Index)可返回一个 Range 对象（其中 Index 是索引号），该对象代表一个单词。索引号代表单词集合中单词的位置。

【例 6.19】 将选定内容中的第一个单词的格式设置为 24 磅、倾斜。代码如下。

```
With Selection.Words(1)
    . Italic = True
    . Font.Size = 24
End With
```

Words 集合中的内容包括单词及其后的空格。示例如下。

```
ActiveDocument.Words(1).Select        '选择活动文档中的第一个单词（和其尾部空格）
```

Words 集合常用属性与 Sentences 集合相同。

（3）Characters 集合。

Characters 集合是所选内容、范围或文档中的字符集合，没有 Character 对象。Characters 集合中的每一项是一个 Range 对象，该对象代表一个字符。

Characters 属性可返回 Characters 集合，Count 属性返回所选内容、范围或文档中的字符数。示例如下。

```
MsgBox Selection.Characters.Count & "characters are selected"        '显示选定的字符数
```

使用 Characters(Index)可返回一个 Range 对象（其中 Index 是索引号），该对象代表一个字符。索引号表示 Characters 集合中的字符位置。

Characters 集合的常用属性与 Sentences 集合相同。

【例 6.20】 将选定内容中的第一个字母的格式设置为 24 磅、加粗。代码如下。

```
With Selection.Characters(1)
    . Bold = True
    . Font.Size = 24
End With
```

7. Section 对象和 Sections 集合

Section 对象代表所选内容、范围或文档中的一节。Section 对象是 Sections 集合的成员。Sections 集合包含所选内容、范围或文档中的所有节。

使用 Sections(Index)可返回单个 Section 对象，其中 Index 是索引号。

【例 6.21】 更改活动文档中第一节的左右页边距。

```
With ActiveDocument.Sections(1). PageSetup
    . LeftMargin = InchesToPoints (0.5)
    . RightMargin = InchesToPoints (0.5)
End With
```

可用 Sections 属性返回 Sections 集合。

【例 6.22】 在活动文档最后一节的结尾插入文字。

```
With ActiveDocument.Sections. Last.Range
    . Collapse Direction: =wdCollapseEnd
    . InsertAfter "end of document"
```

```
End With
```

可用 Sections 集合的 Add 方法或 InsertBreak 方法在文档中添加新的节。

【例 6.23】 在活动文档的开头添加一节。

```
Set myRange = ActiveDocument.Range(Start: =0, End: =0)
ActiveDocument.Sections. Add Range: =myRange
myRange.InsertParagraphAfter
```

【例 6.24】 显示活动文档中节的数目，在选定内容的第一段之前插入分节符，并再次显示节的数目。

```
MsgBox ActiveDocument.Sections. Count & "sections"
Selection.Paragraphs(1). Range.InsertBreak Type: =wdSectionBreakContinuous
MsgBox ActiveDocument.Sections. Count & "sections"
```

表 6-23 列出了 Section 对象的部分属性，表 6-24 列出了 Sections 集合的方法，表 6-25 列出了 Sections 集合的部分属性。

表 6-23   Section 对象的部分属性

属性	说明
Footer	返回一个 HeadersFooters 集合，该集合表示指定节的页脚。只读
Header	返回 HeadersFooters 集合，该集合表示指定节的页眉。只读
Index	返回 Long 类型的值，该值代表项目在集合中的位置。只读

表 6-24   Sections 集合的方法

属性	说明
Add	返回一个 Section 对象，该对象代表添加到文档中的新节
Item(Index)	返回集合中的单个 Section 对象

表 6-25   Sections 集合的部分属性

属性	说明
Count	返回一个 Long 类型的值，该值代表集合中的节数。只读
First	返回一个 Section 对象，该对象代表 Sections 集合中的第一项
Last	将 Sections 集合中的最后一项作为 Section 对象返回

8. Table 对象和 Tables 集合

Table 对象代表一个单独的表格，Table 对象是 Tables 集合的一个成员。Tables 集合包含了指定的选定内容、范围或文档中的所有表格。可使用 Tables(index)返回一个 Table 对象，其中 index 为索引号（索引号代表选定内容、范围或文档中表格的位置），示例如下。

```
'将活动文档中的第一个表格转换为文本
ActiveDocument.Tables(1). ConvertToText Separator: =wdSeparateByTabs
```

使用 Tables 集合的 Add 方法可以在指定范围内新增一表格。

【例 6.25】 在活动文档的起始处添加一个 3×4 表格。代码如下。

```
Set myRange = ActiveDocument.Range(Start: =0, End: =0)
ActiveDocument.Tables. Add Range: =myRange, NumRows: =3, NumColumns: =4
```

使用 Tables 属性可返回 Tables 集合。

【例 6.26】 将边框格式应用于每个活动文档中的表。代码如下。

```
For Each aTable In ActiveDocument.Tables
    aTable.Borders. OutsideLineStyle = wdLineStyleSingle
```

```
        aTable.Borders. OutsideLineWidth = wdLineWidth025pt
        aTable.Borders. InsideLineStyle = wdLineStyleNone
    Next aTable
```

Tables 集合的 Count 属性返回 Tables 集合中表格的数量。

表 6-26 列出了 Table 对象的部分属性，表 6-27 列出了 Table 对象的部分方法，表 6-28 列出了 Tables 集合的方法。

表 6-26　　　　　　　　　　　　　　　Table 对象的部分属性

属性	说明
Borders	返回一个 Borders 集合，该集合代表指定对象的所有边框
Columns	返回一个 Columns 集合，该集合代表表格中的所有列。只读
Parent	返回一个 Object 类型值，该值代表指定 Table 对象的父对象
Range	返回一个 Range 对象，该对象代表指定表格中所含的文档部分
Rows	返回一个 Rows 集合，该集合代表表格中所有的表格行。只读
Shading	返回一个 Shading 对象，该对象代表指定对象的底纹格式
Spacing	返回或设置表格中单元格的间距（以磅为单位）。可读/写，Single 类型
Style	返回或设置指定表格的样式。可读/写，Variant 类型
Tables	返回一个 Tables 集合，该集合代表指定表格中的所有嵌套表格。只读
Title	返回或设置包含指定表格的标题的 String 类型值。可读/写

表 6-27　　　　　　　　　　　　　　　Table 对象的部分方法

方法	说明
AutoFormat	将预定义外观应用于表格
Cell	返回一个 Cell 对象，该对象代表表格中的一个单元格
Delete	删除指定的表格
Select	选择指定的表格
Sort	对指定的表格进行排序
Split	在表格中紧靠指定行的上面插入一空段落，并且返回一个 Table 对象，此对象包含指定行及其下一行

表 6-28　　　　　　　　　　　　　　　Tables 集合的方法

方法	说明
Add	返回一个 Table 对象，该对象代表添加到文档中的新的空白表格
Item	返回集合中的单个 Table 对象

9．Row 对象、Column 对象和 Cell 对象

（1）Row 对象和 Rows 集合。

Row 对象代表表格的一行，Row 对象是 Rows 集合中的一个元素，Rows 集合包括指定部分、区域或表格中的所有表格行。

用 Rows(index)可返回单独的 Row 对象，其中 index 为索引序号。示例如下。

```
ActiveDocument.Tables(1).Rows(1).Delete        '删除活动文档中第一张表格的首行
```

用 Add 方法可在表格中添加行。例如，在选定部分首行前插入一行，代码如下。

```
If Selection.Information(wdWithInTable) = True Then
    Selection.Rows.Add BeforeRow:=Selection.Rows(1)        '在选定部分首行前插入一行
```

```
        End If
```

用 Cells 属性可修改 Row 对象中的单个单元格。

【例 6.27】 在选定部分中添加一张表格，并在表格第二行的各单元格内插入数字。代码如下。

```
Selection.Collapse Direction: =wdCollapseEnd
If Selection.Information(wdWithInTable) = False Then
    Set myTable = ActiveDocument.Tables. Add (Range: =Selection.Range, _
        NumRows: =3, NumColumns: =5)
    For Each aCell In myTable.Rows(2). Cells
        i = i + 1
        aCell.Range. Text = i
    Next aCell
End If
```

（2）Column 对象和 Columns 集合。

使用 Columns(index)可返回单独的 Column 对象，其中 index 为索引序号。索引序号代表该列在 Columns 集合中的位置（从左至右计算）。示例如下。

```
ActiveDocument.Tables(1).Columns(1).Select          '选定活动文档中表格 1 的第一列
```

用 Add 方法可在表格中添加一列。

【例 6.28】 为活动文档的第一张表格添加一列，然后将列宽设置为相等。代码如下。

```
If ActiveDocument.Tables. Count >= 1 Then
    Set myTable = ActiveDocument.Tables(1)
    myTable.Columns. Add BeforeColumn: =myTable.Columns(1)
    myTable.Columns. DistributeWidth
End If
```

用 Selection 对象的 Information 属性可返回当前列号。

【例 6.29】 选定当前列并在消息框中显示其列号。代码如下。

```
If Selection.Information(wdWithInTable) = True Then
Selection.Columns(1). Select
        MsgBox "Column " & Selection.Information(wdStartOfRangeColumnNumber)
End If
```

（3）Cell 对象和 Cells 集合。

Cell 对象代表表格中的单个单元格，它是 Cells 集合中的元素。Cells 集合代表指定对象中所有的单元格。

用 Cell(row,column)或 Cells(index)可返回 Cell 对象，其中 row 为行号，column 为列号，index 为索引序号。示例如下。

```
Set myCell = ActiveDocument.Tables(1). Cell (Row: =1, Column: =2)
myCell.Shading.Texture = wdTexture20Percent        '给第一行的第二个单元格加底纹
'给第一行的第一个单元格加底纹
ActiveDocument.Tables(1). Rows(1). Cells(1). Shading.Texture = wdTexture20Percent
```

用 Add 方法可在 Cells 集合中添加 Cell 对象，也可用 Selection 对象的 InsertCells 方法插入新单元格。

【例 6.30】 在 myTable 的第一个单元格之前插入一个单元格。代码如下。

```
Set myTable = ActiveDocument.Tables(1)
myTable.Range. Cells.Add BeforeCell: =myTable.Cell(1, 1)
```

【例 6.31】 将第一个表格的前两个单元格设定为一个域（myRange）。区域设定之后，用 Merge 方法合并两个单元格。代码如下。

```
Set myTable = ActiveDocument.Tables(1)
Set myRange = ActiveDocument.Range(myTable.Cell(1, 1) _
    . Range.Start, myTable.Cell(1, 2). Range.End)
```

```
myRange.Cells. Merge
```

使用 Selection 对象的 Information 属性可返回当前行号和列号。

【例 6.32】　改变选中部分第一个单元格的宽度，再显示单元格的行号和列号。代码如下。

```
If Selection.Information(wdWithInTable) = True Then
    With Selection
        .Cells(1).Width = 22
        MsgBox "Cell "& .Information(wdStartOfRangeRowNumber) & "," & .Information _
        (wdStartOfRangeColumnNumber)
    End With
End If
```

10. Find 对象和 Replacement 对象

（1）Find 对象。

Find 对象用于在所选内容、范围或文档中查找，它的属性和方法对应于"查找和替换"对话框中的选项。

使用对象的 Find 属性可返回一个 Find 对象。

【例 6.33】　查找和选定下一个出现的"hi"。代码如下。

```
With Selection.Find
    . ClearFormatting
    . Text = "hi"
    . Execute Forward: =True
End With
```

【例 6.34】　在活动文档中查找所有"hi"并将其替换为"hello"。代码如下。

```
Set myRange = ActiveDocument.Content
myRange.Find. Execute FindText: ="hi", ReplaceWith: ="hello", Replace: =wdReplaceAll
```

在 Selection 对象中使用 Find 对象时，找到符合选择条件的文本后选定内容将会改变。

【例 6.35】　选定下一次出现的"blue"。代码如下。

```
Selection.Find. Execute FindText: ="blue", Forward: =True
```

在 Selection 对象中使用 Range 对象时，找到符合选择条件的文本后选定内容不会改变，但 Range 对象将会重新定义。

【例 6.36】　在活动文档中查找出现的第一个"blue"。如果在文档中找到"blue"，myRange 将重新定义，并且"blue"的字体变为粗体。代码如下。

```
Set myRange = ActiveDocument.Content
myRange.Find. Execute FindText: ="blue", Forward: =True
If myRange.Find. Found = True Then myRange.Bold = True
```

表 6-29 列出了 Find 对象的部分属性，表 6-30 列出了 Find 对象的部分方法。

表 6-29　　　　　　　　　　　　　　　　Find 对象的部分属性

属性	说明
Font	返回或设置 Font 对象，该对象代表指定对象的字符格式。Font 类型，可读/写
Format	如果在查找操作中包含格式，则该属性值为 True。Boolean 类型，可读/写
Forward	如果查找操作在文档中往前搜索，则该属性值为 True。Boolean 类型，可读/写
Found	如果生成搜索匹配，则该属性值为 True。Boolean 类型，只读
IgnorePunct	返回或设置 Boolean 值，该值表示查找操作是否应忽略找到的文本中的标点符号。可读/写
IgnoreSpace	返回或设置 Boolean 值，该值表示查找操作是否应忽略找到的文本中的额外空格。可读/写
MatchAllWordForms	如果为 True，则查找操作需查找文本的所有形式（例如，如果要查找的单词是"sit"，那么也查找"sat"和"sitting"）。Boolean 类型，可读/写

属性	说明
MatchByte	如果 Word 在搜索过程中区分全角和半角的字符或字母，则该属性值为 True。Boolean 类型，可读/写
MatchCase	如果为 True，则查找操作区分大小写。默认值为 False。Boolean 类型，可读/写
MatchWholeWord	如果查找操作只查找完整单词，而不是一个长单词的一部分，则该属性值为 True。Boolean 类型，可读/写
MatchWildcards	如果要查找的文字中包含通配符，则该属性值为 True。Boolean 类型，可读/写
ParagraphFormat	返回或设置一个 ParagraphFormat 对象，该对象代表指定查找操作的段落设置。可读/写
Replacement	返回一个包含替换操作条件的替换对象
Text	返回或设置要查找的文本。String 类型，可读/写

表 6-30 　　　　　　　　　　　　　　Find 对象的部分方法

方法	说明
ClearFormatting	取消在查找或替换操作中所指定文本的文本格式和段落格式
Execute	运行指定的查找操作。如果查找成功，则返回 True。Boolean 类型
Execute2007	运行指定的查找操作。如果查找操作成功，则返回 True

（2）Replacement 对象。

该对象代表查找和替换操作的替换条件。Replacement 对象的属性和方法对应于查找和替换对话框中的选项。使用对象的 Replacement 属性可返回一个 Replacement 对象。

【例 6.37】 将下一处出现的单词"hi"替换为"hello"。代码如下。

```
With Selection.Find
    . Text = "hi"
    . ClearFormatting
    . Replacement.Text = "hello"
    . Replacement.ClearFormatting
    . Execute Replace: =wdReplaceOne, Forward: =True
End With
```

若要查找和替换格式，可将查找和替换文字设为空字符串("")，并将 Execute 方法的 Format 参数设为 True。

【例 6.38】 删除活动文档中的所有加粗格式。Find 对象的 Bold 属性值为 True，而 Replacement 对象的该属性值为 False。代码如下。

```
With ActiveDocument.Content. Find
    . ClearFormatting
    . Font.Bold = True
    . Text = ""
    With. Replacement
        . ClearFormatting
        . Font.Bold = False
        . Text = ""
    End With
    . Execute Format: =True, Replace: =wdReplaceAll
End With
```

表 6-31 列出了 Replacement 对象的部分属性。

表 6-31	Replacement 对象的部分属性
属性	说明
Font	返回或设置 Font 对象，该对象代表指定对象的字符格式。Font 类型，可读/写
Highlight	如果将突出显示格式应用于替换文本，则该属性值为 True。Long 类型，可读/写
ParagraphFormat	返回或设置一个 ParagraphFormat 对象，该对象代表指定替换操作的段落设置。可读/写
Text	返回或设置要替换的文本。String 类型，可读/写

11. HeaderFooter 对象和 HeaderFooters 集合

HeaderFooter 对象代表一个单独的页眉或页脚，该对象是 HeaderFooters 集合的一个成员。HeaderFooters 集合包含指定文档部分中所有的页眉和页脚。

使用对象的 Headers(index)或 Footers(index)可返回单独的 HeaderFooter 对象，其中 index 是 WdHeaderFooterIndex 常量之一（wdHeader_FooterEvenPages、wdHeader FooterFirstPage 或 wdHeader_FooterPrimary）。

【例 6.39】　更改活动文档第一节中主页眉和主页脚的文字。代码如下。

```
With ActiveDocument.Sections(1)
    . Headers(wdHeaderFooterPrimary). Range.Text = "Header text"
    . Footers(wdHeaderFooterPrimary). Range.Text = "Footer text"
End With
```

可以使用 Selection 对象的 HeaderFooter 属性返回单独的 HeaderFooter 对象。不能将 HeaderFooter 对象添加至 HeadersFooters 集合，使用 PageSetup 对象的 DifferentFirstPageHeaderFooter 属性可指定不同的首页。

【例 6.40】　在活动文档首页的页脚中插入文字。代码如下。

```
With ActiveDocument
. PageSetup.DifferentFirstPageHeaderFooter = True
. Sections (1). Footers(wdHeaderFooterFirstPage). Range.InsertBefore "Written by Joe"
End With
```

使用 PageSetup 对象的 OddAndEvenPagesHeaderFooter 属性可为奇数页和偶数页设置不同的页眉和页脚。如果 OddAndEvenPagesHeaderFooter 属性值为 True，则使用 wdHeaderFooterPrimary 可返回奇数页的页眉或页脚，使用 wdHeaderFooterEvenPages 可返回偶数页的页眉或页脚。

使用 PageNumbers 对象的 Add 方法可在页眉或页脚中添加页码。

【例 6.41】　在活动文档第一节的主页脚中添加页码。代码如下。

```
With ActiveDocument.Sections(1)
    . PageSetup.DifferentFirstPageHeaderFooter = True
    . Footers(wdHeaderFooterPrimary). PageNumbers.Add
End With
```

表 6-32 列出了 HeaderFooter 对象的部分属性，表 6-33 列出了 HeaderFooter 集合的部分属性和方法。

表 6-32	HeaderFooter 对象的部分属性
属性	说明
Exists	如果存在指定的 HeaderFooter 对象，则该属性值为 True。Boolean 类型，可读/写
LinkToPrevious	如果指定页眉或页脚链接至前一节中相应的页眉或页脚，则该属性值为 True。Boolean 类型，可读/写
PageNumbers	返回一个 PageNumbers 集合，表示所有指定的页眉或页脚中包含的页编号字段
Range	返回一个 Range 对象，该对象代表包含在指定页眉或页脚中的文档部分
Shapes	返回一个 Shapes 集合，该集合代表页眉或页脚中的所有的 Shape 对象。只读

表 6-33 　　　　　　　　　　　HeaderFooters 集合的部分属性和方法

属性/方法	说明
Count 属性	返回一个 Long 类型的值，该值代表集合中页眉或页脚的数目。只读
Parent 属性	返回一个 Object 类型的值，该值代表指定 HeadersFooters 对象的父对象
Item 方法	返回一个 HeaderFooter 对象，该对象代表一个区域或部分中的页眉或页脚

6.3.3　应用案例

【案例 6-1】文本处理

1. 案例目标

本案例应用 VBA 代码对 Office 2016 的 Word 文本进行添加、删除、修改、设置格式等操作，对表格进行处理。通过本案例，初步掌握用 VBA 操作控制 Word 文档的基本步骤和方法。

2. 知识点

本案例涉及以下两个主要知识点。

（1）Word 文档中 VBA 代码的创建、编辑与运行。

（2）用 VBA 代码对 Word 的各种对象进行操作。

3. 操作步骤

（1）素材准备。

新建一个文件夹（如"vba 首秀"），将案例素材压缩包解压到当前文件夹。本案例中提及的文件均存放在此文件夹下。

（2）打开并另存为。

打开 Word 文档"VBA 素材.docx"，并另存为"文本处理.docm"，文档类型选为"启用宏的 Word 文档"。

（3）在当前文档的末尾插入文字。

具体步骤如下。

①按组合键【Alt+F11】打开 Visual Basic 编辑器，双击"工程资源管理器"中"Project（文本处理）"下的"ThisDocument"模块。

②单击菜单栏中的"插入"菜单，选"模块"命令，选中新出现在"工程资源管理器"中的"模块 1"，在下方的属性窗口中将"名称"属性值修改为"EditDocText"。

③在右侧的"EditDocText"代码窗口中，输入以下代码。

```
Sub Insert ()
    ActiveDocument.Content. InsertAfter Text: =" The end."
End Sub
```

④将光标放在 Insert 过程中，按【F5】键运行宏（若同时打开多个 Word 文档，应在进行本步操作前，先切换到"文本处理.docm"，使之成为当前活动文档 ActiveDocument，再切换到 VBE 窗口执行本步操作）；切换到"文本处理.docm"文档，观察 VBA 代码的运行结果。

（4）删除当前文档的第一段。

具体操作步骤如下。

①在"EditDocText"代码窗口中，增加以下代码。

```
Sub Delete()
    Dim rngFirstParagraph As Range
    Set rngFirstParagraph = ActiveDocument.Paragraphs(1). Range
```

```
    With rngFirstParagraph
        . Delete
        . InsertAfter Text: ="New text"
        . InsertParagraphAfter
    End With
End Sub
```

②将光标放在 Delete 过程中，按【F5】键运行宏，切换到"文本处理.docm"文档，观察 VBA 代码的运行结果。

（5）在当前文档中查找。

具体操作步骤如下。

①在"EditDocText"代码窗口中，增加以下代码。

```
Sub Findw()
    With Selection.Find
        .Forward = True
        .Wrap = wdFindStop
        .Text = "冬天"
        . Execute
    End With
End Sub
```

②将光标放在 Findw 过程中，按【F5】键运行宏，切换到"文本处理.docm"文档，观察 VBA 代码的运行结果。

③再次按【F5】键后观察运行结果。

（6）在当前文档中查找并替换。

具体操作步骤如下。

①在"EditDocText"代码窗口中，增加以下代码。

```
Sub WordReplace()
    With Selection.Find
        . ClearFormatting
        .Text = "湖南科技学院"
        . Replacement.ClearFormatting
        . Replacement.Text = "Hunan University of Science and Engineering"
        . Execute Replace: =wdReplaceAll, Forward: =True, _
            Wrap: =wdFindContinue
    End With
End Sub
```

②将光标放在 WordReplace 过程中，按【F5】键运行宏，切换到"文本处理.docm"文档，观察 VBA 代码的运行结果。

（7）将格式应用到选中的内容。

具体操作步骤如下。

①在"EditDocText"代码窗口中，增加以下代码。

```
Sub FormatSelection()
    '设置选定内容的格式
    With Selection.Font
    . Name = "Times New Roman"
    . Size = 14
    .AllCaps = True      '全部大写
    End With
    With Selection.ParagraphFormat
```

```
        .LeftIndent = InchesToPoints(0.5)        '左缩进 0.5 英寸
        .Space1        '这是单倍行距的缩写
    End With
End Sub
```

②将光标放在 FormatSelection 过程中，按【F5】键运行宏，切换到"文本处理.docm"文档，观察 VBA 代码的运行结果。

（8）将格式应用到指定区域。

具体操作步骤如下。

①在"EditDocText"代码窗口中，增加以下代码。

```
Sub FormatRange()
    '设置某个区域的格式
    Dim rngFormat As Range
    Set rngFormat = ActiveDocument.Range( _
        Start: =ActiveDocument.Paragraphs(1). Range.Start, _
        End: =ActiveDocument.Paragraphs(3). Range.End)
    With rngFormat
        . Font.Name = "Arial"
        .ParagraphFormat.Alignment = wdAlignParagraphRight        '右对齐
    End With
End Sub
```

②将光标放在 FormatRange 过程中，按【F5】键运行宏，切换到"文本处理.docm"文档，观察 VBA 代码的运行结果。

（9）删除段落。

在当前文档中，如图 6-16（a）所示，将只有一个回车符的段落删除，具体步骤如下。

①算法分析。只有一个硬回车符的段落，其段落长度为 1。每个段落的文本内容由当前文档 ActiveDocument 对象的 Paragraphs 集合中所有 Paragraph 对象的 Range 对象的 Text 属性值代表。VBA 中有 Len 函数，用于求字符的长度（即字符个数）。

②在"EditDocText"代码窗口中，增加以下代码。

```
Public Sub 删除空白段落()
    '删除只有一个硬回车符的段落
    Dim i As Long
    For i = ActiveDocument.Paragraphs. Count to 1 Step -1
        If VBA.Len(ActiveDocument.Paragraphs(i). Range.Text) = 1 Then
                ActiveDocument.Paragraphs(i). Range.Delete
        End If
    Next
        MsgBox "段落处理完毕! "
End Sub
```

③切换到 VBE 窗口，确认光标处于过程"删除空白段落"中，按【F5】键或单击 VBE"标准"工具栏上的"运行子过程/用户窗口"按钮▶。

④执行上一步后将弹出图 6-16（b）所示的对话框，单击"确定"按钮，代码运行结束，而当前文档第三页中的部分内容已变为图 6-16（c）中内容。

（10）将所有表格中的空单元格填充为 0。

具体操作步骤如下。

①算法分析。若表格内单元格为空，则该单元格的字符长度为 2，可理解为包含了 Chr(13)和 Chr(7)两个字符。

（a） （b） （c）

图 6-16　运行 VBA 代码

②在"EditDocText"代码窗口中，增加以下代码。

```
Public Sub AllCellsBlanktoZero()
    '在所有的单元格中循环，在空的单元格中输入 0
    Dim tmpTable As Table
    Dim tmpCell As Cell
    For Each tmpTable In ActiveDocument.Tables
        For Each tmpCell In tmpTable.Range. Cells
            If VBA.Len(tmpCell.Range) = 2 Then
                tmpCell.Range. Text = "好玩吧"
            End If
        Next
    Next
        MsgBox "表格处理完毕! "
End Sub
```

③在 VBE 窗口，确认光标处于过程"AllCellsBlanktoZero"中，按【F5】键或单击 VBE "标准"工具栏上的"运行子过程/用户窗口"按钮 ▶ 。

④切换到"文本处理.docm"文档，观察第三页上的处理结果。

（11）保存。

保存文档，完成操作。

【案例 6-2】提取特定信息

1. 案例目标

本案例应用 VBA 代码对 Office 2016 的 Word 文本进行添加、删除、修改、设置格式等操作，用 VBA 代码对表格的数据进行分析和处理。通过本案例，读者能初步掌握用 VBA 操作控制 Word 表格的基本步骤和方法。

2. 知识点

本案例主要涉及以下两个知识点。

（1）表格的创建和修改。

（2）用 VBA 代码对 Word 的各种对象进行操作。

3. 操作步骤

（1）新建并保存。新建一个实验文件夹，在该文件夹下新建空白 Word 文档，并存盘为"身份证号自动识别.docm"，文档类型选为"启用宏的 Word 文档"。

（2）新建表格。新建图 6-17 所示的表格。

（3）从身份证中提取信息，具体操作步骤如下。

①算法分析。中国公民的身份证号是一种特征组合码，新版身份证号为 18 位，旧版为 15 位。新版身份证号的第 7～10 位是出生年份，第 11～12 位是出生月份，第 13～14 位是出生日，第 15～17 位是顺序号，最后第 18 位是校验码，顺序码的最后一位（即第 17 位）是用于判断性别的

（第 17 位奇数表示男性、偶数表示女性）。旧版 15 位中，第 7~8 位是出生年份，第 9~10 位是出生月份，第 11~12 位是出生日，第 15 位奇数表示男性、偶数表示女性。若身份证号的位数不是 18 位或 15 位，则将身份证号设为红色。

姓名	张强		性别	
身份证号码	32050119931018****		出生年月	

根据输入的身份证号码，自动生成"性别"和"出生日期"。

姓名	赵勤		性别	
身份证号码	32023019862019****		出生年月	

姓名	李卫东		性别	
身份证号码	32022319941210****		出生年月	

图 6-17　初始表格

②打开 Visual Basic 编辑器，在"工程资源管理器"中"Project（身份证号自动识别）"上单击鼠标右键，在弹出的快捷菜单上选"插入"命令中的"类模块"命令。

③选中新出现在"工程资源管理器"中的"类 1"，在下方的属性窗口中将"名称"属性值修改为"clsIDCard"。

④在右侧的"clsIDCard"代码窗口中，输入以下代码。

```
Option Explicit
Public WithEvents App As Word.Application       '声明一个包含事件的 Application 类型对象
Private Sub App_WindowSelectionChange (ByVal Sel As Selection)
    On Error Resume Next
    Dim idString As String, idLen As Integer
    Dim sYear As String, sMonth As String
    Dim sYearAndMonth As String
    Dim sLadyOrGentleman As String
    Dim isSex As String
    Dim isSexChar As Integer
    With Selection.Tables(1)
            idString =. Range.Cells(6). Range.Text
            idLen = Len(idString)
            '如果是 15 位的身份证
            If idLen = 17 Then
                '确定年月
                sYear = Mid (idString, 7, 2)
                sMonth = Mid (idString, 9, 2)
                sYearAndMonth = "19" & sYear & "年" & sMonth & "月"
                . Range.Cells(8). Range.Text = sYearAndMonth
                '确定性别
                isSexChar = Mid (idString, idLen - 2, 1)
                If isSexChar Mod 2 = 0 Then
                        isSex = "女"
                Else
                        isSex = "男"
                End If
            . Range.Cells(4). Range.Text = isSex
            . Range.Cells(6). Range.Font. Color = wdColorBlack
        ElseIf idLen = 20 Then       '如果是 18 位的身份证
                '确定年月
                sYear = Mid (idString, 7, 4)
```

```
sMonth = Mid (idString, 11, 2)
sYearAndMonth = sYear & "年" & sMonth & "月"
. Range.Cells(8). Range.Text = sYearAndMonth
'确定性别
isSexChar = Mid (idString, idLen - 3, 1)
If isSexChar Mod 2 = 0 Then
    isSex = "女"
Else
    isSex = "男"
End If
. Range.Cells(4). Range.Text = isSex
. Range.Cells(6). Range.Font. ColorIndex = wdBlack
Else        '错误的身份证位数
. Range.Cells(6). Range.Font. Color = wdColorRed
. Range.Cells(4). Range.Text = ""
. Range.Cells(8). Range.Text = ""
    End If
  End With
End Sub
```

⑤双击"工程资源管理器"中"Project（身份证号自动识别）"下的"This Document"模块，在代码窗口中输入以下代码。

```
Dim newWord As New clsIDCard
Private Sub Document_open ()
    '将类模块中已声明的对象（本例中为 App）连接到 Application 对象
    Set newWord.App = Word.Application
End Sub
```

⑥将光标放在 Document_open 过程中，按【F5】键，切换到"身份证号自动识别.docm"的文档窗口，在表格中输入身份证号码，Word 会根据输入的身份证号自动生成性别和出生年月，如图 6-18 所示。

姓名	张强	性别	男
身份证号码	32050119931018****	出生年月	1993 年 10 月

根据输入的身份证号码，自动生成"性别"和"出生日期"。

姓名	赵勤	性别	女
身份证号码	32023019862019****	出生年月	1986 年 20 月

姓名	李卫东	性别	男
身份证号码	32022319941210****	出生年月	1994 年 12 月

图 6-18　VBA 运行结果

（4）进一步改进。根据对身份证号内特征码的判定，图中第二个人的月份是不对的。请读者自行写出改进代码，使 VBA 代码能区分正确的月份和日期。

（5）再次保存文档"身份证号自动识别.docm"。

（6）新建并保存。新建空白 Word 文档，并存盘为"学号信息提取.docm"，文档类型选为"启用宏的 Word 文档"。

（7）新建表格。建立图 6-19 所示的表格。

（8）根据学号提取学生信息。在图 6-19 所示表格中，用户输入学号，自动显示该学生的年级、学院和专业。建立 VBA 代码的详细步骤请读者思考和完成。

学号是一组 10 位的数字字符串，第 1～2 位为年份的末两位，第 3～4 位表示学院，第 3～7

位表示学生的专业。年份靠近 100 的是"19**"的年份，年份靠近 0 的是"20**"的年份。学院对应的编号、专业的编号如图 6-20 所示。判断输入的学号是否为 10 位，并判断是否是有效的学院编号和专业编号。

学号		姓名	张叁峰	年级	
学院			专业		

图 6-19　初始表格

学院	编号
人文学院	01
管理学院	02
数学学院	03
医学部	04
物理学院	05
艺术学院	06
外语学院	07

专业	专业编号
知识产权	01101
社会学	01201
教育学（师范）	01301
教育技术学(师范)	01302
英语（师范）	07101
俄语	07201
德语	07301
物理学	05101
物理学（师范）	05102
电子信息工程	05201
电子科学与技术	05202

图 6-20　学院编号和专业编号

（9）再次保存文档"VBA 03–学号信息提取.docm"。

习　题

【习题一】

在 Word 中，创建一个宏，用于插入一张图片。然后，在 VBE 编辑窗口中修改此宏，使宏运行时，最多可插入 15 张图片。

【习题二】

新建一个 Word 文档，输入几段文字，然后运行下面的宏，观察运行结果。

```
Sub test3()
    Text = InputBox("请输入要查找的文本：", "提示")
    With ActiveDocument.Content.Find
    Do While .Execute(FindText:=Text) = True
        tim = tim + 1
    Loop
    End With
    MsgBox ("当前文档查找到" + Str(tim) + "个" + Text), 48, "完成"
End Sub
```

【习题三】

空白段落的删除。试在 Word VBA 中编写并运行以下代码，看有什么效果。

```
Sub DelBlank()
    Dim i As Paragraph, n As Long
    Application.ScreenUpdating = False          '关闭屏幕刷新
    For Each i In ActiveDocument.Paragraphs     '在活动文档的段落集合中循环
        If Len(i.Range) = 1 Then                '判断段落长度，此处可根据文档实际情况
```

```vba
                i.Range.Delete          '进行必要的修改可将任意长度段落删除
                n = n + 1               '计数
        End If
    Next
    MsgBox "共删除空白段落" & n & "个!"
    Application.ScreenUpdating = True    '恢复屏幕刷新
End Sub
```

【习题四】

根据预定义段落进行段落样式的设置和插入目录。试在 Word VBA 中编写并运行以下代码，看有什么效果。

```vba
Sub Contents()
    Dim I As Paragraph, N As Byte, A As Byte, B As Byte, X As Long, DelRange As Range
    Application.ScreenUpdating = False
    A = 2
    B = 13
    With ActiveDocument
    For Each I In .Paragraphs               '在段落中循环
        X = X + 1                           '计数
        For N = A To B                      '进入文档第2段落～第13段落间的循环
            If X > B Then
                If I.Range = .Paragraphs(N).Range Then
                    I.Style = .Styles(wdStyleHeading1)
                        A = A + 1           '累计
                    End If
                End If
            Next
        Next
        Set DelRange = Range(.Paragraphs(2).Range.Start, .Paragraphs(13).Range.End)
        DelRange.Delete                     '删除原文档的第2段落～第13段落
        .Paragraphs(2).Range.Select
        '插入/引用/索引与目录
        .TablesOfContents.Add Range:=Selection.Range, RightAlignPageNumbers:=True,
UseHeadingStyles:=True, _UpperHeadingLevel:=1, LowerHeadingLevel:=3, IncludePageNumbers:=
True, AddedStyles:="", UseHyperlinks:=True, HidePageNumbersInWeb:=True
        .TablesOfContents(1).TabLeader = wdTabLeaderDots
        .TablesOfContents.Format = wdIndexIndent
        End With
        Application.ScreenUpdating = True
        End Sub
```

第7章
Access 2016 数据库和表的应用

数据库技术是计算机科学的一个重要分支，目前数据库技术已被广泛应用到政府管理、科学研究、企业经营和社会服务等各个领域。Access 2016 是一个功能强大的关系数据库管理系统，是简单易学的数据库开发工具。

本章以"学生课程信息"数据库为例，详细介绍建立 Access 2016 数据库文件和数据表的操作方法。通过本章的学习，读者可以掌握如何通过多种方法建立表，如何对表的字段属性进行设置，如何建立表间关系，以及如何对表、表结构和表记录进行维护等。

7.1 建立 Access 2016 数据库和表

7.1.1 案例分析

【案例 7-1】

创建一个名为"学生课程信息"的空数据库文件，并将其保存在"E:\2020 年下期 office 高级应用教材编写\access 素材文件\第七章素材"文件夹中；在"学生课程信息"数据库中使用设计视图创建学生表，使用数据表视图创建成绩表，表结构分别如表 7-1、表 7-2 所示。

表 7-1　　　　　　　　　　　　　　学生表结构

字段名	类型	字段大小	字段名	类型	字段大小	字段名	类型	字段大小
学号	短文本	12	班级 ID	短文本	2	政治面貌	短文本	4
姓名	短文本	4	性别	短文本	2	家庭收入	数字	单精度型
年级	短文本	8	出生日期	日期/时间				
专业	短文本	14	籍贯	短文本	12			

表 7-2　　　　　　　　　　　　　　成绩表结构

字段名	类型	字段大小	字段名	类型	字段大小
学号	短文本	12	考分	数字	单精度型
课程 ID	短文本	6			

【案例 7-2】

将 Excel 文件"教师基本信息.xlsx"导入"学生课程信息"数据库文件中；采用"值列表"

的方式，将学生表中的"性别"字段设置为"查阅向导"类型；将学生表中"政治面貌"字段的"字段大小"设置为 4，字段的"默认值"设置为"共青团员"，将学生表中"出生日期"字段的"格式"设置为"yyyy/mm/dd"格式；将成绩表中"考分"字段的"字段大小"设置为"单精度型"，"格式"属性设置为"常规数字"，小数位数为 1；为教师表中"电话"字段设置"输入掩码"，以保证用户只能输入 4 位数字的区号和 7 位数字的电话号码，区号放在括号内，区号和电话号码之间用"-"分隔；最后设置成绩表中"考分"字段的"有效性规则"为"考分>=0 And 考分<=100"；出错的提示信息为"考分只能是 0～100 之间的值"。

【案例 7-3】

为学生表创建单一索引，索引字段为"姓名"；为学生表创建多字段索引，索引字段包括"班级 ID""姓名"；分析并设置学生表和成绩表的主键；设置"学生课程信息"数据库中学生表和成绩表之间的关系，然后将此关系删除；通过实施参照完整性，修改"学生课程信息"数据库中学生表和成绩表之间的关系。

7.1.2　知识储备

1. 关系数据库基本概念

（1）关系（Relation）。

一个关系就是一张二维表，每个关系有一个关系名。在 Access 中，一个关系存储为一个表，具有一个表名。

（2）元组（Tuple）。

二维表（关系）中的每一行，对应于表中的元组（记录）。例如，学生表和成绩表两个关系各包括多个元组（或多条记录）。

（3）属性（Attribute）。

二维表中的每一列，对应于表中的字段（属性）。例如，学生表中的学号、姓名、专业等字段名及其相应的数据类型组成表的结构。

（4）域（Domain）。

属性的取值范围称为域，也称为值域。例如，性别只能取"男"或"女"。

（5）关键字（Primary Key）。

关键字是属性或属性的集合，关键字的值能够唯一地标识一个元组。例如，学生表中的学号。在 Access 中，主关键字和候选关键字就起唯一标识一个元组的作用。

（6）外部关键字（Foreign Key）。

如果表中的一个字段不是本表的主关键字，而是另外一个表的主关键字和候选关键字，这个字段（属性）就称为外关键字。

在 Access 中，将相互之间存在联系的表放在一个数据库中统一管理。例如，在"学生课程信息"数据库中可以加入教师表、学生表、课程表和成绩表等。

2. 关系的完整性

（1）实体完整性（Entity Integrity）。

实体完整性规则要求关系中记录的关键字字段不能为空，不同记录的关键字，字段值也不能相同，否则，关键字就失去了唯一标识记录的作用。

关系的完整性

如学生表将学号字段作为主关键字，那么，该列不得有空值，否则无法对应某个具体的学生，这样的表格不完整，对应关系不符合实体完整性规则的约束条件。

（2）参照完整性（Referential Integrity）。

参照完整性规则要求关系中"不引用不存在的实体"，定义了外键与主键之间的引用规则。如学生表中的"学号"字段是该表的主键，但在成绩表中是外键，则在成绩表中该字段的值只能取"空"或取学生表中学号的其中值之一。

（3）用户定义完整性（Definition Integrity）。

实体完整性和参照完整性适用于任何关系型数据库系统，它主要是针对关系的主关键字和外部关键字取值必须有效而做出的约束。用户定义完整性则是根据应用环境的要求和实际的需要，对某一具体应用所涉及的数据提出约束性条件。这一约束机制一般不应由应用程序提供，而应由关系模型提供定义并检验。用户定义完整性主要包括字段有效性约束和记录有效性约束。如对成绩表中的"成绩"字段的取值范围规定只能取 0～100 之间的值。

3. 创建数据库

创建 Access 数据库有两种方法：一是建立一个空数据库，然后向其中添加表、查询、窗体、报表等对象；二是使用 Access 提供的模板，通过简单操作创建数据库。创建数据库后，可随时修改或扩展数据库。本书主要介绍创建空白桌面数据库的方法，Access 2016 创建的数据库文件的扩展名为".accdb"。

创建数据库文件之前，应当先建立用于存放数据库文件的文件夹，以方便管理。

4. 打开和关闭数据库

数据库建好后，就可以对其进行各种操作。例如，可以在数据库中添加对象，可以修改其中的对象。在进行这些操作之前应先打开数据库，操作结束后需要关闭数据库。

（1）打开数据库。

打开数据库有两种方法，使用"选择文件位置打开"命令或"最近使用文件"命令。

Access 数据库有 4 种打开方式，可以单击"打开"按钮右侧的箭头，打开一个下拉列表，然后选择一种打开方式即可。

①打开。在网络环境下，此方式可供多个用户同时访问并修改此数据库。

②以只读方式打开。采用这种方式打开数据库后，只能查看数据库的内容，不能对数据库做任何的修改。

③以独占方式打开。在网络环境下，此方式可防止多个用户同时访问此数据库。

④以独占只读方式打开。在网络环境下，以独占只读方式打开数据库后，可防止其他用户再打开数据库。

（2）关闭数据库。

当完成数据库操作后，需要将其关闭。关闭数据库的常用方法有以下 4 种。

①单击 Access 2016 窗口右上角的"关闭"按钮✕。

②右击 Access 2016 窗口左上角，在弹出的快捷菜单中选择"关闭"命令。

③双击 Access 2016 窗口左上角。

④单击 Access 2016 窗口功能区的"文件"选项卡，从弹出菜单中选择"关闭"命令。

使用前三种可关闭当前打开的数据库文件，同时退出 Access 2016；使用方法 4 仅关闭当前打开的数据库文件，不退出 Access 2016。

（3）设置默认数据库文件的路径。

用 Access 创建的各种文件都需要保存在磁盘中，为了快速正确地保存和访问磁盘上的文件，应当设置默认的磁盘目录。在 Access 中，如果不指定保存路径，则使用系统默认的保存文件的位置。

选择"文件"｜"选项"命令，打开"Access 选项"对话框，选择"常规"选项卡，如图 7-1 所示。在"默认数据库文件夹"文本框中输入"E:\2020 年下期 office 高级应用教材编写\access 素材文件\第七章素材"，并单击"确定"按钮。以后每次启动 Access，此文件夹都是系统默认数据库保存的文件夹，直到再次更改为止。

图 7-1　设置"默认数据库文件夹"

5. 数据表的创建

表是数据记录的集合，是数据库最基本的组成部分。在关系数据库管理系统中，表是数据库中用来存储和管理数据的对象，它是整个数据库系统的基础，也是数据库其他对象的数据来源。在一个数据库中可以建立多个表，通过表与表之间的连接关系，就可以将存储在不同表中的数据联系起来供用户使用。

（1）表的组成。

数据表简称表，由表结构和表中的数据两部分组成。

（2）字段数据类型。

Access 2016 的数据类型有 12 种，可以是文字、数字、图像或声音等。Access 2016 数据库支持的数据类型及用途如表 7-3 所示。

表 7-3　　　　　　　　　　　　　Access 的数据类型及其用途

数据类型	标识	用途	字段大小
短文本	Text	文本或文本与数字的组合，或者不需要计算的数字	最多为 255 个中文或英文字符，由字段大小属性设置长度
长文本	Memo	长文本或文本和数字的组合，如注释或说明	最多 65 535 个字符
数字	Number	用于数学计算的数值数据	1、2、4、8 字节
日期/时间	Date/time	表示日期和时间	8 字节
货币	Money	用于计算的货币数值与数值数据，小数点后 1～4 位，整数最多 15 位	8 字节
自动编号	AutoNumber	在添加记录时自动插入的唯一顺序或随机编号，此类型字段不能更新	4 字节

续表

数据类型	标识	用途	字段大小
是/否	Logical	用于记录逻辑型数据 Yes(−1)/No(0)	1 位
OLE 对象	OLE Object	内容为非文本、非数字、非日期等内容，也就是用其他软件制作的文件	最多为 1GB
超链接	Hyperlink	存储超链接的字段，超链接可以是 UNC 路径或 URL 字段	最长 64 000 个字符
附件	Accessory	存储所有种类的文档和二进制文件，可将其他程序中的数据添加到该字段中	最大为 2GB，单个文件的大小不得超过 256MB
计算	Calculation	计算类型用于显示计算结果，计算时必须引用同一表中的其他字段	8 字节
查阅向导	Lookup Wizard	在向导创建的字段中，允许使用组合框来选择另一个表中的值	与用于执行查阅的主键字段大小相同

（3）建立表结构。

Access 2016 的数据表由"结构"和"内容"两部分构成。通常是先建立数据表结构，即"定义"数据表，然后再向表中输入数据，即完成数据表的"内容"部分。

建立表结构有 4 种方法：一是使用设计视图创建表，这是一种最常用的方法；二是使用数据表视图创建表，在数据表视图中直接在字段名处输入字段名，该方法比较简单，但无法对每一字段的数据类型、属性值进行设置，一般还需要在设计视图中进行修改；三是通过从外部数据导入的方式建立表；四是用 SharePoint 创建表，用户可以在数据库中创建从 SharePoint 列表导入的或链接到 SharePoint 列表的表，还可以使用预定义模板创建新的 SharePoint 列表。

所谓导入表，就是把当前数据库以外的表导入当前数据库中。可以通过从另一个数据库文件、Excel 文件、文本文件导入数据的方法创建新表。本书主要以从 Excel 文件导入为例进行讲解。

（4）向表中输入数据。

创建表结构后，数据库的表仍是没有数据的空表，所以，创建表对象的另一个重要任务是向表中输入数据。可直接向表中输入数据，也可以重新打开表输入数据。打开表的方法有以下 3 种。

①在导航窗格中双击要打开的表。

②右击要打开的表的图标，在弹出的快捷菜单中选择"打开"命令。

③若表处于设计视图状态下，右击表格标题栏并在弹出的快捷菜单中选择"数据表视图"命令，即可切换到数据表视图。

使用以上 3 种方式打开表后，就可以往表中添加数据了。

（5）常用字段属性及其设置。

表结构中的每个字段都有一系列的属性定义，字段属性决定了如何存储和显示字段中的数据。每种类型的字段都有一个特定的属性集。

Access 为大多数属性提供了默认设置，一般能够满足用户的需要，用户也可以改变默认设置。字段的常规属性选项卡如表 7-4 所示。

表 7-4 字段的常规属性选项卡

属性	作用
字段大小	设置文本、数据类型字段中数据的范围，可设置的最大字符数为 255
格式	控制显示和打印数据的格式，可选择预定义格式或输入自定义格式
小数位数	指定数据的小数位数，默认值是"自动"，范围是 0～15

属性	作用
输入法模式	确定当焦点移至该字段时，准备设置的输入法模式
输入掩码	用于指导和规范用户输入数据的格式
标题	在各种视图中，可以通过对象的标题向用户提供帮助信息
默认值	指定数据的默认值，自动编号和 OLE 数据类型无此项属性
验证规则	一个表达式，用户输入的数据必须满足该表达式
验证文本	当输入的数据不符合"有效性规则"时，要显示的提示性信息
必填字段	该属性决定是否出现 Null（空）值
允许空字符串	决定文本和备注字段是否可以等于零长度字符串（""）
索引	决定是否建立索引及索引的类型
Unicode 压缩	指定是否允许对该字段进行 Unicode 压缩
文本对齐	指定控件内文本的默认对齐方式

（6）设置输入掩码属性。

通过设置字段的输入掩码属性，可以限定用户以特定的格式输入数据，从而保持数据的一致性，使数据库易于管理。输入掩码由一个必需部分和两个可选部分组成，每个部分用分号分隔。在 Access 2016 中，用户只能为"短文本"和"日期/时间"这两种数据类型的字段设置输入掩码属性。数据表中的字段掩码必须按照一定的格式设置，具体设置的格式符号如表 7-5 所示。

表 7-5　　　　　　　　　　　　　　输入掩码的格式符号含义

格式符号	说明
0	必须输入数字（0~9，必选项），不允许用加号（+）和减号（-）
9	可以输入数字或空格（非必选项），不允许用加号（+）和减号（-）
#	可以输入数字或空格（非必选项），空白转换为空格，允许用加号（+）和减号（-）
L	必须输入字母（A~Z，必选项）
?	可以输入字母（A~Z，可选项）
A	必须输入字母或数字（必选项）
a	可以输入字母或数字（可选项）
&	必须输入任何字符或空格（必选项）
C	可以输入任何字符或空格（可选项）
<	把其后的所有英文字符变成小写
>	把其后的所有英文字符变成大写
!	使输入掩码从右到左显示，而不是从左到右显示。可以在输入掩码中的任何地方包括感叹号
\	使接下来的字符以原样显示

（7）建立表之间的关系。

前面已经介绍了创建数据表的基本方法，并且建立了数据库和表。在 Access 中要想管理和使用好表中的数据，就应建立表与表之间的关系，只有这样，才能将不同表中的相关数据联系起来，也才能为建立查询、创建窗体或报表打下良好的基础。

①设置主键。主键，也叫主关键字，是唯一能标识一条记录的字段或字段的组合。指定了表的主键后，在表中输入新记录时，系统会检查该字段是否有重复数据。如果有，则禁止重复数据输入表中。同时，系统也不允许主键中的值为 Null。

②建立表间的关系。数据库中的多个表之间要建立关系，必须先给各个表建立主键或索引，并且要关闭所有打开的表；否则，不能建立表间的关系。建立好主键或索引后，直接在两表的公共字段上拖曳鼠标即可建立两表之间的关系。

7.1.3 案例实现

数据库和表的
建立

【案例 7-1 实现】

操作步骤如下。

（1）启动 Access 2016，在弹出的对话框中双击"空白桌面数据库"选项，如图 7-2 所示。

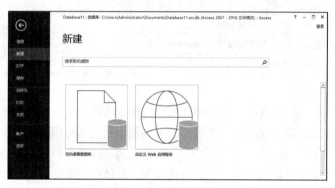

图 7-2　新建数据库界面

（2）Access 自动创建一个名称为"表 1"的数据表，该表以数据表视图方式打开。数据表视图中有两个字段，一个是默认的"ID"字段，另一个是用于添加新字段的标识"单击以添加"，光标位于"单击以添加"列的第一个空单元格中，如图 7-3 所示。

图 7-3　以数据表视图方式打开"表 1"

（3）在创建的数据库中还没有其他数据库对象，可以根据需要建立其他对象。

（4）切换到表 1 的设计视图，如图 7-4 所示。

说明

表的设计视图分为上下两部分。上半部分是字段输入区，从左至右分别为字段选定器、字段名称列、数据类型列和说明列。字段选定器用来选择某一字段；字段名称列用来说明字段的名称；数据类型列用来定义该字段的数据类型；如果需要，可以在说明列中对字段进行必要的说明。下半部分是字段属性区，在此区中可以设置字段的属性值，此区由"常规"和"查阅"两个选项卡组成，右侧是帮助提示信息。

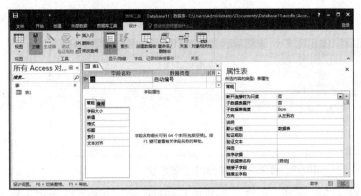

图 7-4　表设计视图

（5）单击设计视图的第一行"字段名称"列，并在其中输入学生表的第一个字段名称"学号"，然后单击"数据类型"列，并单击其右侧的下拉按钮，这时弹出一个下拉列表，下拉列表中列出了 Access 提供的 12 种数据类型，选择"短文本"数据类型。

（6）在"常规"选项卡中设置学号的"字段大小"为"12"，如图 7-5 所示。

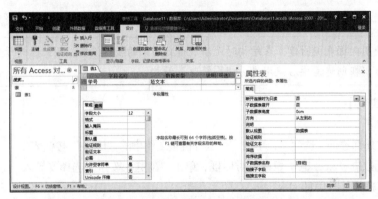

图 7-5　表设计视图中学号字段设置

（7）按照上述方法定义完全部字段后，单击第一个字段"学号"的选定器，然后单击工具栏上"主关键字"按钮，给学生表定义一个主关键字。

（8）单击快速访问工具栏中的"保存"按钮以保存表。在"另存为"对话框中的"表名称"文本框中输入表名"学生"，单击"确定"按钮，便完成了表结构的创建。创建好的"学生"表结构如图 7-6 所示。

学生		
字段名称	数据类型	说明(可选)
学号	短文本	
姓名	短文本	
年级	短文本	
专业	短文本	
班级ID	短文本	
性别	短文本	
出生日期	日期/时间	
籍贯	短文本	
政治面貌	短文本	
家庭收入	数字	

图 7-6　建立好的学生表结构

（9）单击"创建"选项卡，单击"表格"选项组中的"表"按钮，这时将创建名为"表 1"的新表，并以数据表视图方式打开。

（10）选中"ID"字段列，在"表格工具/字段"选项卡中的"属性"组中单击"名称和标题"，如图 7-7 所示。

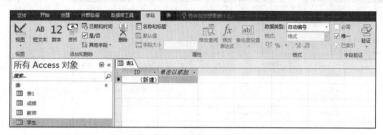

使用数据表视图创建表

图 7-7　使用数据表视图创建成绩表

（11）弹出"输入字段属性"对话框，在该对话框中的"名称"文本框中输入"学号"。

（12）选中"学号"字段列，在"字段"选项卡的"格式"组中单击"数据类型"下拉按钮，从弹出的下拉列表中选择"短文本"；在"属性"组的"字段大小"文本框中输入字段大小值"12"。

（13）单击"单击以添加"列，从弹出的下拉列表中选择"短文本"，这时 Access 自动为新字段命名为"字段 1"。在"字段 1"中输入"课程 ID"，在"属性"组的"字段大小"文本框中输入字段大小值"6"。

（14）按照成绩表的结构，参照上一步添加其他字段的方法，成绩表结构即可建好。

注意　　使用数据表视图建立表结构时无法进行更详细的属性设置，因此，对于比较复杂的表结构，可以在创建完毕后使用设计视图修改表结构。

【案例 7-2 实现】

操作步骤如下。

用导入的方式创建数据表

（1）单击"外部数据"选项卡，单击"导入并链接"组中的"Excel"按钮，出现"获取外部数据-Excel 电子表格"对话框，单击"浏览"按钮，选择要导入的 Excel 文件"教师基本信息.xlsx"。

（2）单击"确定"按钮，弹出"导入数据表向导"对话框 1。

（3）选择要导入的工作表，然后单击"下一步"按钮，弹出"导入数据表向导"对话框 2，选中"第一行包含标题"复选框，如图 7-8 所示。

（4）单击"下一步"按钮，弹出"导入数据表向导"对话框 3，如图 7-9 所示。

（5）单击图 7-9 下方列表中的列，可以分别为各字段命名，然后单击"下一步"按钮，弹出"导入数据表向导"对话框 4。

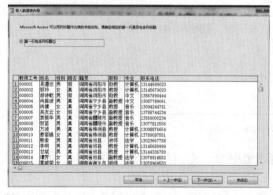
图 7-8　"导入数据表向导"对话框 2

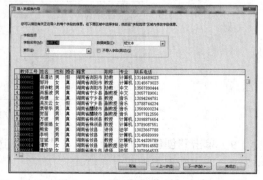
图 7-9　"导入数据表向导"对话框 3

（6）选择"让 Access 添加主键"，然后单击"下一步"按钮，弹出"导入数据表向导"对话框 5。

（7）在弹出的对话框中输入新表名"教师"，然后单击"完成"按钮，弹出"获取外部数据-Excel 电子表格"对话框，单击"关闭"按钮，完成 Excel 文件的导入。

表结构的基本操作

（8）在数据库导航窗格中，单击"学生表"对象，右击打开学生表的设计视图，设置"性别"字段为"查阅向导"类型。同时弹出"查阅向导"第 1 个对话框，选择"自行键入所需的值"选项，单击"下一步"按钮。

（9）在"查阅向导"第 2 个对话框中确定值列表中的值，本例中输入"男""女"，如图 7-10 所示。

（10）单击"下一步"按钮，打开"查阅向导"最后一个对话框，完成值列表的设置。

其实，还可以从其他类型文件中导入数据，该方法已经在前面导入建表的过程中介绍了，在此就不再做说明了。

（11）在数据库导航窗格中，单击 "学生表"对象，右击选择"设计视图"命令，屏幕显示学生表的设计视图。

（12）单击"政治面貌"字段的任一列，则在"字段属性"区中显示出该字段的所有属性。在"字段大小"文本框中输入"4"，在"默认值"属性框中输入"共青团员"，如图 7-11 所示。

图 7-10　"查阅向导"第 2 个对话框

（13）单击"出生日期"字段的任一列，则在"字段属性"区中显示出该字段的所有属性。单击"格式"属性框右侧的下拉按钮，可以看到系统提供了多种日期/时间格式。由于系统提供的日期/时间格式没有"yyyy/mm/dd"格式，所以直接在"格式"属性框中输入"yyyy/mm/dd"，如图 7-12 所示。

图 7-11　设置"字段大小"和"默认值"属性

图 7-12　设置字段"格式"属性

（14）在数据库窗口中，单击成绩表，然后右击选择"设计视图"命令，屏幕显示成绩表的设计视图。

（15）单击"考分"字段的任一列，则在"字段属性"区中显示出该字段的所有属性。单击"字段大小"属性框，选取"单精度型"；再将"格式"属性设置为"常规数字"，小数位数改为 1，结果如图 7-13 所示。

（16）在数据库窗口中，单击教师表，然后右击选择"设计视图"命令，屏幕显示教师表的设计视图。

（17）单击"电话"字段的任一列，则在"字段属性"区中显示出该字段的所有属性。单击"输入掩码"属性框，输入"(0000)-0000000"，表示可以输入 4 位区号（必须是 4 位）和 7 位数字（必须是 7 位）的电话号码，如图 7-14 所示。

图 7-13　更改数字类型的"字段大小"和"格式"属性　图 7-14　"电话"字段"输入掩码"属性设置

（18）右击教师表打开数据表视图，如果"电话"字段没有输入数据，当光标移入该字段时，皆显示"(　　)-　　　"格式，就可以按指定格式输入电话号码了。

（19）在数据库窗口中，单击成绩表，然后右击选择"设计视图"命令，屏幕显示成绩表的设计视图。

（20）单击"考分"字段的任一列，则在"字段属性"区中显示出该字段的所有属性。在"验证规则"文本框中输入">=0 And <=100"，在"验证文本"文本框中输入"考分只能是 0～100 之间的值"，如图 7-15 所示。

图 7-15　"考分"字段"有效性
规则"属性设置

【案例 7-3 实现】
操作步骤如下。

索引、主键和表
关系的建立

（1）打开学生表设计视图，单击"姓名"字段的任一列，则在"字段属性"区中显示出该字段的所有属性。

（2）单击"索引"属性框，然后单击右侧的下拉按钮，从打开的下拉列表中选择"有（有重复）"选项。

（3）为学生表创建多字段索引，先单击工具栏上的"索引"按钮，打开"索引"对话框，单击"字段名称"列的第一行，然后单击右侧的下拉按钮，从打开的下拉列表中选择"班级 ID"字段；将光标移到下一行，用同样方法选择"姓名"字段列。"排序次序"列都沿用默认的"升序"排列方式。设置结果如图 7-16 所示。

（4）分析学生表，该表的主键应是由"学号"构成的。单击"学号"字段左边的行选定器，选定"学号"行。

（5）单击工具栏的"主键"按钮，或右击，然后在弹出的快捷菜单中选择"主键"命令即可，如图 7-17 所示。

图 7-16　设置多字段索引　　　　　　图 7-17　设置学生表的主键

（6）在数据库窗口中，单击成绩表，然后右击选择"设计视图"命令，屏幕显示成绩表的设计视图。

（7）分析成绩表，该表的主键应是由"学号"和"课程 ID"两个字段构成的联合主键。单击"学号"字段左边的行选定器，选定"学号"行，再按住【Ctrl】键不放，单击"课程 ID"字段的行选定器，即可选定"学号"和"课程 ID"两个字段。

（8）单击工具栏的"主键"按钮或右击，在弹出的快捷菜单中选择"主键"命令即可，如图 7-18 所示。

（9）单击"数据库工具"｜"关系"命令，然后单击工具栏上的"显示表"按钮。

（10）在"显示表"对话框中，单击"学生"表，然后单击"添加"按钮，接着使用同样的方法将"成绩"表添加到"关系"对话框中。

图 7-18　设置成绩表的主键

（11）选定学生表中的"学号"字段，然后按下鼠标左键并拖曳到成绩表中的"学号"字段上，松开鼠标左键，屏幕显示图 7-19 所示的"编辑关系"对话框。

（12）单击"创建"按钮，即可显示所建的两表之间的关系，如图 7-20 所示。

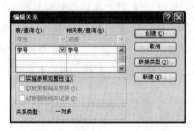

图 7-19　"编辑关系"对话框

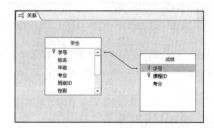

图 7-20　两表建立关系结果

（13）关闭所有打开的表，单击要删除的关系的连线，此时连线会变粗变黑，按【Delete】键，单击"是"按钮，即可删除关系。

（14）在图 7-20 中，单击学生表和成绩表间的连线，此时连线变粗，然后在连线处单击右键，弹出快捷菜单。在快捷菜单中选择"编辑关系"选项，屏幕显示"编辑关系"对话框，如图 7-21 所示。

（15）在图 7-21 中选中"实施参照完整性"复选框。确定后，这时看到的"关系"窗口如图 7-22 所示，两个数据表之间显示如 的线条。从关系图上可以很清楚地看到，学生表和成绩表建立的是一对多的关系。

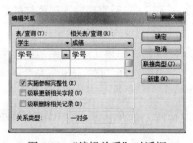

图 7-21　"编辑关系"对话框

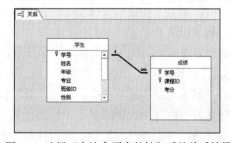

图 7-22　选择"实施参照完整性"后的关系结果

将学生表和成绩表的关系建立好之后，打开学生表，我们可以发现，每个学生的学号前面多了一个"+"号，单击该"+"号，我们可以展开一个子数据表。通过该方法，我们可以得到每个学生所修课程的课程 ID 以及该课程最终的考试成绩信息。

7.2 维 护 表

由于各种原因，在执行计算机的相关操作时，不可能一蹴而就，因此，在创建数据库和表时，表的结构设计可能不尽合理，有些内容不能满足实际需要。另外，随着数据库的不断使用，也需要增加一些内容或删除一些内容。为了使数据库中的表在结构上更加合理，使用更高效，就需要经常对表进行维护。

7.2.1 案例分析

【案例 7-4】

冻结教师表中的"姓名"列；将学生表复制一份，并命名为"学生表的备份"表；将"学生表的备份"表重命名为"学生基本信息"表，然后再将其删除。

【案例 7-5】

在学生表中按"家庭收入"字段升序排序；在学生表中，使用"高级筛选/排序"功能，先按"专业"升序排序，再按"出生日期"升序排序；在学生表中筛选出政治面貌为"中共党员"的学生记录；在"学生课程信息"数据库的"学生"表中筛选出"专业"为"计算机科学与技术"的学生记录；在成绩表中筛选出考分小于 60 分的记录；在学生表中查找 1992 年出生的男学生，并按"出生日期"降序排序。

7.2.2 知识储备

1. 维护表结构

对表结构的修改是在表设计视图中进行的，主要包括添加字段、删除字段、修改字段名、改变字段顺序及更改字段属性，这个内容相对较容易，在此就不做说明了。

2. 维护表的内容

维护表内容的操作均是在数据表视图中进行的，主要包括以下操作。

（1）添加记录。

添加新记录时，使用"数据表视图"打开要添加记录的表，可以将光标直接移到表的最后一行上，直接输入要添加的数据；也可以单击"记录导航条"上的新空白记录按钮 ，或单击"开始"选项卡"记录"组的"新建"按钮 新建，光标会定位在表的最后一行上，然后直接输入要添加的数据。

（2）删除记录。

在数据表视图下，单击记录前的记录选定器选中一条记录，然后单击"开始"选项卡"记录"组的"删除"按钮 删除，或者单击鼠标右键，从弹出的快捷菜单中选择"删除记录"命令 删除记录(R)，在弹出的"删除记录"提示框中，单击"是"按钮。

在数据表中可以一次删除多条相邻的记录。删除的方法是，先单击第一个记录的选定器，然后拖曳鼠标选择多条连续的记录，最后执行删除操作。

注意　记录一旦被删除，是不可恢复的。

（3）修改数据。

修改数据非常简单，在数据表视图下，直接将光标定位于要修改数据的字段中，输入新数据或修改即可，然后直接关闭表。

（4）查找或替换数据。

在一个有多条记录的数据表中，若要快速查找信息，可以通过数据查找操作来完成，还可以对查找到的记录数据进行替换。

（5）修饰表的外观。

对表设计的修改将导致表结构的变化，会对整个数据库产生影响。但如果只是针对数据表视图的外观形状进行修改，则只影响数据在数据表视图中的显示，而对表的结构没有任何影响。实际上，可以根据操作者的个人喜好或工作上的实际需求，自行修改数据表视图的格式，包括数据表的行高和列宽、字体、样式等格式的修改与设定。

（6）隐藏列或显示列。

如果数据表具有很多字段，以致屏幕宽度不够显示其全部字段，这时虽然可以通过拖曳水平滚动条的方式左右移动来观察各个字段的数据，但是如果其中有些字段根本就不需要显示，这种情况下就可以将这些字段设置为隐藏列。隐藏列的含义是令数据表中的某一列或某几列数据不可见。并不是这些列的数据被删除了，它们依然存在，只是被隐藏起来看不见而已。可以采用以下两种方式操作实现。

①设置列宽为 0：将那些需要隐藏的字段宽度设为 0，这些字段列就成为隐藏列了。

②设定隐藏列：选定相应列，执行"隐藏字段"菜单命令，就可以很方便地将光标当前所在列隐藏起来。

如果需要将已经隐藏的列重新可见，可以选定相应列，执行"取消隐藏字段"菜单命令，即可使已经隐藏的列恢复原来设定的宽度。

（7）冻结列。

如果数据表字段很多，有些字段就只能通过滚动条才能看到。若想总能看到某些列，可以将其冻结，使在滚动字段时，这些列在屏幕上固定不动。例如"学生课程信息"数据库中的学生表，由于字段数比较多，当查看学生表中的"家庭收入"字段值时，"姓名"字段已经移出了屏幕，从而不能知道是哪位学生的"家庭收入"。解决这一问题的最好方法是利用 Access 提供的冻结列功能。

3. 复制、重命名及删除表

复制表可以对已有的表进行全部复制、只复制表的结构以及把表的数据追加到另一个表的尾部。重命名表与删除表内容较为简单，在此就不做说明了。

4. 记录的排序

打开一个数据表进行浏览时，Access 一般是按照输入时的先后顺序显示记录。如果想要改变记录的显示顺序，可以对记录进行排序。可设置字段的值以"升序"或"降序"的方式来重排表中的记录。

Access 可根据某一字段的值对记录进行排序，也可以根据几个字段的组合对记录进行排序。但是应该注意，排序字段的类型不能是长文本、超链接和 OLE 对象类型。

在数据表中，按照一个关键字的升序或者降序排列的，称为单关键字排序。如果按两个以上的字段排序，则称为多字段排序。

5. 记录的筛选

在数据表视图中，可以利用筛选只显示出满足条件的记录，将不满足条件的记录隐藏起来，以方便查看重点内容。Access 提供了以下 5 种筛选记录的方法。

（1）使用筛选器筛选。

（2）按选定内容筛选。

（3）按窗体筛选。

（4）按筛选条件设置自定义筛选。

（5）高级筛选。

7.2.3　案例实现

【案例 7-4 实现】

案例 7-4 实现

操作步骤如下。

（1）打开"学生课程信息"数据库，在数据库窗口中，双击学生表，打开该表的数据表视图。

（2）选定要冻结的字段，单击"姓名"字段名，选择"冻结字段"命令。

（3）在学生表中，移动水平滚动条，结果如图 7-23 所示。

图 7-23　冻结"姓名"字段列结果

可以看出，当向右移动水平滚动条后，"姓名"字段始终固定在最左方，这样一来，对应关系就非常清楚了。若要取消冻结，可选择"取消冻结所有字段"菜单命令，可以取消对所有列的冻结。

（4）选择学生表，右击后，在弹出的快捷菜单中选择"复制"命令，或直接按【Ctrl+C】组合键。

（5）右击后，在弹出的快捷菜单中选择"粘贴"命令，或直接按【Ctrl+V】组合键，打开"粘贴表方式"对话框，如图 7-24 所示。

（6）在"表名称"文本框中输入"学生表的备份"，并选中"粘贴选项"栏中的"结构和数据"单选按钮，最后单击"确定"按钮即可。

（7）在"学生课程信息"数据库，单击"学生表的备份"表，右击后，在弹出的快捷菜单中选择"重命名"命令，如图 7-25 所示。

（8）输入"学生基本信息"，单击空白区域即可确定输入。

（9）选择"学生基本信息"表，右击后，在弹出的快捷菜单中选择"删除"命令，打开是否删除表的询问对话框，单击"是"按钮执行删除操作。

图 7-24　"粘贴表方式"对话框

图 7-25　选择"重命名"命令

【案例 7-5 实现】

操作步骤如下。

案例 7-5 实现

（1）在"学生课程信息"数据库中，单击"学生表"对象。

（2）双击打开学生表，用鼠标单击"家庭收入"字段列的下拉按钮，打开图 7-26 所示的下拉列表。

（3）选择"升序"命令，得到的排序结果如图 7-27 所示。

图 7-26　选择相应的排序方式

图 7-27　按"家庭收入"升序排序后的结果

（4）在数据库窗口中，选择"开始"|"高级筛选"|"排序"菜单命令，弹出"筛选"窗口。

（5）用鼠标单击设计网格中第一列字段行右侧的下拉按钮，从弹出的下拉列表中选择"专业"字段，单击"排序"单元格，单击右侧的下拉按钮，选择"升序"，然后用同样的方法在第二列的字段行上选择"出生日期"字段，使用同样的方法在"出生日期"的"排序"单元格中选择"升序"，如图 7-28 所示。

（6）单击工具栏上的"切换筛选"按钮，可以得到排序后的结果。

（7）在"学生"表中，单击"政治面貌"字段的任一行。

（8）单击"开始"选项卡"排序和筛选"组中的"筛选器"按钮或单击"政治面貌"字段右侧的下拉按钮。

（9）在弹出的下拉列表中，取消选中"全选"复选框，选中"中共党员"复选框，如图 7-29 所示。单击"确定"按钮，系统显示筛选结果，如图 7-30 所示。

图 7-28 "筛选"窗口

图 7-29 条件选择

图 7-30 按选定内容筛选结果

（10）在"学生"表中，单击"专业"字段的字段值"计算机科学与技术"。

（11）单击"开始"选项卡"排序和筛选"组的"选择"按钮，会弹出下拉列表，如图 7-31 所示，选择"等于'计算机科学与技术'"，系统将筛选出相应的记录。

用"选择"按钮，可以轻松地在下拉列表中找到常用的筛选选项。选中的字段数据类型不同，下拉列表中提供的筛选选项也会不同。

（12）单击"开始"选项卡"排序和筛选"组中的"高级"按钮 ，弹出下拉列表，如图 7-32 所示。

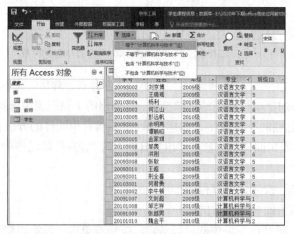

图 7-31 "选择"下拉列表

图 7-32 "高级"下拉列表

（13）单击"按窗体筛选"，打开"按窗体筛选"窗口。

（14）单击筛选窗口中"性别"字段下的空白行，单击右边的下拉按钮，从下拉列表中选择"男"。

单击"政治面貌"字段下的空白行，单击右边的下拉按钮，从下拉列表中选择"中共党员"，如图 7-33 所示。

图 7-33　"按窗体筛选"窗口

（15）单击"开始"选项卡"排序和筛选"组中的"切换筛选"按钮，Access 会把筛选结果显示在窗口中，如图 7-34 所示。再次单击"切换筛选"按钮，可以取消筛选。

学号	姓名	年级	专业	班级ID	性别	出生日期	籍贯	政治面貌	家庭收入
20091001	杨喜枚	2009级	计算机科学与技术	1	男	1990/10/31	湖南省城步县	中共党员	35000
20091006	陈涛	2009级	计算机科学与技术	1	男	1990/08/29	湖南省湘西州	中共党员	50000
20101003	余明亮	2010级	计算机科学与技术	2	男	1992/01/11	湖南省宁乡县	中共党员	25000
20102001	伍萍	2010级	音乐学	4	男	1993/09/16	湖南省邵东县	中共党员	45000
20104002	唐淼	2010级	法学	8	男	1988/08/23	湖南省双峰县	中共党员	50000

图 7-34　筛选结果

当筛选条件较为复杂时，可以使用"按窗体筛选"方式进行筛选。窗口底部有两个标签，在"查找"标签中输入的各条件表达式之间是"与"操作，表示各条件必须同时满足，在"或"标签中输入的各条件表达式之间是"或"操作，表示只要满足其中之一即可。

（16）在"学生课程信息"数据库窗口中，选择"成绩表"对象。

（17）双击打开成绩表，将鼠标指针移动到"考分"字段列列头位置，单击下拉按钮，选择"小于"，如图 7-35 所示。

（18）在"自定义筛选"对话框中的"考分　小于或等于"文本框中输入"60"，如图 7-36 所示。

图 7-35　选择筛选方式

图 7-36　自定义筛选条件

（19）单击"确定"按钮，筛选结果如图 7-37 所示。

（20）在"学生课程信息"数据库中双击学生表，选择"高级筛选" | "排序"菜单命令，弹出"筛选"窗口。

（21）单击设计网格中第一列"字段"行右侧的下拉按钮，从弹出的下拉列表中选择"性别"字段，然后用同样的方法在第二列的"字段"行上选择"出生日期"字段。

（22）在"出生日期"的"条件"单元格中输入筛选条件"Between #1992-1-1# And #1992-12-31#"，在"性别"的"条件"单元格中输入筛选条件"男"，单击"出生日期"的"排序"单元格，选择"降序"，如图 7-38 所示。

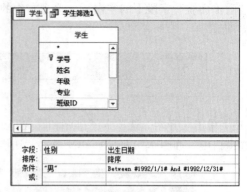

图 7-37 自定义筛选结果　　　　　　图 7-38 设置筛选条件和排序方式

（23）单击工具栏上的"切换筛选"按钮，筛选结果如图 7-39 所示。

图 7-39 高级筛选结果

7.3 综 合 案 例

7.3.1 案例分析

新建一个实验文件夹（用学号或者姓名命名），下载案例素材压缩包"应用案例 1-表基本操作.rar"至该实验文件夹下并解压。本案例中提及的文件均存放在此文件夹下。

打开"samp1.accdb"数据库文件，完成以下基本操作。

（1）分析"tStock"表的字段构成，判断并设置其主键。

（2）在"tStock"表的"规格"和"出厂价"字段之间增加一个新字段，字段名为"单位"，数据类型为"文本"，字段大小为"1"。

（3）删除"tStock"表中"备注"字段，并为该表的"产品名称"字段创建查阅列表，列表中显示"灯泡""节能灯""日光灯"3 个值。

（4）向"tStock"表中输入数据，有以下要求：第一，"出厂价"只能输入 3 位整数和 2 位小数（整数部分可以不足 3 位）；第二，"单位"字段的默认值为"只"。设置相关属性以实现这些要求。

（5）将"tQuota.xls"文件导入"samp1.accdb"数据库文件中，表名不变，分析该表的字段构成，判断并设置其主键。

（6）建立"tQuota"表与"tStock"表之间的关系。

7.3.2 案例实现

操作步骤如下。

（1）打开"tStock"表，如图 7-40 所示。

综合案例实现

从该表可以看出，产品 ID 字段下的值是没有重复的，其他字段下的值都有重复，因此，只能定义产品 ID 为该表的主键。然后选择产品 ID 字段，单击主键命令即可。

（2）选择"tStock"表，右击选择"设计视图"命令，在设计视图下增加一个字段"单位"，设计好字段类型及字段宽度，设计好之后如图 7-41 所示。

图 7-40　"tStock"表　　　　　　　　图 7-41　为"tStock"表增加一个字段

（3）在"tStock"表设计视图中，选择备注行，单击右键，弹出快捷菜单，选择"删除行"命令可以将备注行删除。然后打开"产品名称"右侧的"数据类型"下拉列表，选择"查阅向导"命令，如图 7-42 所示。

打开"查阅向导"对话框后，在对话框中选择"自行键入所需的值"。

单击"下一步"按钮后，在该对话框中输入"灯泡""节能灯""日光灯"3 个值，如图 7-43 所示。

单击"下一步"按钮后，再单击"完成"按钮，就可以打开"tStock"表数据视图，查看设置后的结果，如图 7-44 所示。

图 7-42　选择"查阅向导"命令

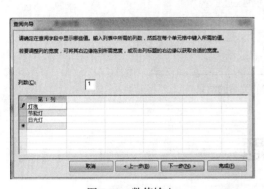

图 7-43　数值输入　　　　　　　　　图 7-44　设置查阅向导后的结果

（4）选择"tStock"表，右击选择设计视图菜单，打开表的设计视图后，选择"出厂价"字段，在该字段的"输入掩码"属性中设置"###.##"，如图 7-45 所示。

然后选择"单位"字段，在该字段属性下的"默认值"中填写"只"，如图 7-46 所示。

（5）选择"外部数据"命令，单击"Excel"项，打开"选择数据源和目标"对话框，在该对话框中选择要导入的 Excel 表。

图 7-45　"输入掩码"属性的设置　　　　　图 7-46　默认值的设置

单击"确定"按钮后，进入"导入数据表向导"对话框，选择"tQuota.xls"表。

单击"下一步"按钮，选择"第一行包含列标题"项。

单击"下一步"按钮，进入主键设置界面，选择"我自己选择主键"项，选择"产品 ID"项为主键。

最后确定导入的数据表的名称。

（6）选择数据库工具项，单击"关系"命令，在窗口的空白处单击右键，在弹出的快捷菜单中选择"显示表"命令。

将两个表"tQuota"表与"tStock"表添加到窗口中，从两个表的字段中，我们可以发现，只有"产品 ID"字段中的值是相同且唯一的，因此，只能通过"产品 ID"字段建立两个表的联系。用鼠标将一个表的"产品 ID"字段拖到另一个表的相应字段，两个表的关系就建立起来了，结果如图 7-47 所示。

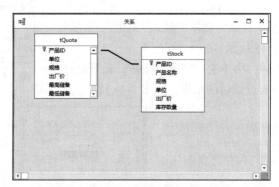

图 7-47　建立两个表的关系的结果

习　题

【习题一】操作题

新建一个实验文件夹（以学号或者姓名命名），下载案例素材压缩包"应用案例 2-表基本操作.rar"至该实验文件夹下并解压。本案例中提及的文件均存放在此文件夹下。

1．打开"samp2.accdb"数据库文件，完成下面（1）～（6）项基本操作。

（1）将"学生基本情况"表名称更改为"tStud"。

（2）设置"身份 ID"字段为主键，并设置"身份 ID"字段的相应属性，使该字段在数据表视图中的显示标题为"身份证"。

（3）将"姓名"字段设置为有重复索引。

（4）在"家长身份证号"和"语文"两字段间增加一个字段，名称为"电话"，类型为"文本"，字段大小为"12"。

（5）将新增"电话"字段的"输入掩码"设置为"0746-********"形式。其中，"0746-"部分自动输出，后 8 位为 0～9 之间的数字。

（6）在数据表视图中将隐藏的"编号"字段重新显示出来。

2．打开"samp3.accdb"数据库文件，完成下面（1）～（5）项基本操作。

（1）将 Excel 文件"tCourse.xls"链接到"samp3.accdb"数据库文件中，链接表名称不变，要求：数据中的第一行作为字段名。

（2）将"tGrade"表中隐藏的列显示出来。

（3）将"tStudent"表中"政治面貌"字段的"默认值"属性设置为"团员"，并将该字段在数据表视图中的显示标题改为"政治面目"。

（4）设置"tStudent"表的显示格式，使表的背景色为"黄色"，网格线为"白色"，文字字号为"五号"。

（5）建立"tGrade""tStudent"两表之间的关系。

3．打开"samp4.accdb"数据库文件，完成下面（1）～（6）项基本操作。

（1）将"员工表"的行高设为"15"。

（2）设置表对象"员工表"的年龄字段有效性规则为"大于 17 且小于 65（含 17 和 65）"；同时设置相应有效性文本为"请输入有效年龄"。

（3）在表对象"员工表"的年龄和职务两字段之间新增一个字段，字段名称为"密码"，数据类型为"文本"，字段大小为"6"，同时，要求设置输入掩码使其以星号（*）方式（密码）显示。

（4）冻结员工表中的姓名字段。

（5）将表对象"员工表"数据导出到"数据表操作练习-sj3"文件夹下，以文本文件形式保存，字段分隔符用分号，第一行包含字段名称，文件命名为"Test.txt"。

（6）建立表对象"员工表"和"部门表"的表间关系，实施参照完整性。

4．打开"samp5.accdb"数据库文件，完成下面（1）～（6）项基本操作。

（1）分析"tOrder"表对象的字段构成，判断并设置其主键。

（2）设置"tDetail"表中"订单明细 ID"字段和"数量"字段的相应属性，使"订单明细 ID"字段在数据表视图中的显示标题为"订单明细编号"，使"数量"字段取值大于 0。

（3）删除"tBook"表中的"备注"字段，并将"类别"字段的"默认值"属性设置为"计算机"。

（4）为"tEmployee"表中"性别"字段创建查阅列表，列表中显示"男"和"女"两个值。

（5）将"tCustom"表中"电话号码"字段的数据类型改为"文本"，将"电话号码"字段的"输入掩码"属性设置为"010-×××××××"，其中，"×"为数字位，且只能是 0～9 之间的数字。

（6）建立 5 个表之间的关系。

【习题二】选择题

1．数据库技术是从 20 世纪（　　）年代中期开始发展的。

A．60　　　　　　B．70　　　　　　C．80　　　　　　D．90

2. 从关系中找出满足给定条件的元组的操作称为（　　　）。

　　A. 选择　　　　　　B. 投影　　　　　　C. 连接　　　　　　D. 自然连接

3. 在 Access 数据库中，表就是（　　　）。

　　A. 关系　　　　　　B. 记录　　　　　　C. 索引　　　　　　D. 数据库

4. Access 的数据库类型是（　　　）。

　　A. 层次数据库　　　B. 网状数据库　　　C. 关系数据库　　　D. 面向对象数据库

5. 二维表由行和列组成，每一行表示关系的一个（　　　）。

　　A. 属性　　　　　　B. 字段　　　　　　C. 集合　　　　　　D. 记录

6. Access 数据库表中的字段可以定义有效性规则，有效性规则是（　　　）。

　　A. 控制符　　　　　B. 文本　　　　　　C. 条件　　　　　　D. 前三种说法都不对

7. 数据库系统的核心是（　　　）。

　　A. 数据模型　　　B. 数据库管理系统　　C. 数据库　　　　　D. 数据库管理员

8. 下列实体的联系中，属于多对多联系的是（　　　）。

　　A. 学生与课程　　　B. 学生与校长　　　C. 住院的病人与病床　D. 职工与工资

9. 在教师表中，如果要找出职称为"教授"的教师，所采用的关系运算是（　　　）。

　　A. 选择　　　　　　B. 投影　　　　　　C. 连接　　　　　　D. 自然连接

10. 邮政编码是由 6 位数字组成的字符串，为邮政编码设置"输入掩码"，正确的是（　　　）。

　　A. 000000　　　　B. 999999　　　　C. CCCCCC　　　D. LLLLLL

11. 可以设置为"索引"的字段是（　　　）。

　　A. 备注　　　　　　B. 超链接　　　　　C. 主关键字　　　　D. OLE 对象

12. 要在查找表达式中使用通配符通配一个数字字符，应选用的通配符是（　　　）。

　　A. *　　　　　　　B. ?　　　　　　　　C. !　　　　　　　　D. #

【习题三】填空题

1. 实体之间的对应关系称为联系，有 3 种类型，即_____、_____、_____。

2. 关系数据库管理系统能实现的专门关系运算包括选择、连接、_____。

3. 如果一个工人可管理多个设备，而一个设备只能被一个工人管理，则实体"工人"和实体"设备"之间存在_____关系。

4. 如果表中一个字段不是本表的主关键字，而是另外一个表的主关键字或候选关键字，这个字段称为_____。

5. 在数据表视图下向表中输入数据，在未输入数值之前，系统自动提供的数值字段的值是_____。

6. Access 2016 数据库的文件扩展名是_____。

第8章
Access 2016 查询设计

查询是 Access 处理和分析数据的工具，它能够将多个表中的数据抽取出来，供用户查看、统计、分析和使用，查询结果还可以作为其他数据库对象（如报表、窗体）的数据来源。

本章以"学生课程信息"数据库为例，详细介绍 Access 2016 中查询的基本操作。通过本章的学习，读者可以掌握选择查询、参数查询、交叉表查询和 SQL 查询的建立方法，还可以掌握生成表查询、更新查询、追加查询和删除查询的建立方法，轻松实现数据库中数据的查询操作。

8.1 创 建 查 询

8.1.1 案例分析

【案例 8-1】

在"学生课程信息"数据库中查询学生的学号、姓名、课程名称及考分信息；查询的结果保存在"学生考试成绩查询"中；查找 1992 年出生的 2009 级男学生，并显示"姓名""性别""出生日期"字段；查找姓刘或姓张的教师的任课情况；查找考分小于 60 分的女生，或考分大于等于 90 分的男生，查询的结果按"学号"字段升序排序，显示"姓名""性别""考分"字段；查询"C 语言程序设计"课程成绩前 6 名的学生的学号、姓名、班级 ID 和考分。

【案例 8-2】

在"学生"表中，查看本月生日的学生，查询结果按"出生日期"降序排序；在"学生"表中，由"性别"字段的内容得到"称呼"字段；在"教师"表中，统计各类职称的教师人数；为"学生"表创建参数查询；在运行查询时，根据输入的学号，查询学生的成绩信息；使用设计视图创建交叉表查询，使其统计各班男女生的平均成绩。

8.1.2 知识储备

Access 2016 提供了多种不同类型的查询方式，以满足用户对数据的多种不同需求。根据对数据源的操作和结果的不同，查询方式分为 5 类：选择查询、参数查询、交叉表查询、操作查询和 SQL 查询。

Access 2016 提供了两种创建查询的方法：一是使用查询向导创建查询；二是使用设计视图创建查询。选择使用查询向导可以快捷地创建所需要的查询，如图 8-1 所示。限于篇幅，本书不对使用查询向导建立查询进行说明。

图 8-1 "新建查询"对话框

1. 使用查询设计视图创建查询

使用"查询向导"创建查询有很大的局限性，它只能建立简单的查询，但实际应用中经常要用到带条件的复杂查询。使用查询设计视图不仅可以自行设置查询条件，创建基于单表或多表的不同选择查询，还可以对已有的查询进行修改。在设计视图中既可以创建如选择查询之类的简单查询，也可以创建像参数查询之类的复杂查询。通常，查询设计视图中查询项目及含义如表 8-1 所示。

表 8-1　　　　　　　　　　　　　　查询项目及含义

项目	含义
字段	用来设置查询结果中要输出的列，一般为字段或字段表达式
表	字段所基于的表或查询
排序	用来指定查询结果是否在某字段上进行排序
显示	用来指定当前列是否在查询结果中显示（复选框选中时表示要显示）
条件	用来输入查询限制条件
或	用来输入逻辑的"或"限制条件
总计	在汇总查询时会出现，用来指定分组汇总的方式

（1）创建不带条件的查询。

直接在查询设计视图中设置要输出的字段即可创建不带条件的查询。

（2）创建带条件的查询。

在实际应用中，并非只是简单查询，往往需要指定一定的条件。例如，查找职称为讲师的男教师。这种带条件的查询需要通过设置查询条件来实现。

查询条件是运算符、常量、字段值、函数以及字段名和属性等的任意组合，能够计算出一个结果。查询条件在创建带条件的查询时经常用到，因此，了解条件的组成并掌握其书写方法非常重要。下面着重介绍查询条件中涉及的运算符和函数。

①运算符。运算符是构成查询条件的基本元素。Access 提供了关系运算符、逻辑运算符和特殊运算符，3 种运算符及其含义分别如表 8-2、表 8-3、表 8-4 所示。

表 8-2　　　　　　　　　　　　　　关系运算符及其含义

关系运算符	说明	关系运算符	说明
=	等于	<>	不等于
<	小于	<=	小于等于
>	大于	>=	大于等于

表 8-3　　　　　　　　　　　　　　　　　　逻辑运算符及其含义

逻辑运算符	说明
Not	当 Not 连接的表达式为假时，整个表达式为真
And	当 And 连接的表达式均为真时，整个表达式为真，否则为假
Or	当 Or 连接的表达式均为假时，整个表达式为假，否则为真

表 8-4　　　　　　　　　　　　　　　　　　特殊运算符及其含义

特殊运算符	说明
In	用于指定一个字段值的列表，列表中的任意一个值都可与查询的字段相匹配
Between	用于指定一个字段值的范围，指定的范围之间用 And 连接
Like	用于指定查找文本字段的字符模式。在所定义的字符模式中，用"?"表示该位置可匹配任何一个字符；用"*"表示该位置可匹配任何多个字符；用"#"表示该位置可匹配一个数字；用方括号描述一个范围，用于可匹配的字符范围
Is Null	用于指定一个字段为空
Is Not Null	用于指定一个字段为非空

②函数。Access 提供了大量的内置函数，也称为表中函数或函数，如算术函数、字符函数、日期/时间函数和统计函数等。这些函数为更好地构造查询条件提供了极大的便利，也为更准确地进行统计计算、实现数据处理提供了有效的方法。Access 2016 的在线帮助已按字母顺序详细列出了它所提供的所有函数与说明，常用函数的格式和功能请参考本书提供的电子资源。

2. 在查询中进行计算

"查询"对象还可以对数据进行分析和加工，生成新的数据与信息。生成新的数据一般通过计算的方法，常用的计算方法有求和、计数、求最大/最小值、求平均数及表达式等。具体可以用表 8-5 所示的函数。

表 8-5　　　　　　　　　　　　　　　　　　函数

函数名称	显示名称	功能
Sum	总计	计算组中该字段所有值的和
Avg	平均值	计算组中该字段的算术平均值
Min	最小值	返回组中字段的最小值
Max	最大值	返回组中字段的最大值
Count	计数	返回非空值数的统计数
StDev	标准差	计算组中该字段所有值的统计标准差
Var	方差	计算组中该字段所有值的统计方差
First	第 1 条记录	返回该字段的第 1 个值
Last	最后 1 条记录	返回该字段的最后 1 个值

3. 创建参数查询

在查询设计器窗口中，可以输入查询条件。但有时查询条件可能在运行查询时才能确定，此时就需要使用参数查询。

参数查询分为单个参数的查询和多个参数的查询，对于每个设计的参数，都会显示一个单独的对话框，提示输入该参数的值。

4．创建交叉表查询

在用查询设计视图设计交叉表查询时，需要注意以下 3 点。

①一个列标题：只能是一个字段作为列标题。

②多个行标题：可以指定多个字段作为行标题，但最多为 3 个行标题。

③一个值：设置为"值"的字段是交叉表中行标题和列标题相交单元格内显示的内容，"值"的字段也只能有一个，且其类型通常为"数字"。

8.1.3　案例实现

【案例 8-1 实现】

操作步骤如下。

（1）打开"学生课程信息"数据库，在数据库窗口中，单击"创建"对象。

（2）单击"查询设计"选项，打开查询设计视图，并且打开"显示表"对话框，从"显示表"对话框中选择"表"选项卡，依次双击"学生""课程名称""成绩" 3 张表，单击"关闭"按钮，结果如图 8-2 所示，表之间的连线表示两个表之间已经建立起关系。

创建查询

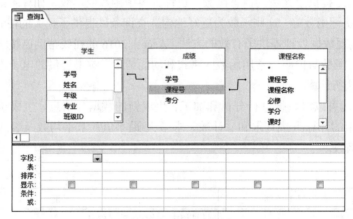

图 8-2　查询设计视图

（3）在字段单元格内单击，出现 ▾ 按钮后，再次单击，在列表中选择"学生.学号""学生.姓名""课程名称.课程名称""成绩.考分"字段，或者直接在表中双击相应字段，如图 8-3 所示。

图 8-3　为查询选择字段

（4）关闭查询设计视图或单击工具栏上的"保存"按钮，将打开"另存为"对话框。在"查询名称"文本框中输入"学生考试成绩查询"名称后，系统将按指定的查询名称存放在查询对象列表中。

（5）选择该查询，单击工具栏上的"运行"按钮 ❗ 切换到数据表视图。这时可看到学生考试成绩查询运行结果。

（6）在"学生课程信息"数据库窗口中单击"创建"对象。

（7）单击"查询设计"选项，打开查询设计视图，并且打开"显示表"对话框。

（8）从"显示表"对话框中选择"表"选项卡，单击"学生"表，然后单击"添加"按钮，此时该表被添加到查询设计视图上半部分窗口中，单击"关闭"按钮。

（9）查询结果中没有要求显示"年级"字段，由于查询条件需要使用这个字段，因此在确定查询所需的字段时必须选择该字段。分别双击"姓名""年级""性别""出生日期"字段，这时 4 个字段依次显示在"字段"行上的第 1 列到第 4 列中，同时"表"行显示出这些字段所在的表的名称。

（10）按照此例的查询要求，"年级"字段只作为查询的一个条件，并不要求显示，因此，取消"年级"字段的显示。单击"年级"字段"显示"行上的复选框，这时复选框内变为空白。

（11）在"性别"字段列的"条件"单元格中输入条件"男"，在"年级"字段列的"条件"单元格中输入条件"2009 级"，在"出生日期"字段列的"条件"单元格中输入条件"Between #1992-1-1# and #1992-12-31#"，设置结果如图 8-4 所示。

字段:	姓名	年级	性别	出生日期
表:	学生	学生	学生	学生
排序:				
显示:	☑	☐	☑	☑
条件:		"2009级"	"男"	Between #1992/1/1# And #1992/12/31#
或:				

图 8-4　设置查询条件

同一行上的几个条件是"与"的关系，不同行的几个条件为"或"的关系。

（12）单击工具栏上的"保存"按钮，出现"另存为"对话框，在"查询名称"文本框中输入"1992 年出生的 2009 级男生"，然后单击"确定"按钮。

（13）选择该查询，单击工具栏上的"运行"按钮，切换到数据表视图，可以看到"1992 年出生的 2009 级男生"查询执行的结果。

（14）在"学生课程信息"数据库中，单击"创建"对象。

（15）单击"查询设计"选项，打开查询设计视图，并且打开"显示表"对话框，从"显示表"对话框中选择"表"选项卡，依次双击"教师""课程表""课程名称"3 张表，单击"关闭"按钮。

（16）在字段单元格内单击，出现按钮后，再次单击，在列表中选择"教师.姓名""教师.性别""教师.职称""教师.专业""课程名称.课程名称"。

（17）在图 8-5 中，设置条件行内容为"Like"刘*"Or Like"张*""。

（18）在"学生课程信息"数据库中，单击"创建"对象。

（19）单击"查询设计"选项，打开查询设计视图，并且打开"显示表"对话框，从"显示表"对话框中选择"表"选项卡，依次双击"学生"和"成绩"2 张表，单击"关闭"按钮。

（20）在字段单元格内单击，出现按钮后，再次单击，在列表中选择"学生.学号""学生.姓名""学生.性别""成绩.考分"。

（21）在"性别"字段的"条件"行中输入"男"，在"考分"字段的"条件"行中输入">=90"，由于这两个条件的关系是"与关系"，所以应将两个条件写在同一行上。在"性别"字段的"或"行中输入"女"，在"考分"字段的"或"行中输入"<60"，由于考分小于 60 分的女生或者考分大于等于 90 分的男生是"或关系"，所以应将这两个条件都放在"或"行。在"学号"字段的"排序"行中选择"升序"，设计视图中的设计结果如图 8-6 所示。

（22）在"学生课程信息"数据库中，单击"创建"对象。

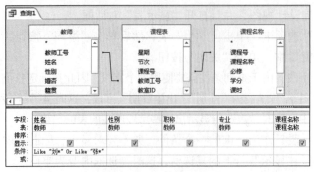
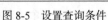
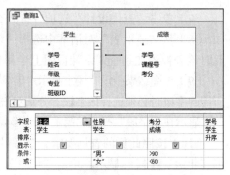

图 8-5　设置查询条件　　　　　　　　　　　图 8-6　使用"或"行设置条件

（23）单击"查询设计"选项，打开查询设计视图，并且打开"显示表"对话框，从"显示表"对话框中选择"表"选项卡，依次双击"学生""课程名称""成绩" 3 张表，单击"关闭"按钮。

（24）在字段单元格内单击，出现 ✓ 按钮后，再次单击，在列表中选择"学生.学号""学生.姓名""学生.班级 ID""成绩.考分""课程名称.课程名称"。

（25）在"课程名称"字段的"条件"行中输入"C 语言程序设计"，根据要求不显示，在"考分"字段的"排序"行中选择"降序"，如图 8-7 所示。在"查询属性"对话框中，将上限值设置为 6，如图 8-8 所示。

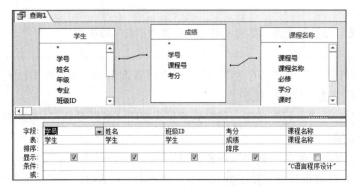

图 8-7　设置查询条件　　　　　　　　　　　图 8-8　查询属性设置

【案例 8-2 实现】

操作步骤如下。

（1）打开"学生课程信息"数据库，在数据库窗口中，单击"创建"对象。

（2）单击"查询设计"选项，打开查询设计视图，并且打开"显示表"对话框，从"显示表"对话框中选择"表"选项卡，双击"学生"表，单击"关闭"按钮。

（3）在字段单元格内单击，出现 ✓ 按钮后，再次单击，在列表中选择"学生.姓名""学生.出生日期"。

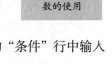

查询条件中函数的使用

（4）在第 3 列"字段"单元格中输入"Month([出生日期])"，再在第 3 列的"条件"行中输入"Month(Date())"，单击"显示"行中的复选框以取消选中。

（5）在第 2 列"出生日期"字段的"排序"行中选择"降序"，详细设置如图 8-9 所示。

（6）在"学生课程信息"数据库中，单击"创建"对象。

（7）单击"查询设计"选项，打开查询设计视图，并且打开"显示表"对话框，从"显示表"对话框中选择"表"选项卡，双击"学生"表，单击"关闭"按钮。

（8）在字段单元格内单击，出现 ✓ 按钮后，再次单击，在列表中选择"学生.姓名""学生.性别"。

（9）加入所需的字段“姓名”“性别”后，在第 3 列“字段”单元格中输入“称呼:IIf([性别]=“男”,“先生”,“女士”)”，如图 8-10 所示。

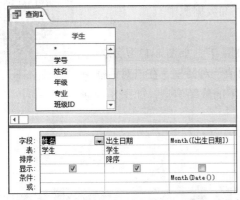

图 8-9　使用 Month 函数设置查询

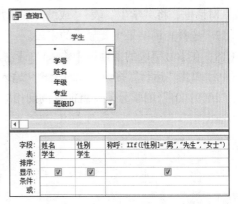

图 8-10　使用 IIf 函数设置查询

（10）IIf 函数有 3 个参数，分别是条件判断式、判断式为真时的返回值和判断式为假时的返回值，如果“性别”字段的内容为“男”，则“称呼”字段显示为“先生”，否则显示为“女士”。查询结果如图 8-11 所示。

思考题：如果定义成绩大于或者等于 60 分为合格，小于 60 分为不合格，请根据学生课程的成绩得出该课程考核是合格还是不合格。

汇总查询

（11）在“学生课程信息”数据库窗口中，单击“创建”对象。

（12）单击“查询设计”选项，打开查询设计视图，并且打开“显示表”对话框，从“显示表”对话框中选择“表”选项卡，双击“教师”表，单击“关闭”按钮。

（13）在字段单元格内单击左键，出现▾按钮后，再次单击，在列表中选择“教师.职称”。

（14）单击工具栏上的“汇总”按钮，此时 Access 在设计网格中插入一个“总计”行。在第 1 列“职称”字段的“总计”单元格中选择“分组”，表示按职称分组，在第 2 列“教师工号”字段的“总计”单元格中选择“计数”，用于统计各类职称的教师人数，设计结果如图 8-12 所示。

（15）保存查询，设置查询名称为“各类职称的教师人数”。

查询1

姓名	性别	称呼
杨喜权	男	先生
汤跃	男	先生
黄雄	男	先生
吴可鹏	男	先生
熊琳	女	女士
陈涛	男	先生
文剑超	男	先生
陈洪	男	先生
张越男	女	女士
程昱羲	女	女士
张新蕊	男	先生
刘丹旭	男	先生
刘璐	男	先生
马玉娇	女	女士
刘玮	女	女士
杨辰波	女	女士
赵娇燕	女	女士
张永维	女	女士
张宇	女	女士
任传麒	女	女士
荆全喜	男	先生
刘京博	男	先生
王璐瑶	男	先生
朱冬雪	男	先生
金家琪	女	女士

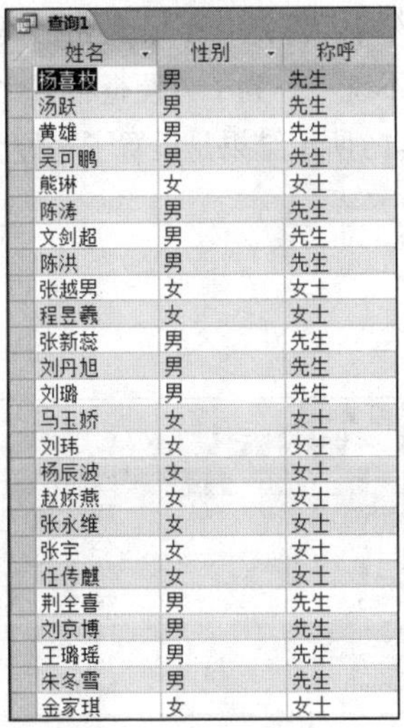

图 8-11　IIf 函数执行结果

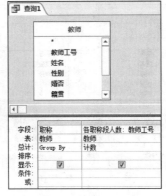

图 8-12　设置分组计数

（16）在"学生课程信息"数据库窗口中，单击"创建"对象。在"创建"选项卡的"查询"选项组中单击"查询设计"按钮 。在打开"查询设计"窗口的同时弹出"显示表"对话框，将"学生"表、"成绩"表添加到查询数据源中。

（17）选择查询结果中要显示的字段。

（18）在学号字段的条件框中输入"[请输入学号：]"，如图 8-13 所示。

参数查询

（19）单击"运行"按钮。此时出现"输入参数值"对话框，在该对话框中输入"20091001"的学号值，就能查询到相应学号下的成绩信息，如图 8-14 所示。

图 8-13　设置参数查询　　　　　　　　　　图 8-14　参数查询结果

此时，如果想要输入一个新的参数值，需要重新运行查询。

（20）在"学生课程信息"数据库中打开查询设计视图，将"学生"表和"成绩"表添加到设计视图上半部分的窗口中。

（21）单击工具栏上的"交叉表"按钮。

交叉表查询

（22）双击"学生"表中的"班级 ID"字段，单击"班级 ID"字段的"交叉表"行，单击其右侧的下拉按钮，从打开的下拉列表中选择"行标题"；再双击"学生"表中的"性别"字段，单击"性别"字段的"交叉表"行，单击其右侧的下拉按钮，从打开的下拉列表中选择"列标题"；为了在行和列交叉处显示成绩的平均值，应单击成绩表中"考分"字段的"交叉表"行，单击其右侧的下拉按钮，从打开的下拉列表中选择"值"，单击"考分"字段的"总计"行，单击其右侧的下拉按钮，然后从下拉列表中选择"平均值"，如图 8-15 所示。

（23）单击"保存"按钮，将查询命名为"每班男女生平均成绩交叉表"，单击"确定"按钮。切换到数据表视图，即可得到查询结果，结果中的数据小数位数不统一，为了方便查看对比结果，一般在设计视图中的属性表中对平均成绩值设置统一的小数位数，图 8-16 所示结果是设置了一位小数的平均成绩。

图 8-15　设置交叉表查询　　　　　　　　　图 8-16　交叉表查询结果

思考题：使用设计视图创建交叉表查询，分职称段统计出各专业男女教师的人数。

8.2　创建操作查询

8.2.1　案例分析

以"课程名称"表为依据，查询课程类型为必修课的课程，并生成新表。在新表"必修表"中，将离散数学的课时修改成 48 课时，最后将"法律文书写作"课程从必修表中删除。

8.2.2　知识储备

操作查询用于对数据库进行复杂的数据管理操作，用户可以根据自己的需要利用查询创建一个新的数据表以及对数据表中的数据进行增加、删除和修改等操作。也就是说，操作查询不像选择查询那样只是查看、浏览满足检索条件的记录，而是可以对满足条件的记录进行更改。

操作查询共有 4 种类型：生成表查询、删除查询、追加查询和更新查询。所有查询都将影响到表，其中，生成表查询在生成新表的同时，也生成新表数据；而删除查询、追加查询和更新查询只修改表中的数据。

由于操作查询将改变数据表内容，而且某些错误的操作查询可能会造成数据表中数据的丢失，因此用户在进行操作查询之前，应该先对数据库或表进行备份。

1. 生成表查询

运行生成表查询可以使用从一个或多个表中提取的全部或部分数据来新建表，这种由表产生查询，再由查询来生成表的方法，使数据的组织更加灵活、使用更加方便。生成表查询所创建的表，继承源表的字段数据类型，但并不继承源表的字段属性及主键设置。

生成表查询可以应用在很多方面，可以创建用于导出到其他 Access 数据库的表、表的备份副本或包含所有旧记录的历史表等。

2. 删除查询

要使数据库发挥更好的作用，就要对数据库中的数据经常进行整理。整理数据的操作之一就是删除无用的或坏的数据。前面介绍的在表中删除数据的方法只能手动删除表中记录或字段的数据，非常麻烦。

删除查询可以通过运行查询自动删除一组记录，而且可以删除一组满足相同条件的记录。

删除查询可以只删除一个表内的记录，也可以删除在多个表内利用表间关系相互关联的表间记录。

3. 更新查询

更新查询用于修改表中已有记录的数据。创建更新查询首先要定义查询准则，找到目标记录，还需要提供一个表达式，用表达式的值去替换原有的数据。

通过计算获得的字段、使用总计查询或交叉表查询作为记录源的字段、自动编号字段、联合查询中的字段、唯一值查询和唯一记录查询中的字段是不能更新的。

4. 追加查询

如果希望将某个表中符合一定条件的记录添加到另一个表中，可使用追加查询。追加查询可将查询的结果追加到其他表中。

无论哪一种操作查询，都可以在一个操作中更改许多记录，并且在执行操作查询后，不能撤销刚刚做过的更改操作。因此，在使用操作查询之前，应该备份数据。

8.2.3 案例实现

操作步骤如下。

（1）打开"学生课程信息"数据库，打开查询设计视图，将"课程名称"表添加到查询显示窗口中，并将"课程名称"表中的所有字段设为查询字段。在"必修"字段对应的"条件"文本框中输入"Yes"（"Yes"代表必修，"No"代表选修），如图 8-17 所示。

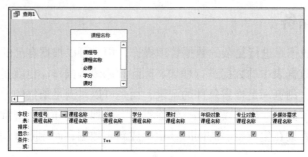

图 8-17　设置查询条件

（2）单击工具栏上的"生成表"菜单命令，打开"生成表"对话框。输入新表的名称为"必修"，并选择保存到当前数据库中，单击"确定"按钮，完成表名称的设置。

（3）在工具栏中单击"运行"按钮，在提示对话框中单击"是"按钮。关闭查询，本例以"生成表查询"为名保存对该查询所做的修改。此时，可从数据库窗口的"表"对象列表和"查询"对象列表中看到新生成的表和查询。

（4）在"学生课程信息"数据库中，打开查询设计视图，将"必修表"添加到查询显示窗口中，并将"必修表"中的"课时"字段和"课程名称"字段设为查询字段。

（5）单击设计工具栏上的"更新"菜单命令，在"更新到"行输入"48"，在课程名称"条件"行输入"离散数学"，如图 8-18 所示。

（6）在工具栏中单击"运行"按钮，在提示对话框中单击"是"按钮。

（7）关闭查询设计视图，重新打开"必修表"，可以看到"离散数学"的课时已经变成48课时。

（8）在"学生课程信息"数据库中，打开查询设计视图，将"必修表"添加到查询显示窗口中，并将"必修表"中的课程名称字段设为查询字段。

（9）单击设计工具栏上的"删除"菜单命令，在条件行输入"法律文书写作"，如图 8-19 所示。

图 8-18　设置更新查询　　　　图 8-19　设置删除查询

（10）在工具栏中单击"运行"按钮，在提示对话框中单击"是"按钮。

（11）关闭查询设计视图，重新打开"必修表"，可以看到"法律文书写作"课程已经被删除。

8.3　SQL 查询

8.3.1　案例分析

使用 SQL 查询语句实现以下功能：查找并显示"学生"表中的所有字段；查找并显示"学生"表中"学号""姓名""性别""专业""政治面貌"5 个字段；查找政治面貌为党员的女学生，并显示"姓名""性别""专业""班级 ID""家庭收入"；查找成绩不及格学生的信息，并显示"学号""姓名""班级 ID""考分"，结果按学号的升序排序；统计"教师"表中职称为教授的人数，并将计算字段命名为"教授人数"。

8.3.2　知识储备

SQL 是 Structured Query Language（结构化查询语言）的缩写，是在数据库系统中应用广泛的数据库查询语言。在使用它时，只需要发出"做什么"的命令，"怎么做"是不需要用户考虑的。SQL 功能强大、简单易学、使用方便，是数据库操作的基础，现在几乎所有的数据库均支持 SQL。

SQL 由 SQL 的数据定义语言、SQL 的数据操作语言、SQL 的特定查询语言组成，其中 SQL 的数据定义语言由 CREATE、DROP 和 ALTER 命令组成，而 SQL 数据操作语言是完成数据操作的命令，它由 INSERT（插入）、DELETE（删除）、UPDATE（更新）和 SELECT（查询）等组成。SQL 特定查询，主要包括联合查询、传递查询、数据定义查询和子查询。限于篇幅，本书只介绍 SELECT 语句。

SELECT 语句是 SQL 语言中功能强大、使用灵活的语句之一，它能够实现数据的筛选、投影和连接操作，并能够完成筛选字段重命名、多数据源数据组合、分类汇总和排序等具体操作。SELECT 语句的一般格式如下。

```
SELECT [ALL│DISTINCT] *│<字段列表>
FROM <表名 1>[, <表名 2>] …
[WHERE <条件表达式>]
[GROUP BY <字段名> [HAVING <条件表达式>]]
[ORDER BY <字段名> [ASC│DESC]]。
```

该语句从指定的基本表中，创建一个由指定范围内、满足条件、按某字段分组、按某字段排序的指定字段组成的新记录集。

在该语句中，ALL 表示检索所有符合条件的记录，默认值为 ALL；DISTINCT 表示检索要去掉重复行的所有记录；*表示检索结果为整个记录，即包括所有的字段；<字段列表>使用","将项分开，这些项可以是字段、常数或系统内部的函数；FROM 子句说明要检索的数据来自哪个或哪些表，可以对单个或多个表进行检索；WHERE 子句说明检索条件，条件表达式可以是关系表达式，也可以是逻辑表达式；GROUP BY 子句用于对检索结果进行分组，可以利用它进行分组汇总；HAVING 必须跟随 GROUP BY 使用，它用来限定分组必须满足的条件；ORDER BY 子句用来对检索结果进行排序，如果排序时选择 ASC，表示检索结果按某一字段值升序排序，如果选择 DESC，表示检索结果按某一字段值降序排序。

8.3.3 案例实现

操作步骤如下。

（1）在 SQL 视图中输入"SELECT * FROM 学生"，执行结果如图 8-20 所示。

SQL 查询

学号	姓名	年级	专业	班级ID	性别	出生日期	籍贯	政治面貌	家庭收入
20091001	杨喜枚	2009级	计算机科学与	1	男	1990/10/31	湖南省城步县	中共党员	35000
20091002	汤跃	2009级	计算机科学与	1	男	1993/9/11	湖南省永定区	共青团员	45000
20091003	黄雄	2009级	计算机科学与	1	男	1991/5/19	湖南省桑植县	共青团员	50000
20091004	吴可鹏	2009级	计算机科学与	1	男	1992/12/18	湖南省新晃县	共青团员	32000
20091005	熊琳	2009级	计算机科学与	1	女	1991/8/27	湖南省会同县	共青团员	34000
20091006	陈涛	2009级	计算机科学与	1	男	1990/8/29	湖南省湘西州	中共党员	50000
20091007	文剑超	2009级	计算机科学与	1	男	1987/12/2	湖南省龙山县	共青团员	43000
20091008	陈洪	2009级	计算机科学与	1	男	1992/12/3	湖南省龙山县	共青团员	35000
20091009	张越男	2009级	计算机科学与	1	女	1989/2/9	北京市通州区	共青团员	43000
20091010	程昱羲	2009级	计算机科学与	1	女	1991/9/16	北京市怀柔区	共青团员	45000

图 8-20　SQL 查询结果 1

（2）在 SQL 视图中输入"SELECT 学号，姓名，性别，专业，政治面貌 FROM 学生"，执行结果如图 8-21 所示。

（3）在 SQL 视图中输入"SELECT 姓名，性别，专业，班级 ID，家庭收入 FROM 学生 WHERE 政治面貌="中共党员"AND 性别="女""，执行结果如图 8-22 所示。

学号	姓名	性别	专业	政治面貌
20091001	杨喜枚	男	计算机科学与	中共党员
20091002	汤跃	男	计算机科学与	共青团员
20091003	黄雄	男	计算机科学与	共青团员
20091004	吴可鹏	男	计算机科学与	共青团员
20091005	熊琳	女	计算机科学与	共青团员
20091006	陈涛	男	计算机科学与	中共党员
20091007	文剑超	男	计算机科学与	共青团员
20091008	陈洪	男	计算机科学与	共青团员
20091009	张越男	女	计算机科学与	共青团员
20091010	程昱羲	女	计算机科学与	共青团员
20101001	邓颖	女	计算机科学与	共青团员
20101002	张耿	女	计算机科学与	共青团员
20101003	余明亮	男	计算机科学与	中共党员
20101004	谭倩	男	计算机科学与	共青团员
20101005	罗幸	男	计算机科学与	共青团员
20101006	汤姣	男	计算机科学与	共青团员

图 8-21　SQL 查询结果 2

姓名	性别	专业	班级ID	家庭收入
代卓煌	女	法学	7	44000
肖美	女	音乐学	4	47000
谈品	女	汉语言文学	6	53000
王浩浩	女	汉语言文学	6	43000
龙杰	女	法学	8	29000
张宇	女	音乐学	3	39000
任传麒	女	音乐学	3	53000
陈杰	女	汉语言文学	5	37000
陆莉	女	汉语言文学	5	38000

图 8-22　SQL 查询结果 3

（4）在 SQL 视图中输入"SELECT 学生.学号，学生.姓名，学生.班级 ID，成绩.考分 FROM 学生，成绩 WHERE 学生.学号=成绩.学号 AND 成绩.考分<60 order by 学生.学号"，执行结果如图 8-23 所示。

学号	姓名	班级ID	考分
20091005	熊琳	1	32
20091005	熊琳	1	46
20091005	熊琳	1	55
20091008	陈洪	1	56
20092003	刘璐	3	50
20092005	刘玮	3	54
20093001	荆全喜	5	44
20093007	陆莉	5	56
20094002	刘永峰	7	37
20101001	张耿	2	46
20101003	余明亮	2	45
20101003	余明亮	2	44
20101003	余明亮	2	50

图 8-23　SQL 查询结果 4

（5）在 SQL 视图中输入"SELECT COUNT(*) AS 教授人数 FROM 教师 GROUP BY 职称

HAVING 职称="教授"",执行结果显示职称是教授的人数为 8。

其中,AS 子句后定义的是新字段名。

8.4 综合案例

8.4.1 案例分析

新建一个实验文件夹(以学号或者姓名命名),下载案例素材压缩包"应用案例 3-查询操作.rar"至该实验文件夹下并解压。本案例中提及的文件均存放在此文件夹下。

在 samp6.accdb 数据库中已经设计好表对象 tOrder、tDtail、tEmployee、tBook,按以下要求完成设计。

(1)创建一个查询,查找清华大学出版社出版的图书中定价大于等于 20 且小于等于 30 的图书,并按定价从大到小顺序显示"书籍名称""作者名""出版社名称"。所建查询名为"QT1"。

(2)创建一个查询,查找某年出生雇员的售书信息,并显示"姓名""书籍名称""订购日期""数量""单价"。当运行该查询时,提示框中应显示"请输入年份"。所建查询名为"QT2"。

(3)创建一个查询,计算每名雇员的奖金,显示标题为"雇员号"和"奖金",所建查询名为 QT3。

说明　　奖金=每名雇员的销售金额(单价×数量)合计数×5%。

(4)创建一个查询,查找单价低于定价的图书,并显示"书籍名称""类别""作者名""出版社名称"。所建查询名为"QT4"。

8.4.2 案例实现

先解决第一个问题,操作步骤如下。

(1)单击"创建"项,再单击"查询"命令。

(2)选择 tBook 表,单击"添加",进入查询设计视图。

(3)在字段行选择查询结果中要显示的列,在条件行中定义相应字段的条件,在排序行中设置相应字段的排序方式,设置的结果如图 8-24 所示。

(4)单击"运行"按钮,得到图 8-25 所示的查询结果。

图 8-24　设置条件

图 8-25　查询结果

再完成第二个问题,操作步骤如下。

（1）单击"创建"项，再单击"查询"命令。

（2）选择 tOrder、tDtail、tEmployee、tBook 表，单击"添加"，进入查询设计视图。

（3）在字段行选择查询结果中要显示的列，在条件行中定义相应字段的条件，设置的结果如图 8-26 所示。

图 8-26　设置查询条件

（4）单击"运行"按钮，得到图 8-27 所示的参数输入对话框。

（5）在该对话框中输入"1972"，得到图 8-28 所示的查询结果。

图 8-27　输入参数

图 8-28　查询结果

再完成第三个问题，操作步骤如下。

（1）单击"创建"项，再单击"查询"命令。

（2）选择 tOrder、tDtail、tEmployee 表，单击"添加"，进入查询设计视图。

（3）在字段行选择查询结果中要显示的列，在条件行中定义相应字段的条件，设置的结果如图 8-29 所示。

（4）单击"运行"按钮，得到图 8-30 所示的查询结果。

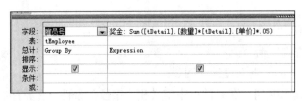

图 8-29　设置查询

图 8-30　查询结果

再完成第四个问题，操作步骤如下。

（1）单击"创建"项，再单击"查询"命令。

（2）选择 tDtail、tBook 表，单击"添加"，进入查询设计视图。

（3）在字段行选择查询结果中要显示的列，在条件行中定义相应字段的条件，设置的结果如图 8-31 所示。

（4）单击"运行"按钮，得到图 8-32 所示的查询结果。

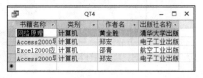

图 8-31　设置查询

图 8-32　查询结果

习　题

【习题一】操作题

新建一个实验文件夹（以学号或者姓名命名），下载案例素材压缩包"应用案例 4-查询操作.rar"至该实验文件夹下并解压。本案例中提及的文件均存放在此文件夹下。

1. 在 samp7.accdb 数据库中已经设计好表对象 tQuota 和 tStock，按以下要求完成设计。

（1）创建一个查询，在 tStock 表中查找"产品 ID"第一个字符为"2"的产品，并显示"产品名称""库存数量""最高储备""最低储备"等字段内容。所建查询名为"qT1"。

（2）创建一个查询，计算每类产品库存金额合计，并显示"产品名称"和"库存金额"两列数据。要求只显示"库存金额"的整数部分。所建查询名为"qT2"。

说明：库存金额=单价×库存数量。

（3）创建一个查询，查找单价低于平均单价的产品，并按"产品名称"升序和"单价"降序显示"产品名称""规格""单价""库存数量"等字段内容。所建查询名为"qT3"。

（4）创建一个查询，运行该查询后可将 tStock 表中所有记录的"单位"字段值设为"只"。所建查询名为"qT4"。要求创建此查询后，运行该查询并查看结果。

2. 在 samp8.accdb 数据库中已经设计好表对象 tTeacher、tCourse、tStud、tGrade，按以下要求完成设计。

（1）创建一个查询，按输入的教师姓名查找教师的授课情况，并按"上课日期"字段降序显示"教师姓名""课程名称""上课日期"3 个字段内容，所建查询名为"qT1"；当运行该查询时，应显示参数提示信息"请输入教师姓名"。

（2）创建一个查询，查找学生的课程成绩大于等于 80 且小于等于 100 的学生情况，显示"学生姓名""课程名称""成绩"3 个字段内容，所建查询名为"qT2"。

（3）对表"tGrade"创建一个分组总计查询，假设学号字段的前 4 位代表年级，要统计各个年级不同课程的平均成绩，显示"年级""课程 ID""成绩之 Avg"，并按"年级"降序排列，所建查询名为"qT3"。

（4）创建一个查询，按"课程 ID"分类统计最高分成绩与最低分成绩的差，并显示"课程 ID""课程名称""分差"等字段内容。其中，最高分与最低分的差由计算得到，所建查询名为"qT4"。

【习题二】选择题

1. 在成绩表中查找成绩≥80 且成绩≤90 的学生，正确的条件表达式是（　　　）。

A. 成绩 Between　80　and　90
B. 成绩 Between　80　to　90
C. 成绩 Between　79　and　91
D. 成绩 Between　79　to　91

2. "学生表"中有"学号""姓名""性别""入学成绩"等字段，执行以下 SQL 命令后的结果是（　　）。

Select avg(入学成绩)From 学生表 Group by 性别

A. 计算并显示所有学生的平均入学成绩
B. 计算并显示所有学生的性别和平均入学成绩
C. 按性别顺序计算并显示所有学生的平均入学成绩
D. 按性别分组计算并显示不同性别学生的平均入学成绩

3. 若在数据库中已有同名表，要通过查询覆盖原来的表，应使用的查询类型是（　　　）。

A. 删除　　　　　B. 追加　　　　　　　C. 生成表　　　　　　D. 更新

4. 将表 A 的记录添加到表 B 中，要求保持表 B 中原有的记录。可以使用的查询是（　　　）。

A. 选择查询　　　　B. 生成表查询　　　　C. 追加查询　　　　D. 更新查询

5. 在 Access 中，"查询"对象的数据源可以是（　　　）。

A. 表　　　　　　B. 查询　　　　　　　C. 表和查询　　　　D. 表、查询和报表

6. 在 SQL 语言的 SELECT 语句中，用于实现选择运算的子句是（　　　）。

A. FOR　　　　　B. IF　　　　　　　　C. WHILE　　　　　　D. WHERE

7. 如果在查询的条件中使用了通配符 "[　]"，它的含义是（　　　）。

A. 通配任意长度的字符　　　　　　　　B. 通配不在括号内的任意字符

C. 通配方括号内列出的任一单个字符　　D. 错误的使用方法

8. 在创建交叉表查询时，列标题字段的值显示在交叉表的位置是（　　　）。

A. 第 1 行　　　　B. 第 1 列　　　　　　C. 上面若干行　　　　D. 左面若干列

9. 在 SQL 查询中 "GROUP BY" 的含义是（　　　）。

A. 选择行条件　　　B. 对查询进行排序　　C. 选择列字段　　　D. 对查询进行分组

10. 假设"公司"表中有编号、名称、法人等字段，查找公司名称中有"网络"2 字的公司信息，正确的命令是（　　　）。

A. SELECT * FROM 公司 FOR 名称 ="*网络*"

B. SELECT * FROM 公司 FOR 名称 LIKE "*网络*"

C. SELECT * FROM 公司 WHERE 名称 ="*网络*"

D. SELECT * FROM 公司 WHERE 名称 LIKE "*网络*"

11. 在书写查询准则时，日期型数据应该使用适当的分隔符括起来，正确的分隔符是（　　　）。

A. *　　　　　　　B. %　　　　　　　　C. &　　　　　　　　D. #

12. 假设有一组数据：工资为 800 元，职称为"讲师"，性别为"男"。在下列逻辑表达式中，结果为"假"的是（　　　）。

A. 工资>800 AND 职称="助教" OR 职称="讲师"

B. 性别="女" OR NOT 职称="助教"

C. 工资=800 AND（职称="讲师" OR 性别="女"）

D. 工资>800 AND（职称="讲师" OR 性别="男"）

【习题三】填空题

1. 查询设计视图窗口分为上下两部分，上半部分为＿＿＿＿＿区；下半部分为设计网格。

2. 创建分组统计查询时，总计项应选择＿＿＿＿＿。

3. 创建交叉表查询，必须对行标题和＿＿＿＿＿进行分组操作。

4. 若要查找最近 20 天内参加工作的职工记录，查询准则为＿＿＿＿＿。

5. 如果要将某表中的若干记录删除，应该创建＿＿＿＿＿查询。

6. 在查询设计视图中，设计查询准则的相同行之间是＿＿＿＿＿的关系，不同行之间是＿＿＿＿＿的关系。

第9章
Access 2016 报表和窗体的建立

　　报表是 Access 2016 数据库的对象之一，其主要作用是比较和汇总数据、显示经过格式化且分组的信息，并将它们打印出来。报表的数据来源可以是已有的数据表、查询或者是新建的 SQL 语句，但报表只能查看数据，不能通过报表修改或输入数据。窗体是控制数据访问的用户界面，窗体使用户与 Access 2016 之间产生连接。利用窗体对象可以设计友好的用户操作界面，避免直接让用户使用和操作数据库，使数据输入和数据查看更加容易和安全。

　　本章以"学生课程信息"数据库为例，详细介绍建立 Access 2016 报表和窗体的操作技巧与方法。

9.1　使用向导创建报表

　　在 Access 2016 系统中，报表的功能非常强大，可以用于查看数据库中的各种数据，并且能够对数据进行统计、汇总，然后打印输出，它是以打印格式显示数据的一种有效方式。

9.1.1　案例分析

　　使用报表向导创建图 9-1 所示的专业分组"学生基本信息"报表，创建学生信息标签报表。

按专业分组学生信息						
专业	学号	姓名	年级	出生日期	籍贯	政治面狼
法学						
	20094010	周鑫文	2009级	1991/03/12	湖南省天心区	共青团员
	20094001	金樺义	2009级	1988/03/23	浙江省龙泉	共青团员
	20094002	刘永峰	2009级	1992/01/01	安徽省肥东县	共青团员
	20094003	陈全胜	2009级	1991/04/28	安徽省怀远县	共青团员
	20094004	王玉松	2009级	1991/11/04	安徽省太和县	共青团员
	20094005	邵伟男	2009级	1992/08/13	安徽省泗县	共青团员
	20094006	周丽娟	2009级	1993/11/29	湖南省芙蓉区	共青团员
	20094007	蒋琰	2009级	1992/04/16	湖南省天心区	共青团员
	20094008	代卓煌	2009级	1992/09/26	湖南省天心区	中共党员
	20094009	陈龙	2009级	1989/10/05	湖南省天心区	共青团员
	20104010	龙杰	2010级	1990/11/05	湖南省泸溪县	中共党员
	20104004	吴展图	2010级	1991/06/28	湖南省芝山区	共青团员
	20104009	诺建飞	2010级	1992/07/26	湖南省芷江县	共青团员
	20104008	蒋闰燕	2010级	1992/03/16	湖南省泸溪县	共青团员
	20104007	李群刚	2010级	1993/01/29	湖南省芷江县	共青团员
	20104005	凌华	2010级	1991/09/04	湖南省淑浦县	共青团员

图 9-1　学生信息报表

9.1.2　知识储备

1．报表的类型

根据主体节内字段数据的显示位置，可以将报表划分为以下 3 种类型。

（1）纵栏式报表：纵栏式报表也称窗体报表，其中，数据字段的标题信息与字段记录数据一起被安排在每页的主体节区域内显示，如图 9-2 所示，每个字段内容都显示在单独的一行上，并在字段的左边显示标签。

（2）表格式报表：表格式报表以行和列的格式显示数据，如图 9-3 所示，所有字段的标签都显示在报表顶部的一行（即页面页眉节）上，并在字段标签的下面显示所有记录。

图 9-2　纵栏式报表

图 9-3　表格式报表

（3）标签报表：标签报表是特殊类型的报表，如图 9-4 所示。

2．报表的视图

报表提供了 3 种视图：设计视图、布局视图和报表视图。

● 设计视图：用于创建和编辑报表。

● 布局视图：用于设计报表的布局。

● 报表视图：用于显示报表页面数据。

使用主窗口"视图"菜单中的相应命令，如图 9-5 所示，可以在 3 个视图之间进行切换。

图 9-4　标签报表

图 9-5　报表"视图"菜单

3. 使用自动方式创建报表

报表可以用自动方式、向导方式及设计视图方式创建。

用自动方式可以基于一个表或查询快速创建报表，所建报表能够显示数据源中的所有字段和记录。

4. 使用向导方式创建报表

向导将提示输入记录源、字段、版面以及所需格式等，并根据用户的回答来创建报表。

（1）使用报表向导创建报表。

虽然使用自动创建报表方式可以快速地创建一个报表，但数据源只能来自一个表或查询。如果报表中的数据来自多个表或查询，则可以使用向导创建报表。

向导通过引导用户回答问题来获取创建报表所需的信息，创建的"报表"对象可以包含多个表或查询中的字段，并可以对数据进行分组、排序以及计算各种汇总数据等。向导还可以创建图表报表和标签报表。

（2）使用标签向导创建标签报表。

生活中很多物品经常要使用标签。为方便起见，Access 数据库提供了标签向导用来制作标签报表。但标签报表只能基于单个表或查询，所以如果所需字段来自多个表，则需要先创建一个查询。

标签向导可引导用户逐步完成创建标签的过程，获得各种标准尺寸的标签和自定义标签。该向导除了提供几种规格的邮件标签，还提供了其他标签类型，如胸牌和文件夹标签等。

5. 在设计视图中创建报表

可以在设计视图中创建报表并对其进行自定义，使其满足自己个性化报表制作的需要。

使用自动方式创建报表比较简单，由于版面原因，在此不做说明，我们重点介绍用向导和设计视图来创建报表的方法。本节先介绍使用向导创建报表，使用设计视图创建报表将单独在下一节中介绍。

9.1.3　案例实现

操作步骤如下。

（1）打开"学生课程信息"数据库窗口，单击"创建"选项卡。

（2）单击工具栏上的"报表向导"按钮，打开"报表向导"对话框。在"报表向导"对话框中指定"学生"表作为数据来源，最后单击"确定"按钮，如图 9-6 所示。

（3）在图 9-6 所示的"可用字段"中，逐一双击欲使用的字段，再单击"下一步"按钮。

（4）在图 9-7 中设置分组，双击"专业"字段以此为分组依据，单击"下一步"按钮。

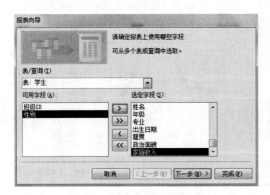

图 9-6　选择"学生"表字段

图 9-7　设置分组依据

（5）在图 9-8 中选取排序依据，表示预览及打印时，将以此字段作为排序依据，本例没有排序要求，直接单击"下一步"按钮。

（6）在图 9-9 中确定好报表布局，单击"下一步"按钮。

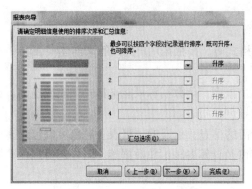 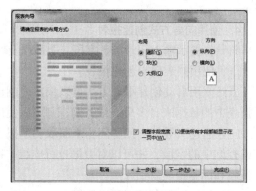

图 9-8 设置排序依据　　　　　　　　　　　图 9-9 确定报表布局

（7）在弹出的对话框中确定好报表名称——按专业分组学生信息，单击"完成"按钮。

（8）在"学生课程信息"数据库窗口，选择"学生"表，单击"创建"选项卡，再单击"标签"按钮。

使用标签向导
创建标签报表

（9）单击"确定"按钮，打开"标签向导"第 1 个对话框，选择标签尺寸。如果需要自行定义标签的大小尺寸，可单击"自定义"按钮打开"新建标签"对话框进行具体设置。

（10）单击"下一步"按钮，打开"标签向导"第 2 个对话框，指定标签外观，包括设置标签文本的字体和颜色。

（11）单击"下一步"按钮，打开"标签向导"第 3 个对话框，在"原型标签"文本框中指定字段及其结构。本例共添加了 4 个显示字段，并且在每个字段前面添加了提示文本，如图 9-10 所示。

（12）单击"下一步"按钮，打开"标签向导"第 4 个对话框，对整个标签进行排序。本例以"学号"为排序字段。

（13）单击"下一步"按钮，打开"标签向导"第 5 个对话框，设置报表的名称为"学生基本信息"。

（14）单击"完成"按钮，标签报表创建完成并自动保存，同时自动在"打印预览"视图中打开，如图 9-11 所示。

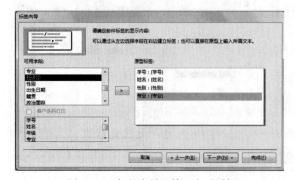 

图 9-10 "标签向导"第 3 个对话框　　　　　图 9-11 完成的标签报表

9.2　使用设计视图创建报表

9.2.1　案例分析

在设计视图中创建"学生基本信息"报表，如图 9-12 所示。在"学生基本信息"报表中，按照学生的"学号"由小到大进行排序。然后在"学生基本信息"报表中添加分组设置，以专业字段进行分组，结果如图 9-13 所示。

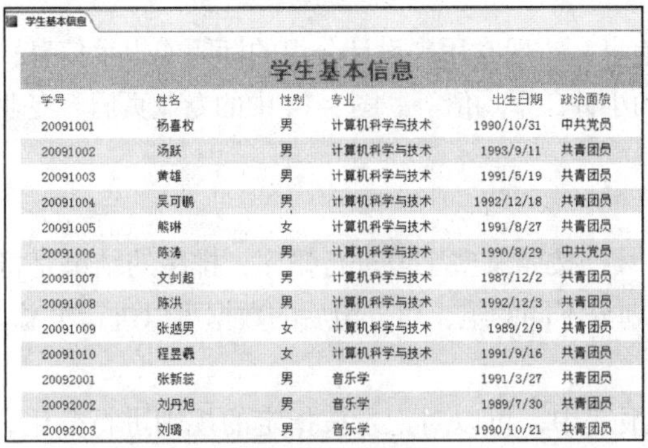

学号	姓名	性别	专业	出生日期	政治面貌
20091001	杨喜权	男	计算机科学与技术	1990/10/31	中共党员
20091002	汤跃	男	计算机科学与技术	1993/9/11	共青团员
20091003	黄雄	男	计算机科学与技术	1991/5/19	共青团员
20091004	吴可鹏	男	计算机科学与技术	1992/12/18	共青团员
20091005	熊琳	女	计算机科学与技术	1991/8/27	共青团员
20091006	陈涛	男	计算机科学与技术	1990/8/29	中共党员
20091007	文剑超	男	计算机科学与技术	1987/12/2	共青团员
20091008	陈洪	男	计算机科学与技术	1992/12/3	共青团员
20091009	张越男	女	计算机科学与技术	1989/2/9	共青团员
20091010	程昱義	女	计算机科学与技术	1991/9/16	共青团员
20092001	张新蓝	男	音乐学	1991/3/27	共青团员
20092002	刘丹旭	男	音乐学	1989/7/30	共青团员
20092003	刘嘻	男	音乐学	1990/10/21	共青团员

图 9-12　学生信息报表

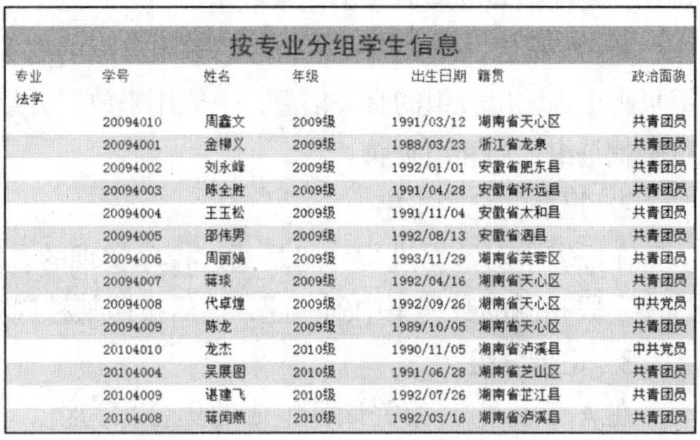

图 9-13　按专业分组后的学生信息

9.2.2　知识储备

报表可使用的工具包括字段列表、工具箱、标尺等，我们可以在字段列表中，拖曳字段至报表内。

本节要说明的是用向导无法完成创建报表的操作时，则必须在设计窗口手动完成报表的设计。如果是创建一个新报表，最好使用报表向导，让 Access 快速产生报表，再使用设计视图，为报表加入符合实际需求的设计。

1. 报表的组成

报表是由几个区域组成的，每个区域称为"节"。一般报表包含 7 个节，数据可置于任一节。每一节任务不同，适合放置不同的数据，如图 9-14 所示。各部分说明如下。

图 9-14　报表的组成

● 报表页眉：处于报表的开始位置，一般用其显示报表的标题或报表简介。每份报表只有一个报表页眉。在图 9-14 中，报表的大标题就是"按专业分组学生信息"。

● 页面页眉：处于每页的开始位置，一般用来显示字段名称或记录的分组名称。报表的每一页有一个页面页眉，以保证当数据较多报表需要分页的时候，在报表的每页上面都有一个表头。

● 主体：处于报表的中间部分，一般用来打印表中或查询中的记录数据，是报表显示数据的主要区域。

● 页面页脚：处于每页的结束位置，一般用来显示本页的汇总说明、页号等信息。按照图 9-14 的报表设计，将在报表的每页下面输出页码和当前时间。

● 报表页脚：处于报表的结束位置，用于对整个报表信息进行汇总及显示。按照图 9-14 的报表设计，将在报表的最后输出记录数量。

● 组页眉、组页脚：组页眉是输出分组的有关信息，一般常用来设计分组的标题或提示信息；组页脚也是输出分组的有关信息，一般用来放置分组的小计、平均值等。图 9-14 中的专业页眉、专业页脚就是组页眉和组页脚。

2. 报表的记录排序

在报表中对数据进行分组是通过排序实现的。对数据按照某些字段进行排序，排序的结果是将排序字段相同的数据集中到一起，然后按照某种规则划分不同的组，对分组后的数据可以进行汇总。

3. 记录分组

在 Access 中，相关计算组成的集合称为组。在报表中，可以对记录按指定的规则进行分组，分组后可以显示各组的汇总信息。分组中的信息通常放置在报表设计视图中的"组页眉"节和"组页脚"节。

● 组页眉：用于在记录组的开头放置信息，如组名称或组总计数。

● 组页脚：用于在记录组的结尾放置信息，如组名称或组总计数。

9.2.3 案例实现

操作步骤如下。

（1）打开"学生课程信息"数据库窗口，单击"创建"选项卡中的"报表设计"按钮，右击空白处选择"报表页眉"→"页脚"选项，会在报表中添加报表的页眉和页脚节区。

使用设计视图
创建报表

（2）单击窗口右上角"属性表"选项，打开报表的"属性"窗体；或双击报表选择器，打开报表的"属性"窗体，单击"数据"选项卡，选择记录源为"学生"表，如图 9-15 所示。

（3）单击控件工具箱中的"标签"按钮，在报表页眉中添加标题"学生基本信息"，设置标签格式改变显示效果。

（4）在页面页眉中添加标签，依次添加标题为"学号""姓名""年级""出生日期""籍贯""政治面貌"的标签控件，设计在报表每页的顶端，作为数据的列标题。

（5）单击工具箱中的"文本框"按钮，在主体中添加文本框，并去掉相应的附加标签。

（6）选中该文本框，在"文本框"属性对话框，单击"数据"选项卡，选择控件来源为学号字段，如图 9-16 所示。此时，已将文本框与"学号"字段绑定起来。

（7）用同样的方法，在主体中依次添加"姓名"文本框、"年级"文本框、"出生日期"文本框、"籍贯"文本框和"政治面貌"文本框，或直接从字段列表中将这些字段拖曳到报表主体节区里。用这两种方法均可创建绑定的显示字段数据的文本框控件。

图 9-15　选择记录源

图 9-16　选择控件来源

（8）调整各个控件的布局和大小、位置及对齐方式等，修正报表页面页眉节和主体节的高度，以合适的尺寸容纳其中包含的控件。

（9）在页面页脚中添加 2 个文本框控件，一个用来显示日期，一个用来显示页码信息，分别在"文本框"属性对话框的控件来源中输入"=Now()"和""共"&[Pages]&"页，第"&[Page]&"页""，如图 9-17、图 9-18 所示。

图 9-17　设计"显示日期"控件

图 9-18　设计"显示页码"控件

（10）在报表页脚中添加汇总信息，依次添加一个"合计："标签控件和一个文本框，在控件来源中输入"=Count([学号])"，再添加一个"条信息"标签控件。设计结果如图 9-19 所示。

图 9-19　设计报表布局

（11）利用"报表视图"工具查看报表显示，以"学生信息报表"命名并保存报表。设计过程结束。

（12）在设计视图中打开"学生信息报表"。

（13）执行"设计"|"分组和排序"菜单命令，打开"分组和排序"对话框。

（14）单击"添加排序"命令，从下拉列表中选择排序字段。本例中，在下拉列表中选择"学号"字段，在"排序次序"中可以设置升序的排序方式，如图 9-20 所示。

（15）完成对报表数据的排序。

（16）再执行"设计"|"分组和排序"菜单命令，打开"分组和排序"对话框。

（17）单击"添加组"命令，从下拉列表中选择分组字段，本例中，在下拉列表中选择"专业"字段，排序设置选择"学号"升序，如图 9-21 所示。

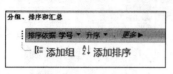

图 9-20　添加排序字段

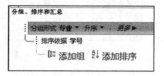

图 9-21　选择分组字段

（18）增加专业字段到专业组页眉里，并设置字段值来源。

（19）关闭对话框，预览报表，如图 9-13 所示。

9.3　创建窗体

9.3.1　案例分析

使用"窗体向导"创建图 9-26 所示的教师（纵栏式）窗体；使用"设计视图"创建一个教师窗体；创建一个图 9-22 所示的窗体，假设每个学生每年家庭的一切开支为 1 5000 元，根据每个同学的家庭收入，系统自动给出家庭的年收入结余；在图 9-22 所示的家庭年收入结余窗体中设置命令按钮，方便实现查看其他同学信息；创建"性别"组合框去替代已经创建的"性别"文本框。

图 9-22　家庭年收入结余窗体

9.3.2　知识储备

1. 窗体概述

窗体本身并不存储数据，但应用窗体可以使数据库中数据的输入、修改和查看变得直观、容易。窗体中包含了各种控件，通过这些控件可以打开报表或其他窗体、执行宏或 VBA 代码程序。在一个数据库应用系统开发完成后，对数据库的所有操作都可以通过窗体来完成。

2. 窗体的功能

用户可通过窗体来实现数据维护、控制应用程序流程等人机交互功能。窗体的功能包括以下 4 个方面。

（1）显示和编辑数据表中的数据。

大多数用户并非数据库的创建者，使用窗体可以方便、友好地显示和编辑数据表中的数据，如图 9-23 所示。

（2）显示提示信息。

通过窗体可以显示关于一个数据库的某种消息（如解释或警告信息），为数据库的使用提供说明，或者为排错提供帮助，或者及时告知用户即将发生的事情。例如，在用户进行删除记录的操作时，可显示一个提示对话框窗口，要求用户进行确认，如图 9-24 所示。

图 9-23　显示和编辑数据库中的数据

（3）控制程序运行。

通过窗体可以将数据库的其他对象连接起来，并控制这些对象进行工作。图 9-25 所示是"教学信息管理"数据库的主界面窗体，这个窗体包含几个命令按钮，可以完成系统功能的切换，简化了启动数据库中各种窗体和报表的过程。

图 9-24　显示提示信息

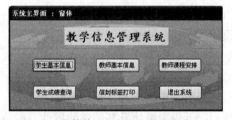

图 9-25　窗体作为切换面板控制程序运行

（4）打印数据。

在 Access 2016 中，可以将窗体中的信息打印出来，供用户使用。

3. 窗体的类型

窗体是由窗体本身和窗体所包含的控件组成的，窗体的形式是由其自身的特性和其所包含控件的属性决定的。

从不同角度可将窗体分成不同的类型。从逻辑上可分为主窗体和子窗体；从功能上可分为提示性窗体、控制性窗体和数据性窗体；从数据显示方式上可分为纵栏式窗体、表格式窗体、数据表窗体。下面按数据显示方式的不同分类介绍窗体。

（1）纵栏式窗体：通常每屏显示一条记录，按列分布，左边显示数据的说明信息，右边显示数据，如图 9-26 所示。

（2）表格式窗体：表格式窗体将每条记录的字段横向排列，字段标签放在窗体顶部，即窗体页眉处，如图 9-27 所示。

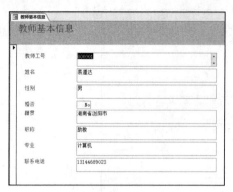

图 9-26　纵栏式窗体		图 9-27　表格式窗体

（3）数据表窗体：数据表窗体在外观上和数据表以及查询的数据表视图很相似，如图 9-28 所示。

4. 窗体的视图

为了能从各个层面查看窗体的数据源，Access 为窗体提供了 3 种视图：设计视图、布局视图、窗体视图。不同的"窗体"视图以不同的形式显示相应窗体的数据源。其中设计视图主要用于对窗体进行外观的设计，以及进行数据源的绑定；其他两种视图主要用于对绑定窗体的数据源从不同角度与层面进行操作与管理。

图 9-28　数据表窗体

（1）设计视图。

设计视图是窗体的设计界面，主要用于创建、修改、删除及完善窗体。只有在设计视图中可以看到窗体中的各个"节"。

（2）布局视图。

布局视图主要用于调整和修改窗体设计，它可以根据实际数据调整列宽，可以在窗体上放置新的字段，并设置窗体及其控件的属性、调整控件的位置和宽度等。

（3）窗体视图。

窗体视图是窗体的打开状态，或称为运行状态，用来显示窗体的设计效果，是提供给用户使用数据库的操作界面。

5. 创建窗体的方法

创建窗体时，应该根据所需功能明确关键的设计目标，然后使用合适的方法创建窗体。如果所创建的窗体清晰并且容易控制，那么窗体就能很好地实现它的功能。

Access 2016 提供了多种创建窗体的方法。

（1）使用自动方式创建窗体。这是最快的创建方法，但可控范围最小。

（2）使用向导创建窗体。在向导的提示下逐步提供创建窗体所需要的参数，最终完成窗体的创建。

（3）使用空白窗体创建窗体。这是个性化创建方法，但较为麻烦。

（4）使用设计器创建窗体。在窗体设计视图中，可以自行创建窗体，独立设计窗体的每一个对象，也可以在已有窗体的基础上修改、完善。这是最灵活的创建窗体方法。

（5）使用多个项目工具创建窗体。该窗体又称"连续窗体"，可以同时显示多条记录。

（6）使用数据表工具创建窗体。该窗体与数据表对象的外观基本相同，通常作为一个窗体出现在其他窗体中。

（7）使用分隔窗体工具创建窗体。该窗体可以同时提供传统的两种视图：窗体视图和数据表视图。

这 7 种方法经常配合使用，即先通过自动或向导方式生成简单样式的窗体，然后通过设计器进行编辑、修饰等，直到创建出符合用户需求的窗体。限于篇幅，这里我们只介绍常用的使用向导和使用设计器来创建窗体的方法。

6. 操作窗体数据

在创建窗体后，用户可以对窗体中的数据进行操作，例如查看、添加、删除、筛选、排序和查找数据等。

7. 在设计视图中创建窗体

窗体是用户访问数据库的窗口。窗体的设计要适应人们输入和查看数据的具体要求和习惯，应该有完整的功能和清晰的外观。有效的窗体可以加快用户使用数据库的速度，视觉上有吸引力的窗体可以使数据库更实用、更高效。

（1）窗体的组成。

右击"窗体"对象弹出快捷菜单，在快捷菜单中选择"设计视图"选项，可以进入窗体设计视图。一个完整的窗体由窗体页眉、页面页眉、主体、页面页脚和窗体页脚 5 个部分组成，每个部分称为一个"节"，每个节都有特定的用途，并且按窗体中显示的顺序打印。主体节是必不可少的，根据需要可以显示或者隐藏其他的节，如图 9-29 所示。每个节说明如下。

①窗体页眉：显示对每条记录都一样的信息，如窗体的标题。在窗体视图中，窗体页眉始终显示相同的内容，不随记录的变化而变化，打印时则只在第一页出现一次。

②页面页眉：设置窗体打印时的页眉信息，打印时出现在每页的顶部。它只出现在设计窗口及打印后，不会显示在窗体视图中，即窗体执行时不显示。

③主体：通常包含大多数控件，用来显示记录数据。控件的种类比较多，包括标签、文本框、复选框、列表框、组合框、选项组、命令按钮等，它们在窗体中起不同的作用。

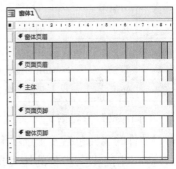

图 9-29　窗体的各节

④页面页脚：设置窗体打印时的页脚信息，只有在设计窗口及打印后才会出现，并打印在每页的底部。通常情况下，页面页脚用来显示日期及页码。

⑤窗体页脚：一般用于显示功能按钮（如帮助导航）或者汇总信息等。

在窗体中，每节都可以放置控件，但页面页眉和页面页脚使用较少，它们常被用在报表中。

（2）窗体控件。

控件是报表和窗体的基本构成元素，主要用于显示和修改数据、执行操作、修改窗体及报表等。无论是在报表中，还是在窗体中，创建和使用控件的方法都是相同的。常见的控件包括文本框、命令按钮、复选框和组合框等。通常情况下，控件分为绑定型、未绑定型和计算型 3 种类型。绑定型控件以表或查询中的字段作为数据源，用于显示、输入及修改字段的值，控件内容会随着当前记录的改变而动态发生变化。未绑定型控件没有数据来源，一般用于显示信息、图片、线条或矩形等。计算型控件以表达式作为数据源。

窗体各控件的名称及功能如表 9-1 所示。

表 9-1　　　　　　　　　　　　　　控件名称及功能

按钮	控件名称	功能
	选择对象	选取控件、节或窗体，单击该按钮可以释放锁定的工具箱按钮
	控件向导	打开或关闭控件向导。单击该按钮，在创建其他控件时，会启动控件向导来创建控件，如组合框、列表框、选项组和命令按钮等控件都可以使用控件向导来创建
	标签	显示文字，如窗体标题、指示文字等。Access 会自动为其他控件附加默认的标签控件
	文本框	显示、输入或编辑窗体的基础记录源数据，显示计算结果，或接受用户输入的数据
	选项组	与复选框、选项按钮或切换按钮搭配使用，显示一组可选值
	切换按钮	常作为"是/否"字段使用控件，接收用户"是/否"型的选择值，或作为选项组的一部分
	选项按钮	常作为"是/否"字段使用控件，接收用户"是/否"型的选择值，或作为选项组的一部分
	复选框	常作为"是/否"字段使用控件，接收用户"是/否"型的选择值，或作为选项组的一部分
	组合框	该控件结合了文本框和列表框的特性，既可在文本框中直接输入文字，也可在列表框中选择输入的文字，其值会保存在定义的字段变量或内存变量中
	列表框	显示可滚动的数值列表，在"窗体"视图中，可以从列表中选择某一值作为输入数据，或者使用列表提供的某一值更改现有的数据，但不可输入列表外的数据值
	命令按钮	完成各种操作，例如查找记录、打开窗体等
	图像	在窗体中显示静态图片，不能在 Access 中进行编辑
	非绑定对象框	在窗体中显示非绑定型 OLE 对象，例如 Excel 电子表格。当记录改变时，该对象不变
	绑定对象框	在窗体中显示绑定型 OLE 对象，如 Excel 电子表格。当记录改变时，该对象会一起改变
	分页符	在窗体上显示一个新的屏幕，或在打印窗体上显示一个新页
	选项卡	创建一个多页的选项卡控件，在选项卡上可以添加其他控件
	子窗体/子报表	添加一个子窗体或子报表，可用来显示多个表中的数据
	直线	用于显示一条直线，可突出相关的或特别重要的信息
	矩形	显示一个矩形框。可添加图形效果，将一些组件框在一起

（3）设置控件属性。

控件的属性包括 5 个选项卡，不同的控件类型，属性也不相同，但含义大致相同。其中，格式选项卡用于设置控件的外观或显示格式，主要有标题、字体、名称、字号、背景色等属性；数据选项卡一般用于设置控件的来源、输入掩码等属性；其余 3 个选项卡的内容，与窗体属性的内容大致相同。

9.3.3　案例实现

操作步骤如下。

（1）打开"学生课程信息"数据库文件。

（2）单击"创建"选项卡。

（3）单击"窗体向导"，选择"教师"表，如图 9-30 所示。

窗体的创建

（4）在图 9-30 中的"可用字段"列表选取欲使用的字段，或单击 ≫ 按钮选取全部字段，然后单击"下一步"按钮。

（5）在出现的对话框中确定所需窗体布局，本例中选取"纵栏表"选项，然后单击"下一步"按钮。

（6）输入新窗体标题"教师基本信息"，然后单击"完成"按钮。

（7）最后得到图 9-26 所示的窗体。

（8）在"学生课程信息"数据库文件中单击"创建"选项卡，再单击"窗体设计"按钮，打开窗体"设计视图"。

（9）执行"添加现有字段"命令，打开数据库表，如图 9-31 所示。

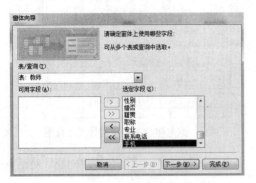

图 9-30　选取显示在窗体中的字段

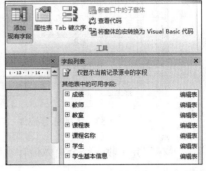

图 9-31　执行"添加现有字段"命令

（10）展开"教师"表，在字段列表中双击选取所有的字段，可以看到所有字段显示在窗体设计窗口的"主体"区域，如图 9-32 所示。

图 9-32　自动添加字段结果

（11）添加标签控件到窗体的窗体页眉节中，然后输入"教师基本信息"，设置好字符格式，如图 9-33 所示。

（12）单击工具栏上的"保存"按钮，在"另存为"对话框中输入窗体名称"教师基本信息窗体"，单击"确定"按钮。

说明　　我们也可以从字段列表，直接将选取的字段用鼠标拖曳至主体，为窗体添加新控件。可以逐一添加，也可以同时选取多个字段一次性添加。若该字段在数据表中未使用查阅向导，就会默认显示为文本框的形式；若已经使用查阅向导，则自动添加组合框控件。

若要删除控件，只需要选取控件后按【Delete】键即可。

（13）在家庭年收入结余窗体中，前 5 个文本框为绑定型控件，直接双击相应字段即可，第 6 个文本框为计算型控件，计算型控件中表达式为"[家庭收入]-1 5000"。此外，还有一个标签控件显示窗体标题。家庭年收入结余窗体设计视图如图 9-34 所示。

图 9-33　添加标签控件

图 9-34　家庭年收入结余窗体设计视图

（14）在家庭年收入结余窗体设计视图中添加一个命令按钮，弹出"命令按钮向导"对话框 1，如图 9-35 所示。

（15）选择"记录导航"和"转至下一项记录"，单击"下一步"按钮，出现图 9-36 所示的对话框，在此选中"文本"单选按钮，不修改文本的值，然后单击"下一步"按钮。

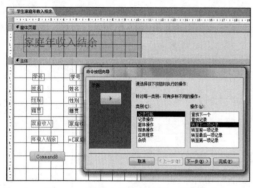

图 9-35　"命令按钮向导"对话框 1

图 9-36　"命令按钮向导"对话框 2

（16）再添加一个命令按钮，弹出图 9-35 所示的对话框，在该对话框中，选择"记录导航"和"转至前一项记录"，单击"下一步"按钮，出现图 9-36 所示的对话框，在此选择中"文本"单选按钮，不修改文本的值，然后单击"下一步"按钮。设置结果如图 9-37 所示。

（17）右击窗体对象选择窗体视图，得出图 9-38 所示的运行结果，可以单击"下一项记录"按钮，转到下一个学生的家庭收入结余显示；如果单击"前一项记录"按钮，则可显示前一个学生家庭收入结余的情况。

（18）打开学生基本信息窗体设计视图，选中"性别"文本框，右击选择更改为"组合框"命令。

（19）打开属性对话框，选择"性别"组合框，在数据属性的行来源里依次输入"男""女"，设置结果如图 9-39 所示。

图 9-37　设置结果

（20）转到窗体视图后，在打开的"性别"下拉列表中，可以看到"男"和"女"两个选项。

图 9-38　添加命令按钮后的运行结果

图 9-39　在行来源中输入"男"和"女"

9.4　综合案例

9.4.1　案例分析

设计一个图 9-40 所示的教学信息管理窗体，把前面创建的查询、报表和窗体组合在这个窗体中，通过该窗体，可以启动这些对象。

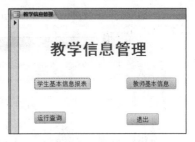

图 9-40　教学信息管理窗体

9.4.2　案例实现

操作步骤如下。

（1）打开"学生课程信息"数据库文件，单击"创建"选项卡，再单击"窗体设计"按钮，打开窗体设计视图。

（2）在窗体中添加标签控件，标题为"教学信息管理"。

（3）单击工具栏中的"命令按钮"控件，然后在窗体的合适位置单击，系统即将一个初始按钮放置在窗体上，同时打开图 9-41 所示的"命令按钮向导"对话框。

（4）选择"报表操作"类别和"打开报表"操作项，如图 9-42 所示，然后单击"下一步"按钮。

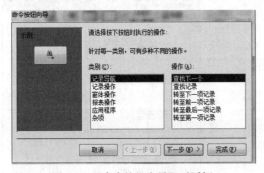

图 9-41　"命令按钮向导"对话框

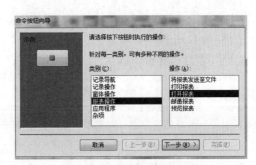

图 9-42　确定命令按钮操作类型

（5）在对话框中确定命令按钮打开的"学生基本信息"报表，单击"下一步"按钮。

（6）在系统对话框中，选定"文本"，并在相应的编辑框中输入"学生基本信息报表"，再单击"下一步"按钮。

（7）按照该方法设置其他的命令按钮，设置完成后如图 9-43 所示。

（8）运行窗体视图，测试结果如图 9-44、图 9-45、图 9-46、图 9-47 所示。

图 9-43　窗体设置结果

图 9-44　单击"运行查询"按钮的结果

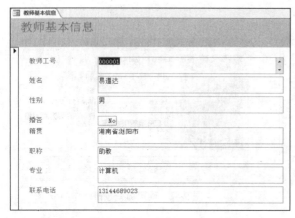

图 9-45　单击"学生基本信息报表"按钮的结果

图 9-46　单击"教师基本信息"按钮的结果

图 9-47　单击"退出"按钮的结果

习　题

【习题一】操作题

新建一个实验文件夹（以"学号"或"姓名"命名），下载案例素材压缩包"应用案例 5-窗体操作.rar"至该实验文件夹下并解压。本案例中提及的文件均存放在此文件夹下。

在 samp9.accdb 数据库中已经设计好表对象"tStud"，同时还有窗体对象"fStud"，请在此基础上按照以下要求补充"fStud"窗体设计。

（1）在窗体的"窗体页眉"中距左边 0.4cm、距上边 1.2cm 处添加一个直线控件，控件宽度为 10.5cm，控件命名为"tLine"。

（2）将窗体中名称为"lTalbel"的标签控件上的文字颜色改为"蓝色"（蓝色代码为 16711680），字体名称改为"华文行楷"，字体大小改为"22"。

（3）将窗体边框改为"细边框"样式，取消窗体中的水平和垂直滚动条、记录选择器、导航按钮和分隔线，只保留窗体的关闭按钮。

（4）假设"tStud"表中，"学号"字段的第 5 位和第 6 位编码代表学生的专业信息，当这两位编码为"10"时表示"信息"专业，为其他值时表示"管理"专业。设置窗体中名称为"tSub"的文本框控件的相应属性，使其根据"学号"字段的第 5 位和第 6 位编码显示对应的专业名称。

（5）在窗体中有一个"退出"命令按钮，名称为"CmdQuit"，其功能为关闭"fStud"窗体。

【习题二】选择题

1. 关于报表叙述正确的是（　　）。

A. 报表只能输入数据　　　　　　　　　B. 报表只能输出数据

C. 报表可以输入/输出数据　　　　　　　D. 报表不能输入数据和输出数据

2. Access 报表对象的数据源可以是（　　）。

A. 表、查询和窗体　　　　　　　　　　B. 表和查询

C. 表、查询和 SQL 命令　　　　　　　　D. 表、查询和报表

3. 要改变窗体上文本框控件的输出内容，应设置的属性是（　　）。

A. 标题　　　　　　B. 查询条件　　　　　　C. 控件来源　　　　　　D. 记录源

4. 如果要在整个报表的最后输出信息，需要设置（　　）。

A. 页面页脚　　　　　B. 报表页脚　　　　　C. 页面页眉　　　　　D. 报表页眉

5. Access 的控件对象可以设置某个属性来控制对象是否可用（不可用时显示为灰色），需要设置的属性是（　　）。

A. Default　　　　　B. Cancel　　　　　C. Enabled　　　　　D. Visible

6. 在窗体上，设置控件 Command0 为不可见的属性是（　　）。

A. Command0.Colore　　　　　　　　　B. Command0.Caption

C. Command0.Enabled　　　　　　　　　D. Command0.Visible

7. 若要在报表的每一页底部都输出信息，需要设置的是（　　）。

A. 页面页脚　　　　　B. 报表页脚　　　　　C. 页面页眉　　　　　D. 报表页眉

8. 下列控件中与数据表中的字段没有关系的是（　　）。

A. 文本框　　　　　　B. 复选框　　　　　　C. 标签　　　　　　D. 组合框

9. 可设置分组字段显示分组统计数据的报表是（　　　　）。

A. 纵栏式报表　　　　　B. 表格式报表　　　　　C. 图表报表　　　　　D. 标签报表

10. 能够接收数值型数据输入的窗体控件是（　　　　）。

A. 图形　　　　　　　　B. 文本框　　　　　　　C. 标签　　　　　　　D. 命令按钮

11. 在窗体设计视图中，必须包含的部分是（　　　　）。

A. 主体　　　　　　　　　　　　　　　　B. 窗体页眉和页脚

C. 页面页眉和页脚　　　　　　　　　　　D. 以上 3 项都要包括

12. 如果设置报表上某个文本框的控件来源属性为 "=3*2+7"，则预览此报表时，该文本框的显示信息是（　　　　）。

A. 13　　　　　　　　　B. 3*2+7　　　　　　　C. 未绑定　　　　　　D. 出错

【习题三】填空题

1. 函数 Now( )返回值的含义是_____。

2. 纵栏式窗体将窗体中的一个显示记录按列分隔，每列的左边显示字段名，右边显示_____。

3. 在显示具有_____关系的表或查询中的数据时，子窗体特别有效。

4. 在 Access 数据库中，如果窗体上输入的数据总是取自表或查询中的字段数据，或者取自某固定内容的数据，可以使用_____控件来完成。

5. 计算控件的控件来源属性一般设置为_____开头的计算表达式。

6. 要设计出带表格线的报表，需要向报表中添加_____控件来完成表格线显示。